高等学校计算机基础教育规划教材

# 信息技术基础与应用实践教程

罗先文 胡继宽 主编
张源 郑蔚 胡大辉 编

清华大学出版社
北 京

## 内容简介

本书是《信息技术基础与应用》(ISBN 978-7-302-33456-9)教程的实践配套实验教材，主要指导学生掌握计算机基础操作，有利于学生上机和自主学习。全书共分9章。内容由浅入深，涵盖Office 2010的基本内容。第1章介绍Windows 7操作系统的使用，第2章介绍Word 2010文字处理软件的使用，第3章介绍Excel 2010电子表格处理软件的使用，第4章介绍PowerPoint 2010演示文稿制作，第5章介绍Internet应用基础，第6章介绍Access 2010应用基础件的使用，第7章介绍常用绘图软件Visio 2010，第8章介绍网页设计，第9章 介绍多媒体软件和其他工具软件的使用，每章都安排了实验项目，给出了实验目的和实验内容，便于学生自主练习，巩固学习效果。

本书内容实用性较强，讲解细致清晰，可作为普通高校、高职高专和成人高校非计算机专业学生"计算机基础"或者"信息技术基础"课程上机辅导参考教材，同时也可作为自学考试和各类计算机培训班的教学参考和上机实验指导用书。



**图书在版编目(CIP)数据**

信息技术基础与应用实践教程/罗先文等主编. 一北京：清华大学出版社，2014(2021.3重印)
高等学校计算机基础教育规划教材
ISBN 978-7-302-34503-9

Ⅰ. ①信… Ⅱ. ①罗… Ⅲ. ①电子计算机一高等学校一教材 Ⅳ. ①TP3

中国版本图书馆CIP数据核字(2013)第274252号

**责任编辑**：汪汉友
**封面设计**：傅瑞学
**责任校对**：焦丽丽
**责任印制**：沈 露

**出版发行**：清华大学出版社
**网　　址**：http://www.tup.com.cn，http://www.wqbook.com
**地　　址**：北京清华大学学研大厦A座　　**邮　　编**：100084
**社 总 机**：010-62770175　　**邮　　购**：010-83470235
**投稿与读者服务**：010-62776969，c-service@tup.tsinghua.edu.cn
**质 量 反 馈**：010-62772015，zhiliang@tup.tsinghua.edu.cn
**课 件 下 载**：http://www.tup.com.cn，010-83470236
**印 刷 者**：北京富博印刷有限公司
**装 订 者**：北京市密云县京文制本装订厂
**经　　销**：全国新华书店
**开　　本**：185mm×260mm　　**印　　张**：17.5　　**字　　数**：405千字
**版　　次**：2014年1月第1版　　**印　　次**：2021年3月第10次印刷
**定　　价**：44.00元

产品编号：052148-02

# 前言

本书是《信息技术基础与应用》(ISBN 978-7-302-33456-9)的实践配套实验教材。本书强调加强基础、提高能力、重在应用的原则,详述操作步骤,使学生可以通过本教材的学习,掌握计算机基础知识,具备一定的计算机应用能力,为以后的学习和提高打下基础。

全书共分7章。第1章介绍 Windows 7 操作系统的使用,第2章介绍 Word 2010 文字处理软件的使用,第3章介绍 Excel 2010 电子表格处理软件的使用,第4章介绍 PowerPoint 2010 演示文稿制作,第5章介绍 Internet 应用基础,第6章介绍 Access 2010 应用基础件的使用,第7章介绍常用绘图软件 Visio 2010,第8章介绍网页设计,第9章介绍多媒体软件和其他工具软件(如看图软件、杀毒软件、压缩软件)的使用。在每章根据内容需要还设计了实验项目,其目的是进一步掌握软件的使用方法,以提高实际应用能力。

本书作为实验教程,力求基于系统理论,注重实际应用,强化综合应用操作技能。本书符合现代教育技术理念,注重综合应用能力的培养,循序渐进,注重引导学生有效地利用实验课时间,系统快速地掌握现代计算机技术各种软件的操作与应用,同时加深理解和认识计算机应用技术的基本理论,提高综合应用技能。除此之外,读者还可利用各种实验环境,选取其中内容增加课外上机时间,尽可能多地熟练掌握各种软件平台的操作与使用。

参加本教材编写的教师均为一线专业教师,由罗先文担任主编。第1、4章由郑蔚编写,第2、3章由张源编写,第5章由胡继宽编写,第6、7章由胡大辉编写,第8、9章由罗先文编写。

由于编者水平有限,不当之处在所难免,恳请广大读者批评指正。

编　者

2013年10月

# 目录

# 第1章

# Windows 7 应用基础

## 1.1 Windows 7 概述

Windows 7 是 Microsoft 出品的最新版本的 Windows 操作系统。它建立在与 Windows Vista 相同的内核上。Windows 7 提供了多种不同版本以满足不同的客户需求。

Windows 7 提高了用户生产力、安全性，并减少了 IT 的部署开销。它通过多项关键功能提供了更高的易管理性，这些功能包括 BitLocker、BitLocker To Go、AppLocker 以及 Windows 任务栏的改进。Windows 7 还改进了用户组织、管理、搜索和查看信息的方式，从而提高了最终用户体验。

### 1.1.1 Windows 7 简介

Windows 是 Microsoft 公司在 20 世纪 80 年代末推出的基于图形的、多用户多任务图形化操作系统，对计算机的操作是通过对“窗口”、“图标”、“菜单”等图形画面和符号的操作来实现的。用户的操作不仅可以用键盘，更多的是用鼠标来完成。鼠标单击之间，选择运行、调度等工作运用自如。由于它易于使用、速度快、集成娱乐功能、方便快速上网，现已深受全球众多计算机用户的青睐。短短十几年中，Windows 由原来的 Windows 1.0 版本历经 Windows 3.1、Windows 95、Windows NT、Windows 98、Windows ME、Windows 2000、Windows XP、Windows 2003、Windows Vista、Windows 7 等。Windows 的功能已日渐丰富，发展势头迅猛，目前已经成为桌面用户操作系统的主流。

### 1.1.2 Windows 7 的版本介绍

Windows 7 有 6 个版本，分别是 Windows 7 Starter（入门版）、Windows 7 Basic（基础版）、Windows 7 Home Premium（家庭精装版）、Windows 7 Professional（专业版）、Windows 7 Enterprise（企业版）、Windows 7 Ultimate（旗舰版）。两个版本针对主流消费者用户和商业用户，4 个专门版本针对企业客户、技术爱好者、新兴市场以及入门级 PC。每个版本的设计与特定用户类型的需求相符。你的环境中可能需要多种版本，因此，了解每个版本的功能非常重要。

(1) Windows 7 Starter(入门版)。它最适用于上网本以及老式的计算机,并且不需要使用DVR和Active Directory域名的用户。缺少Aero半透明的界面效果以及Touch(触摸)功能,一般来讲,上网本是不具备触摸屏或者是高级图片芯片的配置的,因此Windows 7 Starter对于上网本用户来讲很实用。

(2) Windows 7 Basic(基础版)。该版本适用于新兴市场的用户,这个也就意味着,有可能会在老挝等国家的网吧中,看到Windows 7 Basic。

(3) Windows 7 Home Premium(家庭精装版)。这种版本的Windows操作系统已经出现在市面上好多年了,但是在Windows XP时代,家庭精装版被称为"媒体中心版"(MCE),几乎所有的家庭计算机和非商业的笔记本计算机,都适合使用,直至Windows 7 Home Premium(家庭精装版)。

(4) Windows 7 Professional(专业版)。它与Home Premium版本基本相同,只不过是增加了Active Directory域名支持。Windows 7 Professional(专业版)主要适用于办公一族。

(5) Windows 7 Enterprise(企业版)。除非是大型企业的员工,要不是没有必要使用Windows 7 Enterprise(企业版),相比于其他版本,它增加了虚拟驱动器以及BitLocker加密技术等。

(6) Windows 7 Ultimate(旗舰版)。这个版本具备家庭高级版和专业版的全部功能,同时又增加了高级安全功能能及在多语言环境下工作的灵活性,当然消耗的事件资源也是最大的。

### 1.1.3 Windows 7 新增功能

(1) 跳转列表(Jump List)。它显示最近使用的项目列表,能帮助用户快速地访问历史记录。"跳转列表"功能主要体现在"开始"菜单、"任务栏"和IE浏览器上。其中"开始"菜单、"任务栏"中的跳转列表主要显示最近使用的程序。下面以查看和自定义"跳转列表"为例讲解其具体操作步骤。

① 单击"开始"按钮,在弹出的"开始"菜单中,将鼠标放到应用程序上,就会弹出一个列表,显示最近打开的文档,如图1.1所示。

② 如果想把"开始"菜单中应用程序添加到任务栏上,可以在该程序上右击,在弹出的快捷菜单中选择"锁定到任务栏"菜单命令。用户也可以按住鼠标直接拖曳到任务栏上,在任务栏上即可看到新添加应用程序。

③ 如果想让一些文档一直留在跳转列表中,可以右击,在弹出的快捷菜单中选择"锁定到此列表"菜单命令,即可将该文档锁定到跳转列表中,如图1.2所示。

④ 如果想自定义跳转列表,可以在"开始"菜单上右击,在弹出的快捷菜单中选择"属性"菜单命令。

⑤ 弹出"任务栏和「开始」菜单属性"对话框,选择"「开始」菜单"选项卡,单击"自定义"按钮,如图1.3所示。

图 1.1 “开始”菜单

图 1.2 应用程序锁定到任务栏

⑥ 弹出“自定义「开始」菜单”对话框，在“「开始」菜单大小”列表中设置“要显示的最近打开过的程序的数目”和“要显示在跳转列表中的最近使用的项目数”，单击“确定”按钮，返回到“任务栏和「开始」菜单属性”对话框，然后单击“确定”按钮，即可自定义跳转列表，如图 1.4 所示。

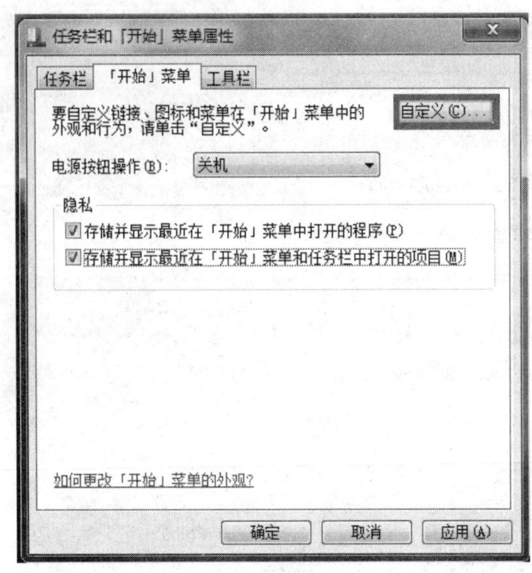


图 1.3 “任务栏和「开始」菜单属性”对话框

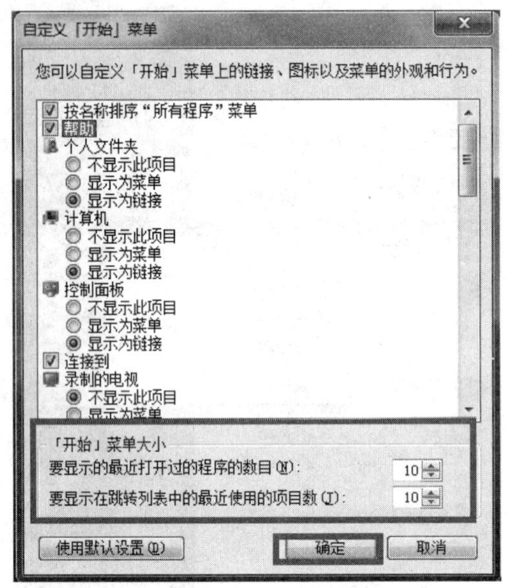


图 1.4 “自定义「开始」菜单”对话框

(2) Windows Live Essentials。Windows Live Essentials 是一套可以使 Windows 7 实现更绝妙功能的免费软件。这些功能包括电子邮件、即时消息、照片编辑和博客。安装 Windows Live Essentials 的安装步骤如下：

单击“开始”菜单，选择“控制面板”中的“入门”选项窗口，在“入门”窗口中选择“联机获取 Windows Live Essentials”链接，如图 1.5 所示。

双击“联机获取 Windows Live Essentials”链接，即可在网上下载所需的各项软件，安装好后用户就可以体验它所带来的无穷乐趣。

图 1.5　入门窗口

(3) 轻松创建家庭网络：Windows 7 在网络组建方面添加了 Home Group（家庭组）的新功能，通过该功能，用户可以轻松地在多台计算机的家庭组中共享文档、音乐、视频和打印机等资源。

默认情况下，家庭网络上不存在“家庭组”，用户需要在 Windows 7 系统下载中创建一个“家庭组”，其他用户即可直接加入该“家庭组”。在同一个“家庭组”中，用户可以选择需要共享的库，也可以阻止共享特定的文件或文件夹。如果其他用户没有得到授权，是无法更改已的共享文件的，无形中提高了局域网的安全性。创建家庭组的具体操作步骤如下。

① 双击桌面上的“网络”图标，在打开的窗口的左侧列表中选择“家庭组”选项。

② 弹出“创建家庭组”窗口，单击“下一步” 按钮。

③ 在 Windows 7 中弹出的窗口中记下家庭组的密码，如果其他用户想加入家庭组，则需要输入该密码，单击“完成”按钮即可创建“家庭组”。

在 Windows 7 的初级版和家庭基础版中，用户只能加入“家庭组”，而不能创建 “家庭组”，同时，若用户想加入“家庭组”，则该用户必须是 Windows 7 操作系统，否则不能成功加入。

(4) 多点触控技术。多点触控技术可以实现对数码产品的便捷操控，Windows 7 提供了对多点触控的良好支持，Windows 7 Touch Pack 的多点触控包中包含 6 个多点触控程序，分别是 Blackboard(黑板)、Garden Pond(花园池塘)、Rebound(反弹球)、Collage(拼贴)、Globe(地球)、Lagoon(礁湖)。

### 1.1.4 Windows 7 的运行环境和安装

**1. Windows 7 的运行环境**

在安装 Windows 7 系统之前，必须保证最低的系统要求，推荐计算机使用的硬件要求是：处理器主频为 1GHz 的 32 位或 64 位处理器，内存与磁盘空间 1GB，系统内存 16GB 硬盘分区，显卡支持 DirectX 9 图形，具有 128MB 显存(支持 Aero)，光驱 DVD-R/W 驱动器，键盘和 Microsoft 标或兼容的指针设备。Internet 连接访问 Internet 以获取更新。

**2. Windows 7 的安装**

Windows 7 的安装选项有 3 种。

(1) 全新安装。

在新分区上安装 Windows 7；

替换分区上的现有操作系统。

(2) 升级安装。

将 Windows 的现有版本替换为 Windows 7；

保留所有用户应用程序、文件和设置。

(3) 迁移。

将文件和设置从旧操作系统移到 Windows 7；

并存或先清除再加载。

下面以全新为例进行安装。

(1) 首先在 BIOS 中设置光盘先启动，再将 Windows 7 系统光盘放入光驱中，启动计算机，屏幕上显示 Press any key to boot from CD...，请按任意键，进入 Windows is loading files...界面，系统开始加载光盘中的文件。

(2) 加载完之后出现安装界面，弹出“安装 Windows”对话框，用户在该对话框要选择自己的安装语言、时间和货币格式，以及键盘和输入方法，在此保持默认设置，如图 1.6 所示。

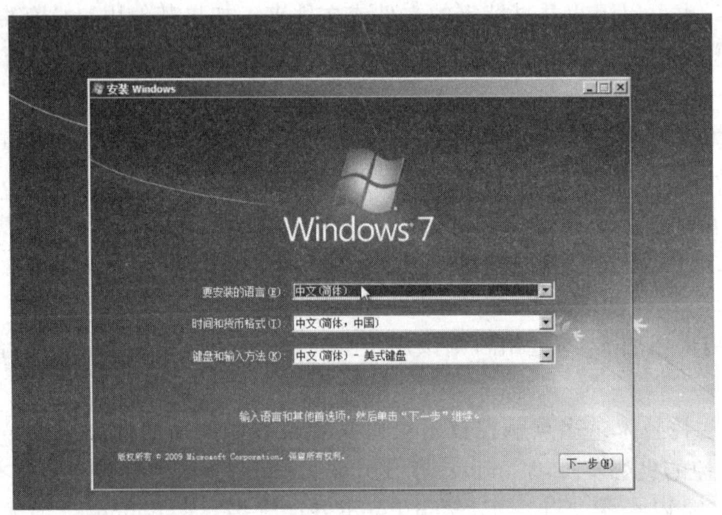


图 1.6 安装 Windows 对话框

(3) 单击“下一步”按钮,在弹出的“安装 Windows”对话框中选择“现在安装”选项,如图 1.7 所示。

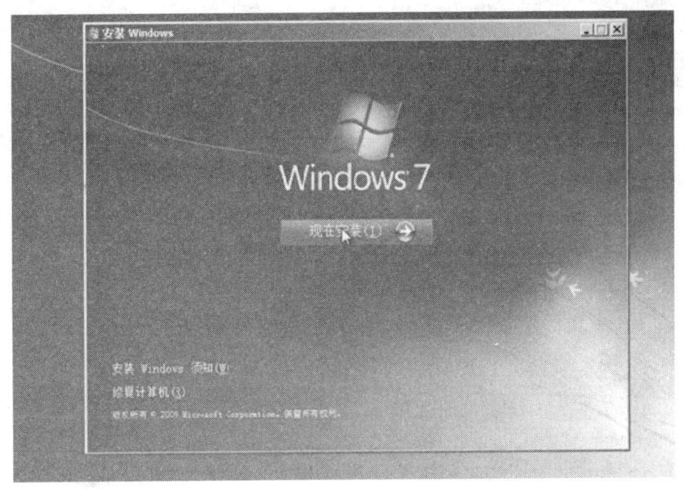


图 1.7 现在安装

(4) 稍等一会,进入“请阅读许可条款”界面,如图 1.8 所示,选中“我接受许可条款”复选框,单击“下一步”按钮。

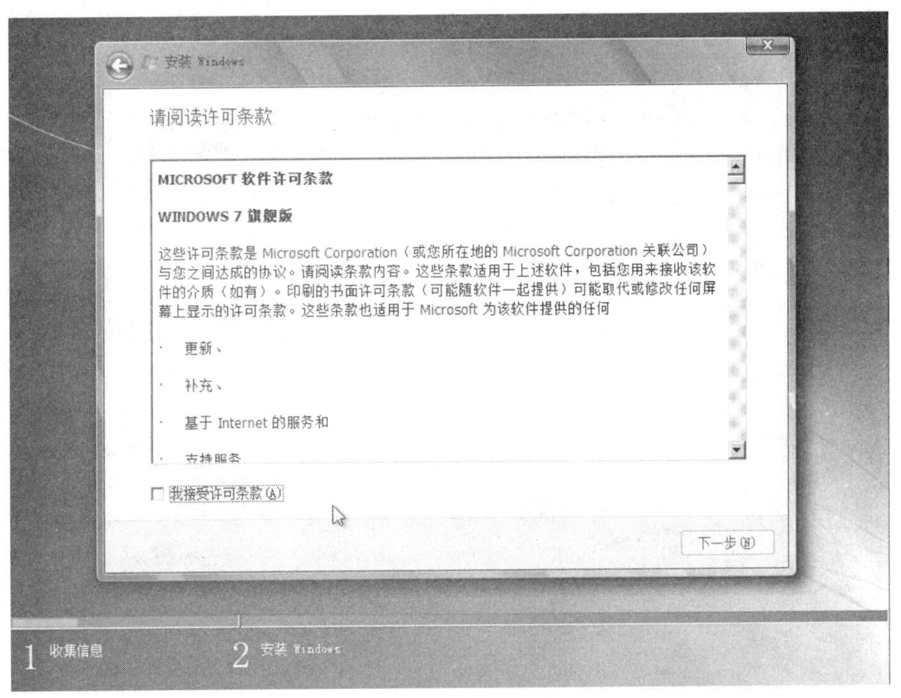


图 1.8 请阅读许可条款

(5) 进入“您想进行何种类型的安装?”界面,选择“自定义”,就可以对 Windows 7 操作系统进行全新安装,还可以对磁盘进行分区和格式化操作,如图 1.9 所示。

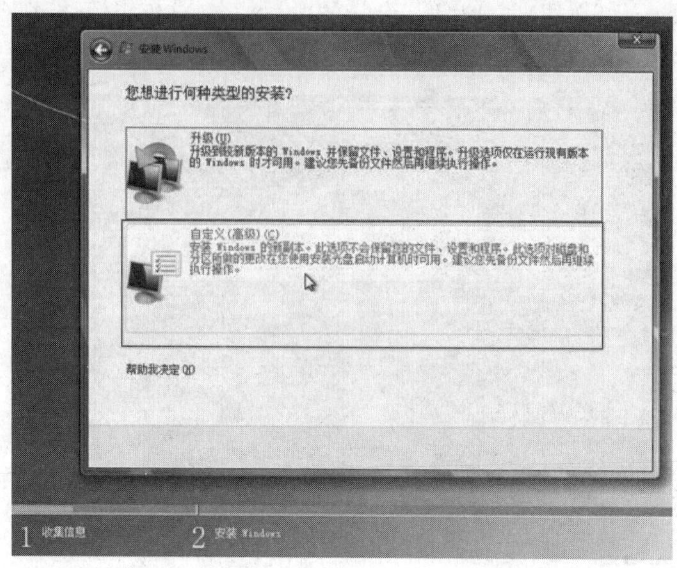


图 1.9　您想进行何种类型的安装

(6) 出现磁盘安装界面,一般来说应该选择 C 盘,不然会很麻烦。选择好以后单击“下一步”按钮,如图 1.10 所示。

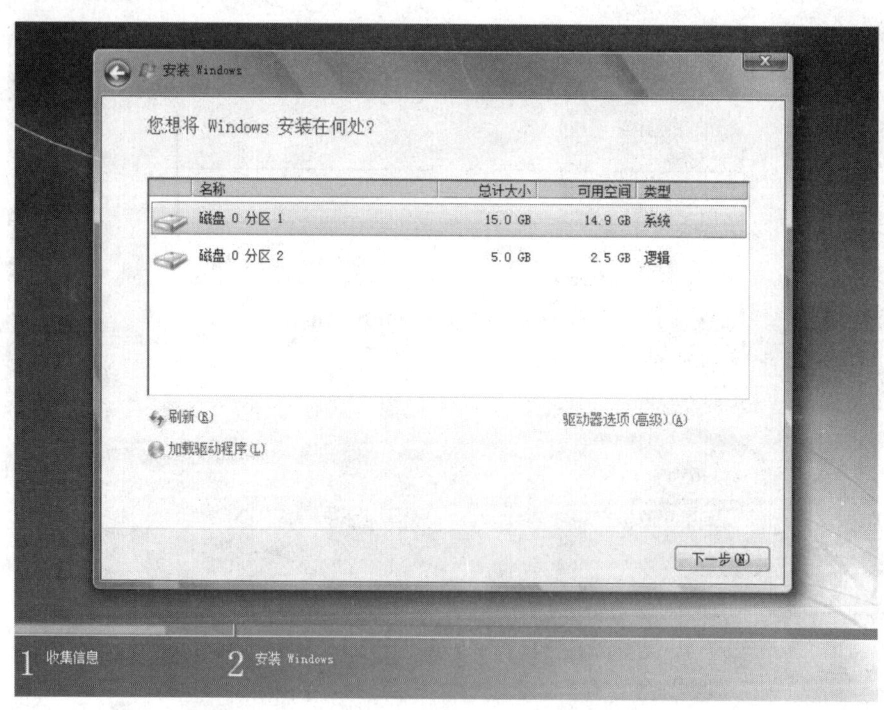


图 1.10　您想将 Windows 安装在何处

(7) 看到这个画面之后,接下来的安装过程也许需要 20min,如图 1.11 所示。

(8) 完成安装过程后,系统需要重新启动,与 Windows XP 系统安装非常相似,不愿

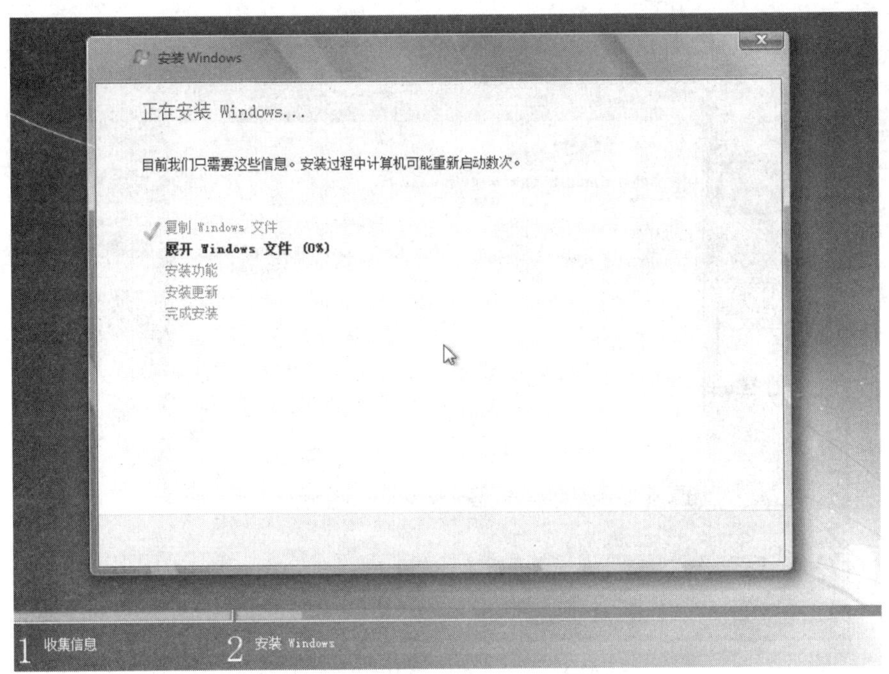


图 1.11　正在安装 Windows 1

意等待的话,可以直接单击“立即重新启动”按钮,如图 1.12 所示。

图 1.12　Windows 需要重新启动才能继续

(9) 系统自动重新启动计算机,再次进入“正在安装 Windows”界面进行“完成安装”,如图 1.13 所示。

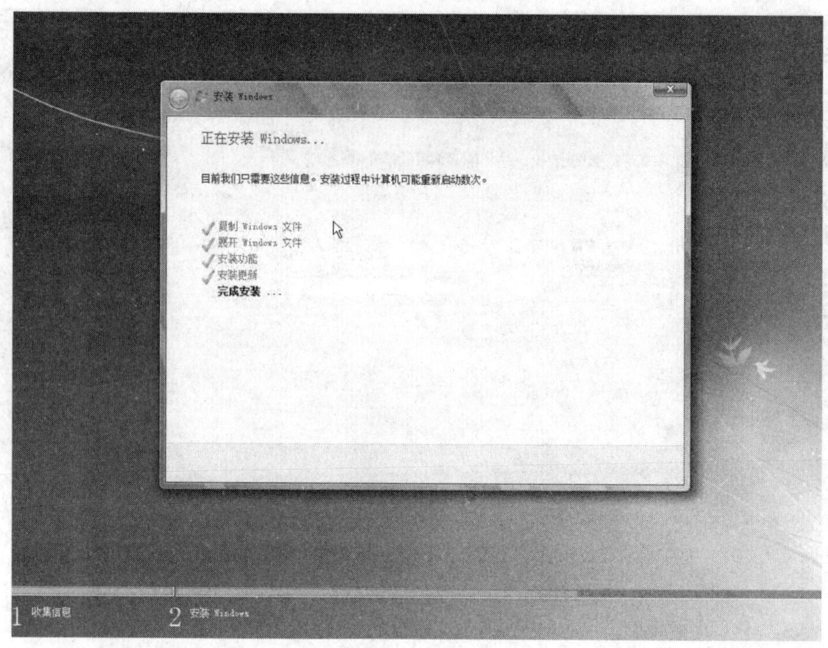


图 1.13　正在安装 Windows 2

(10)“完成安装”结束后，自动进入 Windows 7 旗舰版界面，在此设置用户名，如图 1.14 所示。

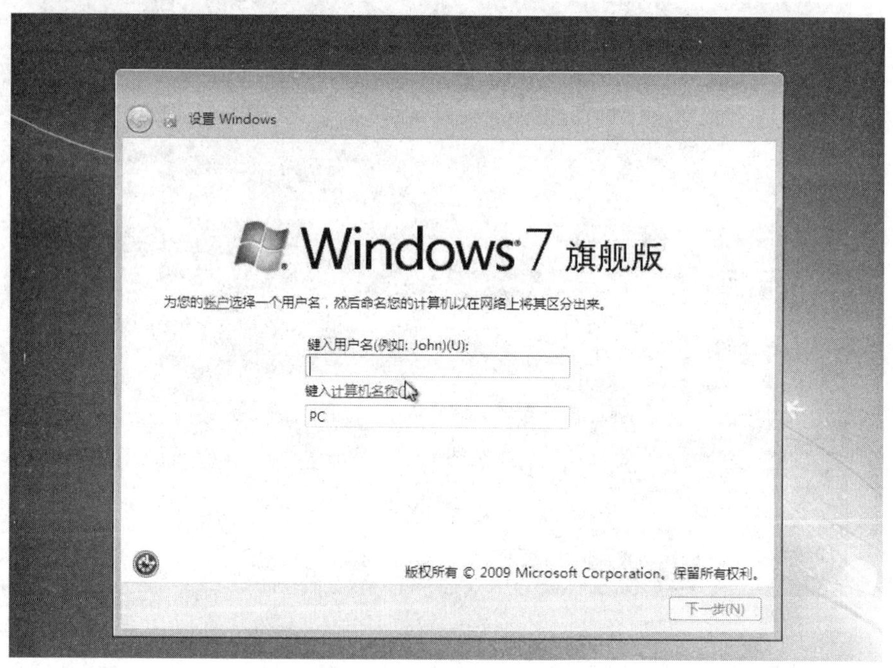


图 1.14　Windows 7 旗舰版

(11) 单击"下一步"按钮,进入"为账户设置密码"界面,分别在文本框中输入密码,如图 1.15 所示。

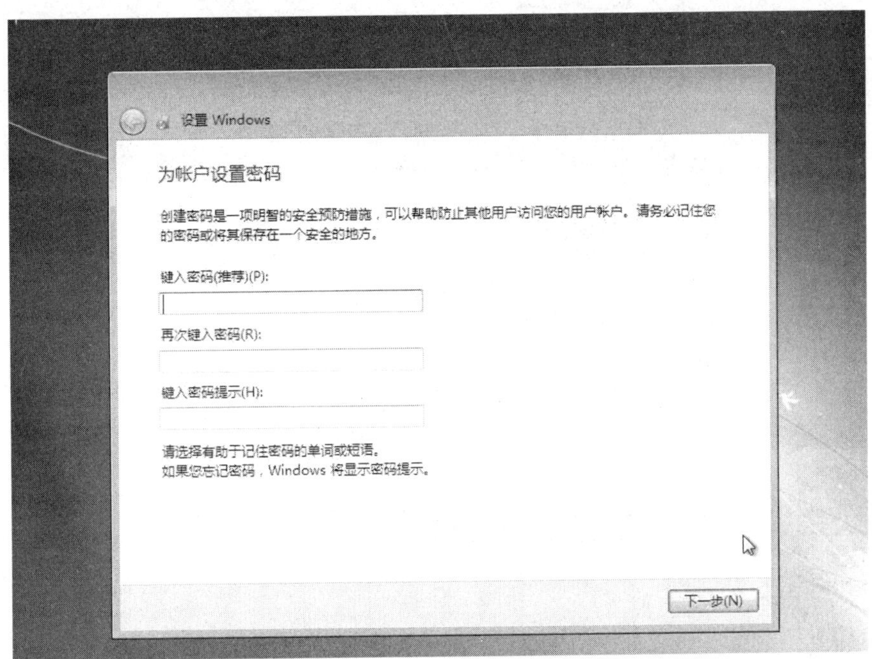


图 1.15　为账户设置密码

(12) 接着进入"输入您的 Windows 产品密钥"界面,如图 1.16 所示。

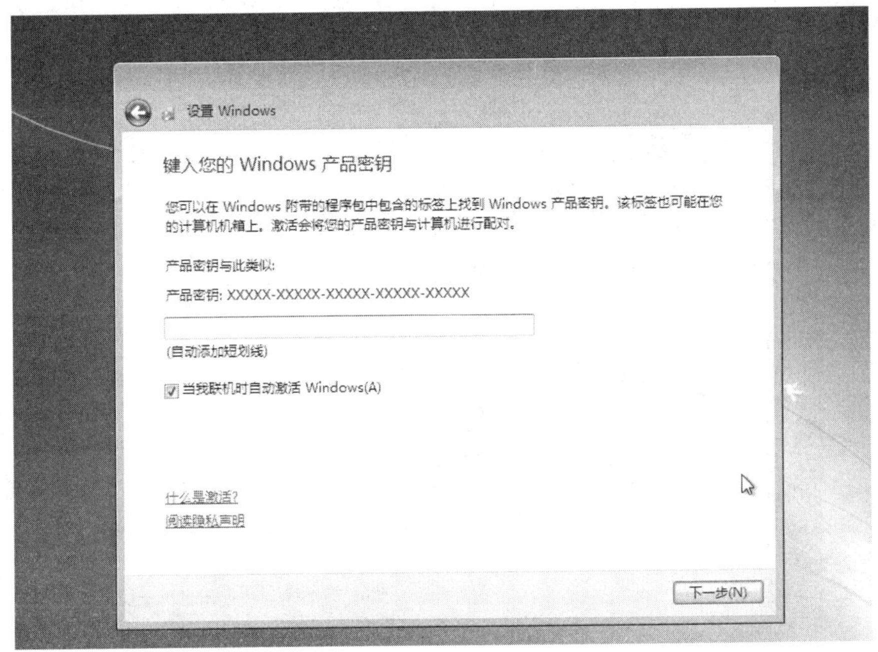


图 1.16　"输入您的 Windows 产品密钥"界面

(13) 单击“下一步”按钮，进入“帮助您的自动保护计算机以及提高 Windows 的性能”界面，建议选择推荐设置选项即可，如图 1.17 所示。

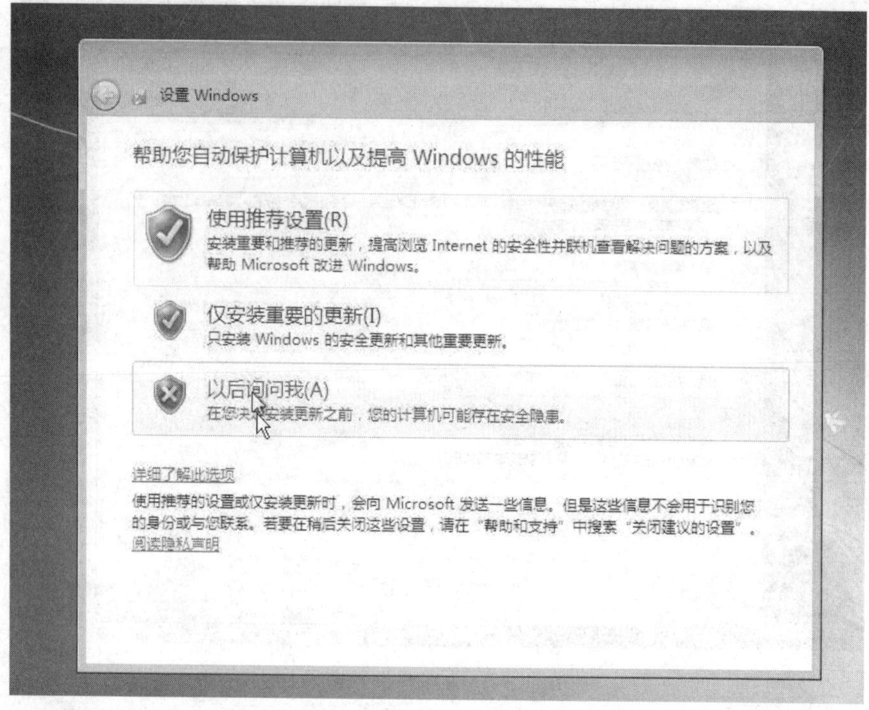


图 1.17　进入“帮助您自动保护计算机以及提高 Windows 的性能”界面

(14) 单击“下一步”按钮，设置时区、时间，按需要进行设置即可，如图 1.18 所示。

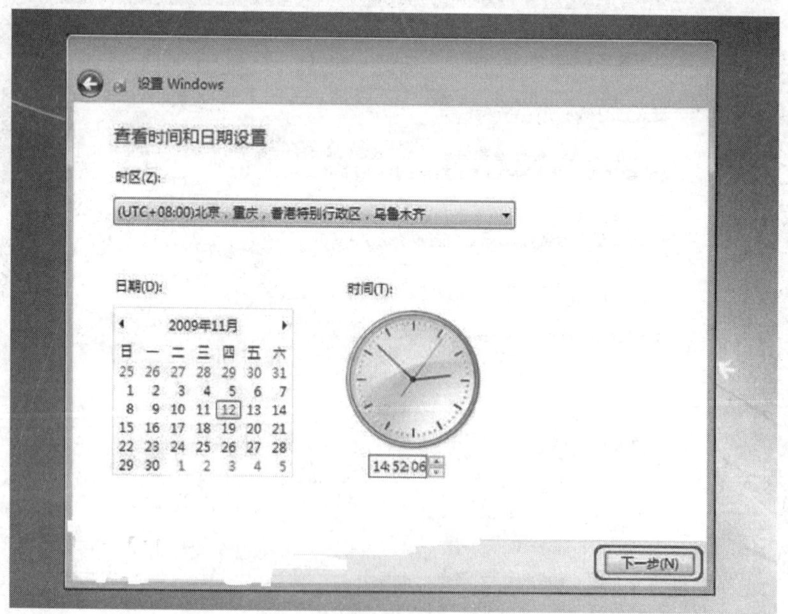


图 1.18　查看时间和日期设置

(15) 选择网络。如果是自己家里,就选专用网络,公共场所选择公用网络,如图 1.19 所示。

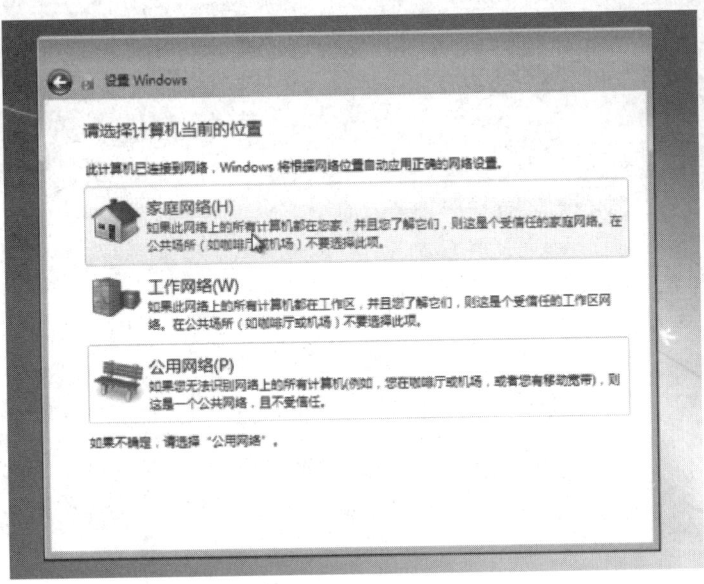


图 1.19　请选择计算机当前的位置

(16) 出现欢迎界面,如图 1.20 所示。

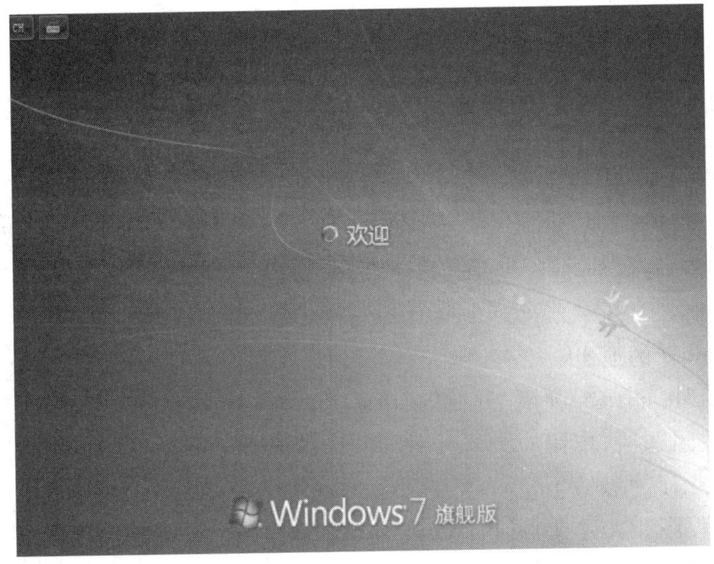


图 1.20　出现欢迎界面

(17) 安装完成的 Windows 7 桌面如图 1.21 所示。

完成设置即可进入 Windows 7 系统。在重新安装操作系统后,一般需要安装主板、显卡、声卡等设备的驱动程序以及应用程序,使计算机能正常地运行。这时可以利用系统自带光盘安装,也可以在网上下载相应型号的驱动程序安装。

图 1.21　安装好的 Windows 7 桌面

## 1.1.5　启动与退出 Windows 7

### 1. Windows 7 的启动

按下计算机主机电源开关后，系统会自动进行硬件自检、引导操作系统启动等一系列动作，之后进入用户登录界面，用户需要选择账户并输入正确的密码，才能登录到桌面，进行操作。如果只设有一个账户，并且该账户没有设置密码，则开机后系统会自动登录到桌面。

### 2. Windows 7 的退出

单击“开始”按钮，弹出“开始”菜单，将光标移到“关闭选项”按钮处，单击“关机”按钮。Windows 7 自动关闭所有打开的程序和文件夹，退出 Windows 7 系统，并关闭电源。

如果用户准备不再使用计算机，应该将其退出。用户可以根据不同的需要选择不同的退出方法，如“关机”、“休眠”、“睡眠”、“锁定”、“重新启动”、“注销”和“切换用户”等，如图 1.22 所示。

图 1.22　“开始”菜单的“关闭”选项

# 1.2　Windows 7 的基本操作

## 1.2.1　桌面组成

### 1. Windows 7 桌面简介

Windows 7 的桌面主要包括桌面背景、桌面图标、“开始”按钮、任务栏和小工具等，如图 1.23 所示。

图 1.23　Windows 7 桌面

### 2. 桌面背景

桌面背景是指 Windows 桌面的背景图案，又称为桌布或者墙纸，用户可根据个人喜好更改桌面图案；或选择多个图片创建一个幻灯片，选择更改图片的间隔时间，即可播放幻灯片。

### 3. 桌面图标

默认的 Windows 7 桌面上只有一个“回收站”图标，充分体现 Windows 7 的简洁的风格。

桌面图标实质上是指向应用程序、文件夹或文件的快捷方式，双击图标可以快速启动对应的程序或打开文件夹或文件。按类型大致可分为 Windows 桌面通用图标、快捷方式图标两种。

（1）桌面通用图标的显示和隐藏。

（2）添加其他快捷方式图标。

（3）桌面图标的缩小/放大的方法。

（4）排列桌面图标。

#### 4. “开始”按钮

单击任务栏左侧的“开始”按钮 即可弹出“开始”菜单，如图 1.24 所示。

图 1.24 “开始”菜单

#### 5. 任务栏

任务栏位于屏幕底部的水平长条。与桌面不同的是，桌面可以被打开的窗口覆盖，而任务栏几乎始终可见，它主要由程序按钮区、通知区域和显示桌面按钮 3 个部分构成。

(1) 程序按钮区：主要放置固定在任务栏上的程序和当前正打开着的程序和文件的任务按钮，用于快速启动相应程序，或在任务窗口间切换。任务按钮还新增加了一些功能。

① 分组管理：任务按钮的形态可以区分任务的当前状态。任务按钮是否合并显示，可以在“任务栏和「开始」菜单属性”对话框中进行自定义。

② 窗口预览。

③ 任务按钮的跳转列表。

④ 程序项的锁定和解锁。

(2) 通知区域：位于 Windows 7 任务栏的右侧，用于显示时间、一些程序的运行状态和系统图标，单击图标，通常会打开与该程序相关的设置，也称系统托盘区域。

(3) 显示桌面按钮的主要功能：

当鼠标停留在该按钮上时，按钮变亮，可以看到桌面上的所有东西，快捷的浏览桌面的情况，而鼠标离开后即恢复原状。当单击按钮后，所有打开的窗口全部最小化、清晰地显示整个桌面，而当鼠标再次当单击按钮，所有最小化窗口全部复原，桌面立即回复原状。

## 1.2.2 “开始”菜单

“开始”菜单由位于屏幕左下角的“开始”按钮启动，是操作计算机程序、文件夹和系统设置的主通道，“开始”菜单由以下几部分构成，如图 1.25 所示。

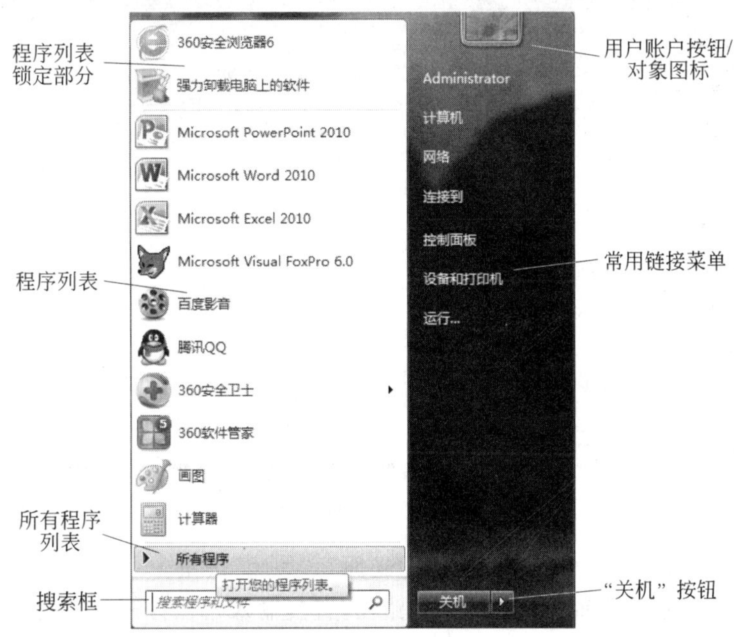


图 1.25 “开始”菜单的组成

**1. “开始”菜单中的跳转列表**

跳转列表(Jump List)是系统将最近打开的文件以快捷方式汇集其中，以便再次调用，就是将“最近打开的文档”汇集功能融入到每个应用程序，使再次打开常用文档变得更加方便。主要包括显示跳转列表、锁定和解锁跳转列表项及删除跳转列表项。

**2. 程序列表**

“开始”菜单左窗格显示的程序列表，其实就是由“开始”菜单最近调用过的程序跳转列表。

**3. 搜索框**

(1) 搜索范围：不要求用户提供确切的搜索范围。

(2) 搜索结果：一经键入搜索框内容，搜索结果立即显示在“搜索框”上方的“开始”菜单左窗格中。

(3) 搜索框的运行功能：可替代原 Windows XP 等版本中“运行”对话框的功能。

## 1.2.3 窗口

窗口是 Windows 的基本组成部件，因此窗口是 Windows 的最基本操作。

**1. 窗口的组成**

一个典型的窗口包括标题栏、控制按钮区、地址栏、搜索栏、菜单栏、工具栏、导航窗格、工作区、细节窗格、状态栏等部分组成，如图 1.26 所示。

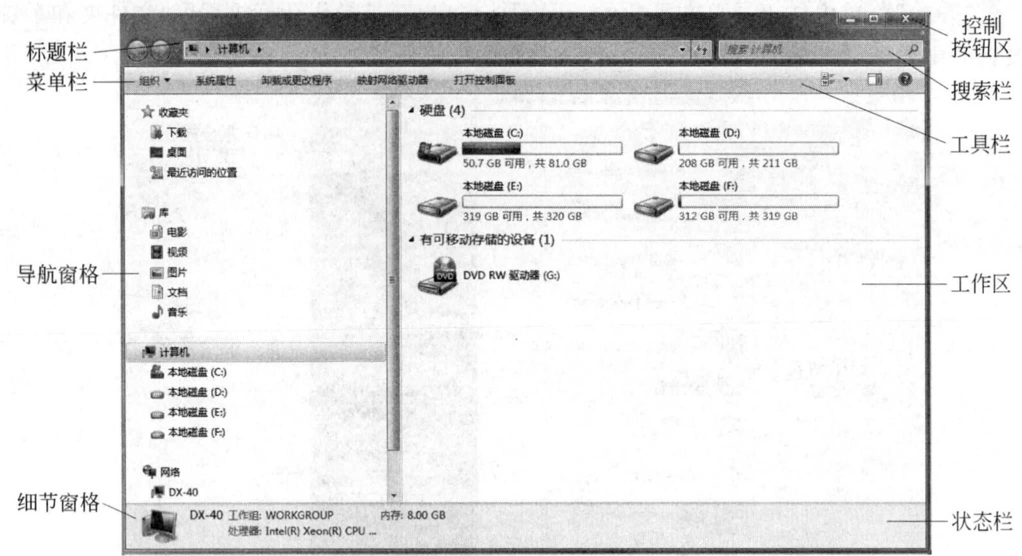


图 1.26　窗口的组成

(1) 标题栏：显示“最小化”、“最大化/还原”、“关闭”按钮。

(2) 地址栏：显示当前打开文件夹的路径，直接输入路径打开文件夹；通过按钮可在相应文件之间切换。

(3) 工具栏：显示针对当前窗口内容的一些常用的工具按钮，它是图形化的菜单，是访问应用程序命令的快速方法。

(4) 搜索框：动态搜索。

**备注**：打开某个文件夹，则只在本文件夹中搜索输入内容。

(5) 窗口工作区：显示当前窗口的内容或执行某项操作后的内容。

(6) 窗格。

① 细节窗格：显示文件大小、创建日期等目标文件详细信息。

② 导航窗格：单击文件夹列表中的文件夹快速切换到相应的文件中。

③ 预览窗格：显示当前选择的文件内容。

(7) 工作区：又称窗体。窗口内的区域为工作区，用户在这个区域内进行当前应用程序支持的操作。窗体是显示所选对象内容的地方。如图 1.26 所示窗口显示的是本地硬盘、软驱和光驱驱动器。

**2. 窗口的基本操作**

(1) 最大化窗口。最大化窗口是指将窗口扩大为整个屏幕。单击窗口按钮或用控制按钮菜单中的“最大化”命令使窗口最大化，此时“最大化”按钮自动变成“还原”按钮。单击“还原”按钮，窗口又会变成原来的大小。

(2) 最小化窗口。最小化窗口是将窗口收缩到任务栏上，成为一个按钮。单击窗口按钮或使用控制按钮菜单中的“最小化”命令，此时窗口最小化，但应用程序仍在后台运行。

(3) 还原窗口。还原窗口是使窗口还原到最大化或最小化之前的状态。最大化还原方法是单击窗口“向下还原”按钮，或打开控制按钮菜单选择“还原”命令窗口即可还原。最小化还原方法是单击任务栏上最小化图标，或打开控制按钮菜单，选择“还原”命令。

(4) 移动窗口。移动窗口是指将窗口从桌面的一处移到另一处。方法是将鼠标指针移到窗口的标题栏内，按住鼠标左键将它拖动到所需位置松开鼠标键即可。或用控制按钮菜单中的“移动”命令，指针鼠标呈 ⇱ 形状，将其移动到窗口的标题栏上，拖动窗口即可。

(5) 改变窗口的大小。改变窗口的大小是指根据需要确定窗口在桌面上的大小。方法是将鼠标指针移到窗口的边框上，当鼠标指针变成双箭头“↔”、“↕”或“⤢”时，按住鼠标左键并拖动，向外侧拉为放大窗口，向内侧推为缩小窗口。

(6) 关闭窗口。单击“关闭”按钮☒，或选择控制按钮菜单的“关闭”命令，或选择“文件”|“关闭”命令都可关闭窗口。关闭最小化的窗口时应先将其激活，再关闭窗口，或在任务栏上用鼠标右击其所对应的任务按钮，然后在弹出的菜单中选择“关闭”命令。

(7) 窗口的切换。由于 Windows 7 是一个多任务多窗口系统，可同时打开多个窗口、运行多个应用程序，而当前处于活动的窗口只有一个。窗口之间切换即是指将某个应用程序窗口作为当前活动窗口。

若想使某个窗口成为当前活动窗口，只要单击任务栏上对应的应用程序按钮或单击该窗口的任何部位即可。另外，也可以按住 Alt 键后，反复按 Tab 键，逐一浏览各窗口的标题，当显示所需窗口的图标时松开按键即可。

### 1.2.4 鼠标的使用

鼠标是控制屏幕上光标运动的手持式设备，是常用的输入工具。在计算机上可以使用鼠标执行各种任务。在 Windows 环境中，绝大部分的操作都可以通过鼠标来实现。

鼠标的操作主要有单击、双击、移动、拖动、与键盘组合等。

移动：不按鼠标的任何键移动鼠标，此时屏幕上鼠标指针相应移动。通常鼠标指针的形状是一个小箭头。

指向：移动鼠标，让鼠标指针停留在某对象上。

单击：鼠标指向某对象，快速按下鼠标左键再松开，单击是选定鼠标指针下面的任何内容，完成选中某种选项、命令或图标。

右击：将鼠标的右键按下、松开。通常用于快捷操作。

双击：快速的两次单击动作，双击是首先选定这个项目，然后再执行一个默认的操作。也可以先单击选定鼠标指针下面的内容，然后再按 Enter 键，这样做与双击的作用完全一样。

拖动：鼠标指针指向某一对象或某一点时，例如图标，按下鼠标左键（不要放开），同时移动鼠标，可以看到图标被拖走，到另一位置时，停止移动并放开鼠标左键，图标就被放到一个新的位置。

左、右鼠标键分别执行不同的操作，左键进行大部分操作，如选择菜单项、单击按钮等；右键一般用于弹出快捷菜单。

## 1.2.5　菜单和对话框

### 1. 菜单的分类

Windows 操作系统中的菜单可以分为两类：一是普通菜单，即下拉菜单；二是右键快捷菜单。

(1) 普通菜单(下拉菜单)。为了用户更加方便地使用菜单，Windows 7 将菜单统一放在窗口的菜单栏中。选择菜单栏的某个菜单即可弹出普通菜单，如图 1.27 所示。

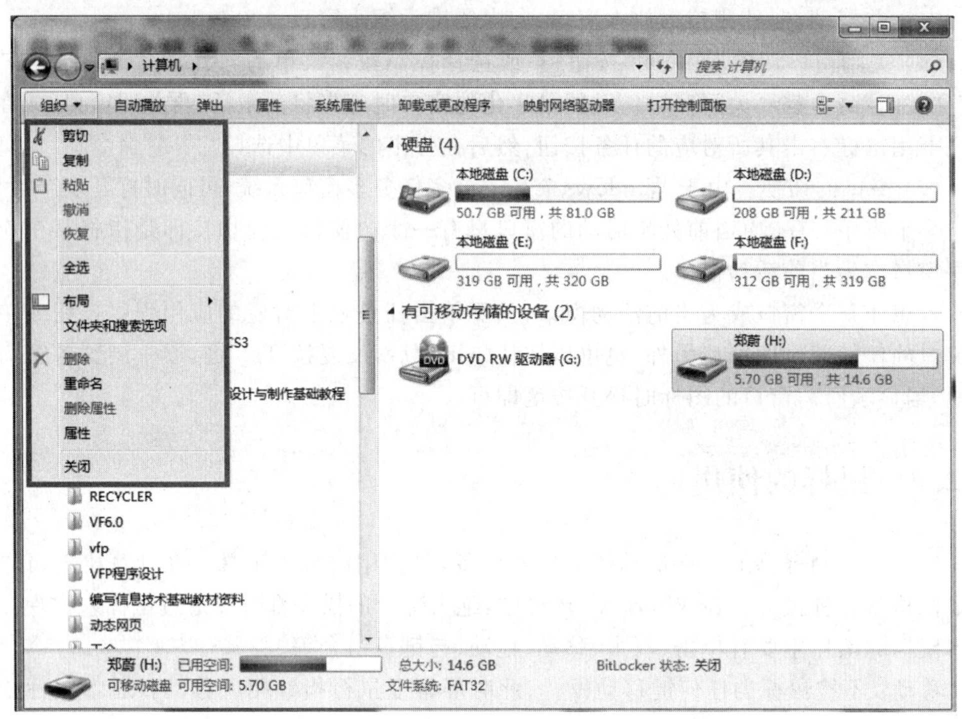


图 1.27　普通菜单(下拉菜单)

(2) 右键快捷菜单。在 Windows 操作系统中还有一种菜单被称为快捷菜单，用户只要在文件或文件夹、桌面空处、“任务栏”空处等区域右击，即可弹出一个快捷菜单，如图 1.28～图 1.30 所示，其中包含对选中对象的一些操作命令。

### 2. 对话框

对话框与窗口很相似，但是不能最大化和最小化，是系统或应用程序与用户进行交互、对话的场所，让用户在进行下一步的操作前做出相应的选择。Windows 7 对话框的形态与其他操作系统不同，但是所包括的元素是相似的。一般来说，对话框是由标题栏、选项、组合框、文本框、列表框、下拉列表、微调框、命令按钮、单选按钮和复选框等组成，如图 1.31 所示。

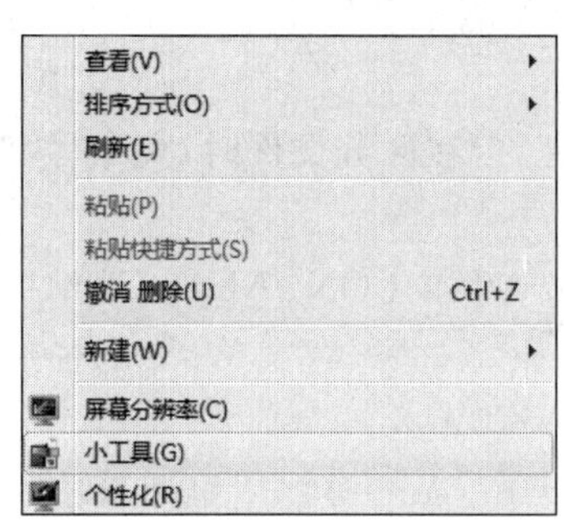


图 1.28 桌面快捷菜单窗口

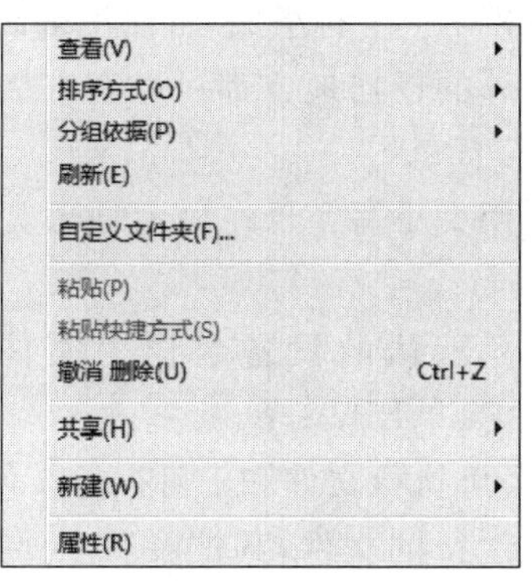


图 1.29 快捷菜单

图 1.30 任务栏快捷菜单

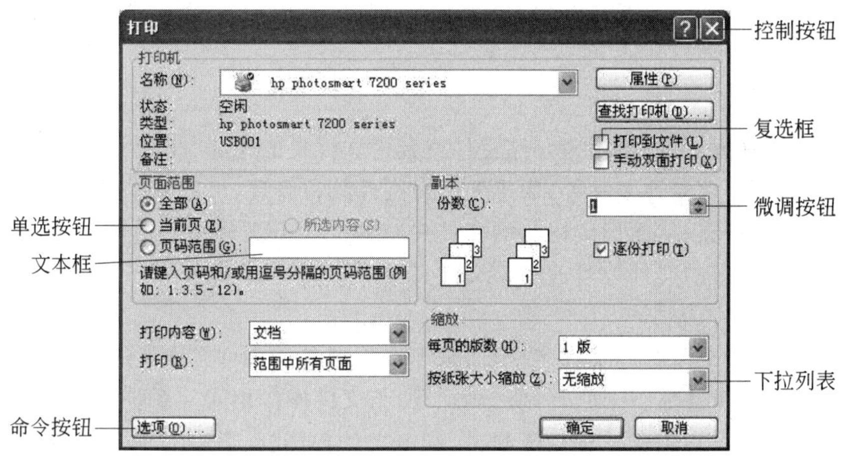


图 1.31 对话框的组成

# 1.3 Windows 7 文件管理

## 1.3.1 文件及文件夹

文件是数据在计算机中的组织形式,不管是程序、文章、声音、视频,还是图像,最终都是以文件形式存储在计算机的硬盘、光盘、U 盘等存储介质上。

**1. 文件名**

Windows 中的任何文件都是用图标和文件名来标识的,文件名由主文件名和扩展名两部分组成,中间由“.”分隔。

文件的命名遵循“文件名.扩展名”的规则,如“a2.txt”。其中,文件名由字母、数字、下划线等组成,扩展名用于识别文件的类型。

Windows 的文件命名时必须遵循下列规定。

(1) 文件名最多可以由 255 个字符组成,可使用多间隔的扩展名。

(2) 文件名中除开头以外的任何地方都可以有空格,但不能是下列 9 个字符:\ / : * ? "<> |。

(3) Windows 允许用户用大小写字母在显示时标识文件,但在区分文件时,大小写字母等价。

(4) 不可使用 Windows 默认的设备名作为文件名。例如 CON、AUX、COM1、COM2、NUL、PRN、LPT1、LPT2、LPT3 等。

从打开方式看,文件分为可执行文件和不可执行文件两种类型。

可执行文件指可以自己运行的文件,其扩展名主要有.exe、.com 等。用鼠标双击可执行文件,便会自己运行。应用程序的启动文件都属于可执行文件。

不可执行文件:指不能自己运行的文件。当双击这类文件后,系统会调用特定的应用程序去打开它。例如,双击后缀为.txt 的文件,系统将调用 Windows 系统自带的"记事本"程序来打开它。

**2. 文件夹**

文件夹(也称为目录)是用来存储文件或其他文件夹的。

每个磁盘可以存储许多文件,为了便于对文件进行管理,可以根据需要在根目录下创建文件夹或子文件夹,从而形成树状的文件夹结构。所有文件可以分类放入不同文件夹中,同一个文件夹下的文件也可放在该文件夹内的不同子文件夹中,子文件夹内还可以包含下一级子文件夹。

文件夹名的命令规则同文件名,但通常不含扩展名。在对文件夹进行操作时,许多操作(例如文件夹的重命名、移动、复制和删除等)与文件操作相同。系统中的所有文件夹用统一的图形表示,在浏览计算机资源时,双击文件夹图标,就会打开下一层文件夹或文件列表。

## 1.3.2 资源管理器的基本操作

资源管理器用来管理计算机中的所有文件、文件夹等资源。Windows 7 资源管理器的功能十分强大。

单击任务栏左侧的"Window 资源管理器"图标,或双击桌面上的"计算机"图标、"网络"图标等,都可打开资源管理器。

资源管理器主要由导航窗格、内容区、地址栏、"前进"和"后退"按钮、搜索编辑框、工具栏、详细信息面板构成,如图 1.32 所示。

(1) 导航窗格:采用层次结构来对计算机中的资源进行导航,最顶层的为"收藏夹"、"库"、"计算机"和"网络"等项目,其下又层层细分为多个子项目(如磁盘和文件夹等)。单击各项目左侧的按钮可展开其子项目;单击按钮可收缩项目;单击项目名称可在工作区中显示其包含的内容,可以是磁盘、文件或文件夹等。

(2) 内容区:显示具体的资源内容。

在 Windows 7 中,主要是通过"计算机"对计算机中的文件或文件夹进行管理,其组织形式为：计算机>硬盘和光盘等存储介质>文件或文件夹>文件或子文件夹>……。“计算机”位于层次结构的顶层，可以说是一个最大的文件夹。硬盘是计算机中用来存储文件的设备，一块硬盘需要划分成一个或多个分区才能使用，这些分区在“计算机”中的表现形式便是“新加卷(C：)”、“新加卷(D：)”(也可以是用户指定的任意名称)等。

(3) 地址栏：显示当前文件夹的路径，也可通过输入路径的方式来打开文件夹，还可通过单击文件夹名或三角按钮来切换到相应的文件夹中。

(4) “前进”和“后退”按钮：单击这两个按钮可在打开过的文件夹之间切换。

(5) 搜索编辑框：在其中输入关键字，可查找当前文件夹中存储的文件或文件夹。

(6) 工具栏：其上的按钮会随所选对象的不同而不同，用于快速完成相应的操作。

(7) 详细信息面板：显示当前文件夹或所选文件、文件夹的有关信息。

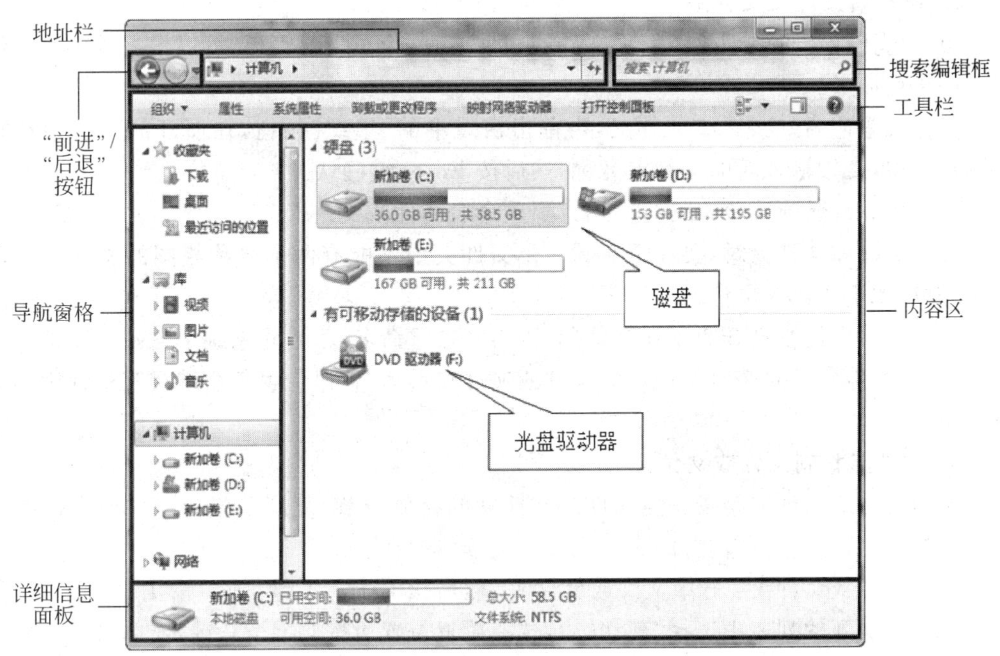


图 1.32 资源管理器

## 1.3.3 文件与文件夹的管理

### 1. 新建文件或文件夹

通常情况下，用户可利用文档编辑程序、图像处理程序等应用程序创建文件。

此外，也可以直接在 Windows 7 中创建某种类型的空白文件，或者创建文件夹来分类管理文件。

在要创建文件或文件夹的磁盘窗口单击“新建文件夹”按钮，输入文件夹名称，即可创建文件夹。进入文件夹后利用右键菜单中的选项可新建文件。

**2. 选择文件或文件夹**

(1) 要选择单个文件或文件夹,可直接单击该文件或文件夹。

(2) 要选择窗口中的所有文件或文件夹,可单击窗口工具栏中的"组织"按钮,在展开的列表中选择"全选"项,或直接按 Ctrl+A 键。

(3) 要同时选择多个文件或文件夹,可在按住 Ctrl 键的同时,依次单击要选中的文件或文件夹。选择完毕释放 Ctrl 键即可。

(4) 单击选中第一个文件或文件夹后,按住 Shift 键单击其他文件或文件夹,则两个文件或文件夹之间的全部文件或文件夹均被选中。

(5) 按住鼠标左键不放,拖出一个矩形选框,这时在选框内的所有文件或文件夹都会被选中。

**3. 重命名文件或文件夹**

当用户在计算机中创建了大量文件或文件夹时,为了方便管理,可以根据需要对文件或文件夹重命名。

选择要重命名的文件或文件夹,再单击窗口中的"组织"按钮,在展开的列表中选择"重命名"项,直接输入新的文件夹名称,然后按 Enter 键确认。

或利用右键快捷菜单中的"重命名"项重命名文件或文件夹。

命名文件和文件夹时,要注意在同一个文件夹中不能有两个名称相同的文件或文件夹,还要注意不要修改文件的扩展名。

如果文件已经被打开或正在被使用,则不能被重命名;不要对系统中自带的文件或文件夹,以及其他程序安装时所创建的文件或文件夹重命名,以免引起系统或其他程序的运行错误。

**4. 移动与复制文件或文件夹**

移动文件或文件夹是指调整文件或文件夹的存放位置;复制是指为文件或文件夹在另一个位置创建副本,原位置的文件或文件夹依然存在。

移动文件或文件夹:选中文件或文件夹,然后按 Ctrl+X 键,或单击工具栏中的"组织"按钮,在展开的列表中选择"剪切"项,选择放置位置后按 Ctrl+V 键,或单击工具栏中的"组织"按钮,在展开的列表中选择"粘贴"项即可。

复制文件或文件夹:选中文件或文件夹,然后按 Ctrl+C 键,或单击工具栏中的"组织"按钮,在展开的列表中选择"复制"项,选择放置位置后按 Ctrl+V 键,或单击工具栏中的"组织"按钮,在展开的列表中选择"粘贴"项即可。

复制操作文件或文件夹时,如果目标位置有相同类型并且名称相同的文件夹或文件夹,系统会打开一个提示对话框,用户可根据需要选择覆盖同名文件或文件夹、不移动文件或文件夹,或是保留两个文件或文件夹。

**5. 删除文件或文件夹**

在使用计算机的过程中应及时删除计算机中已经没有用的文件或文件夹,以节省磁盘空间。

选中需要删除的文件或文件夹,按 Delete 键,或在工具栏的"组织"按钮列表中选择"删除"项,在打开的提示对话框中单击"是"按钮即可。

删除大文件时，可将其不经过回收站而直接从硬盘中删除。其方法是，选中要删除的文件或文件夹，按 Shift+Delete 键，然后在打开的确认提示框中确认即可。

**6. 搜索文件或文件夹**

随着计算机中文件和文件夹的增加，用户经常会遇到找不到某些文件的情况，这时可以利用 Windows 7 资源管理器窗口中的搜索功能来查找计算机中的文件或文件夹。

打开资源管理器窗口，此时可在窗口的右上角看到"搜索计算机"编辑框，在其中输入要查找的文件或文件名称，表示在所有磁盘中搜索名称中包含所输入文本的文件或文件夹，此时系统自动开始搜索，等待一段时间即可显示搜索的结果。对于搜到的文件或文件夹，用户可对其进行复制、移动、查看和打开等操作，如图 1.33 所示。

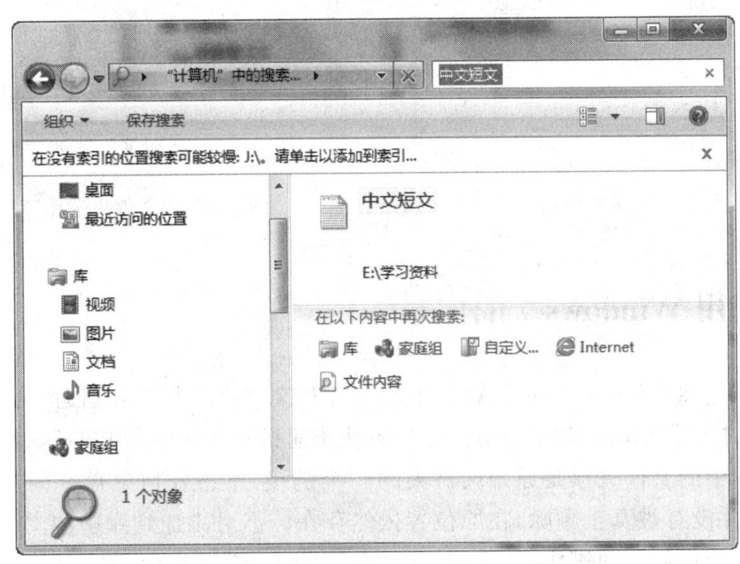


图 1.33　搜索窗口

**7. 隐藏文件或文件夹**

Windows 7 为文件或文件夹提供了两种属性，即只读和隐藏，它们的含义如下。

(1) 只读：用户只能对文件或文件夹的内容进行查看而不能修改。

(2) 隐藏：在默认设置下，设置为隐藏的文件或文件夹将不可见，从而在一定程度上保护了文件资源的安全。

打开要设置隐藏属性的文件或文件夹，在"组织"列表中选择"属性"项，在打开的对话框中选中"隐藏"复选框，确定后再在打开的对话框中保持默认选项后再确定，如图 1.34 所示。

**8. 查看隐藏的文件或文件夹**

文件或文件夹被隐藏后，如果想再次访问它们，则可以在 Windows 7 中开启查看隐藏文件功能。

打开资源管理器窗口，单击"组织"按钮，在展开的列表中选择"文件夹和搜索选项"项，打开"文件夹选项"对话框，单击"查看"选项卡，在"高级设置"列表框向下拖动滚动条，选中"显示隐藏的文件、文件夹和驱动器"单选钮，然后单击"确定"按钮，如图 1.35 所示。

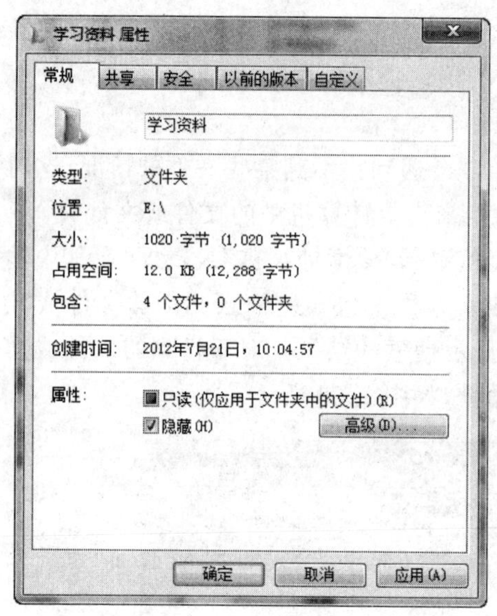


图 1.34　属性窗口

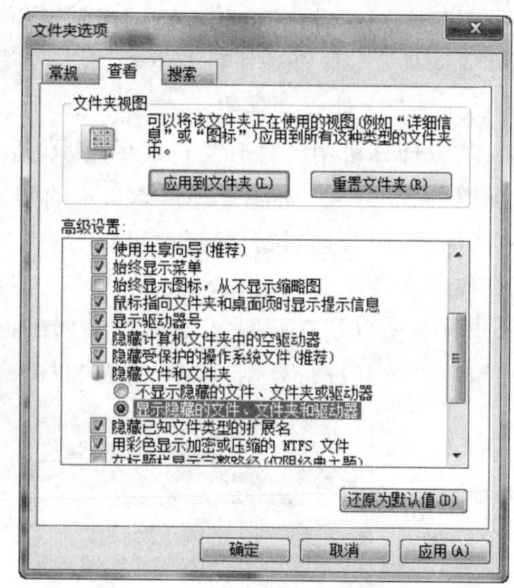


图 1.35　"文件夹选项"对话框

## 1.3.4　使用 Windows 7 的库

利用 Windows 7 的库可以对计算机中的文件和文件夹进行集中管理。可以新建多个库,并将常用的文件夹添加到相应的库中,以方便快速找到和管理这些文件夹中的文件。

添加到库中的文件夹只是原始文件夹的一个链接,不占任何磁盘空间。当删除某个库时,文件夹并没有被真正删除,在原位置依然存在。但对添加到库中的文件夹或文件夹中的文件进行的任何管理操作,如复制、移动和删除等,都将直接反映到原始位置的文件夹中。

在资源管理器中单击导航窗格中的"库"项目,打开资源管理器的"库"界面,从中可看到系统默认提供了"文档"、"音乐"、"图片"和"视频"4 个库,如图 1.36 所示。双击某个库,可看到已添加到其中的文件夹或文件,如图 1.37 所示。

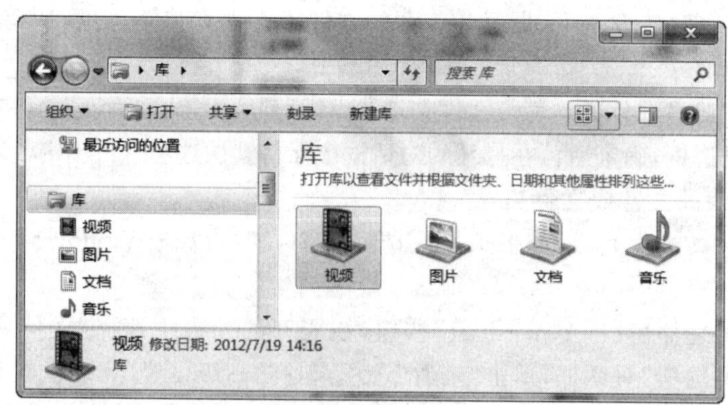


图 1.36　"库"窗口

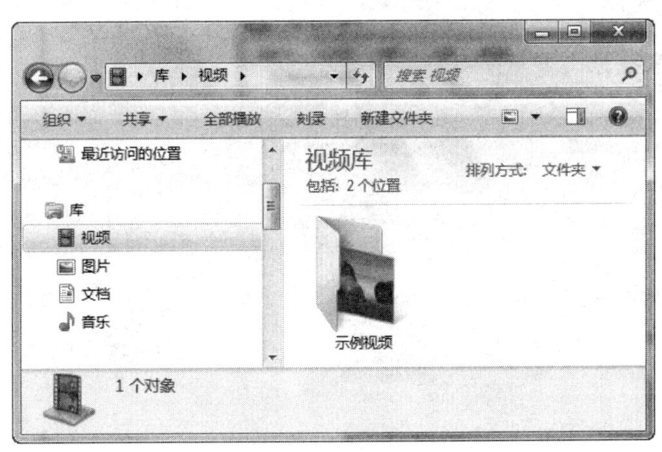


图 1.37　视频窗口

**1. “库”的基本操作**

Windows 7 中“库”的操作很简单，单击工具栏中的图片就可以打开“库”窗口。Windows 7 系统默认情况下包含了文档、音乐、图片和视频这几个常用库，这样不用进入“我的电脑”或者“我的文档”就可以对这些文件夹进行操作整理。而在 Windows 7 中“库”和“资源管理”的完美结合，更是大大方便了用户的使用，当打开某个文件夹分区窗口时，在左侧的快捷列表中很容易进入到库中。

另外，“库”还提供了一个快速打开常用文件夹的功能，可以将经常打开的文件夹锁定在“库”右键菜单中，操作时，首先在“库”中打开需要锁定的文件夹，随后右击任务栏中的“库”图标，打开一个文件夹历史列表。这时候显示了常访问的 10 个文件夹列表，在某个文件夹上右击，右侧多了一个“锁定到此列表”，单击它，以后就可以通过右键菜单打开该文件夹了。这就是 Windows 7 系统高效率的体现。

**2. “库”预览**

Windows 7 系统为了方便用户使用库功能，提供了多种预览方式，这样程序可直接对库中的文件进行浏览。切换浏览方式时，单击“库”窗口右上方的“更改你的视频”按钮，打开一个更改视图列表，通过列表就能更改文件的预览方式。另外，Windows 7 强大的“库”提供了文件预览功能，默认情况下系统提供了隐藏预览窗口，快速预览时单击“库”窗口工具栏中的“显示预览窗口”图标，可以看到“库”对话框右侧多出一个预览窗口，此时单击某个文件即可在右面窗口中进行预览。Windows 7 中“库”现实的预览功能不仅可以对图片和视频文件预览，还可以预览 Word、Excel、PPT 等文本文件。不打开 PPT 演示文档也能马上知道里面写的大概内容是什么，这就是 Windows 7 强悍之处，如图 1.38 所示。

**3. “库”搜索**

Windows 7 系统强大的搜索功能也渗入到了“库”的功能中，有了这个功能，再也不用在像使用 Windows XP 系统那样在整个计算机中查找某个文件，只需要输入查找的文件信息就可以快速找到。

搜索时，在“库”窗口上面的搜索框中输入需要搜索文件的关键字，可以是文件标题、

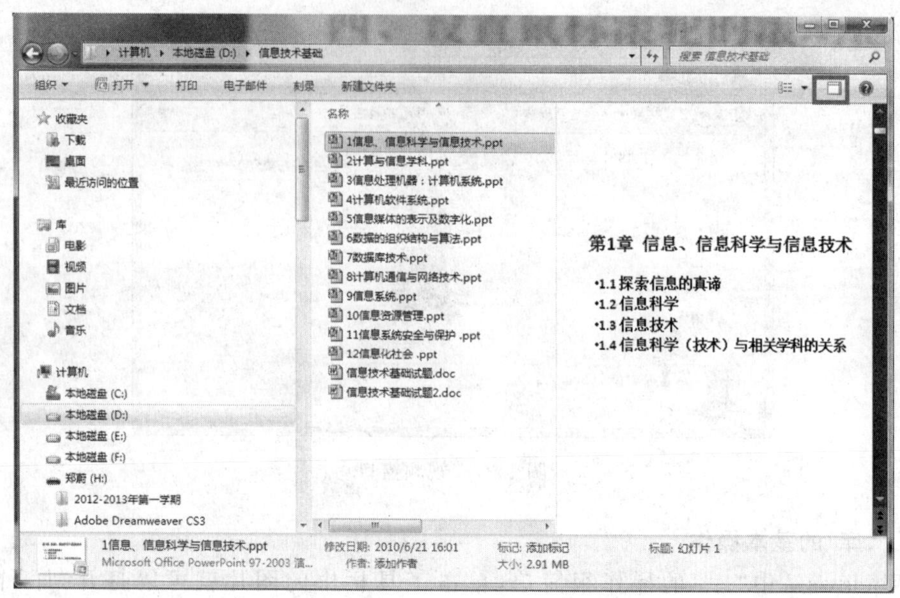


图 1.38 显示库的预览窗口

也可以是文件中的内容等任何能想到的关于该文件的特性都可以使用。Windows 7“库”的搜索功能非常强大，不但能搜索到文件夹、文件标题、文件信息和压缩包的关键字外，还可以对一些文件中的信息进行检索，这样可以非常轻松地帮助用户找到自己需要的文件，如图 1.39 所示。

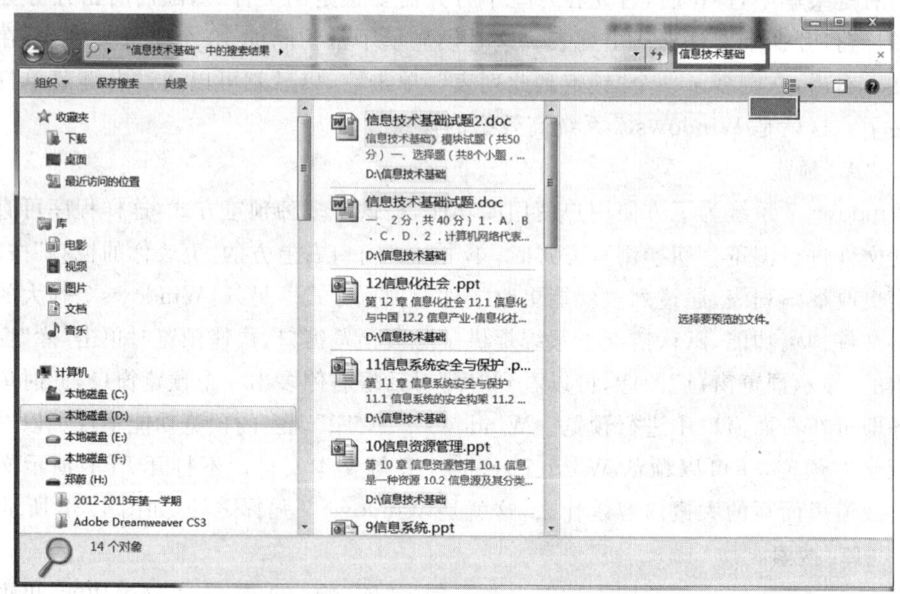


图 1.39 “库”中搜索窗口

**4. “库”的创建和设置**

除了默认“库”功能中的几个类型之外，Windows 7 还支持用户根据自身的需要在

“库”中创建单独的库。创建新库的操作如下：

在 Windows 7 系统中打开“库”窗口，在“库”窗口中单击工具栏中的“新建库”命令，在“库”窗口中出现一个创建的新库，然后输入名称“电影”即可，如图 1.40 所示。创建完成后，就可以将 D:\电影文件夹导入库，导入时，进入新库窗口，单击“包含一个文件夹”按钮。进入到“将文件夹包含在库”中，在此选择某个文件夹后就可以把该文件夹顺利导入到新库中了，如图 1.41 所示。

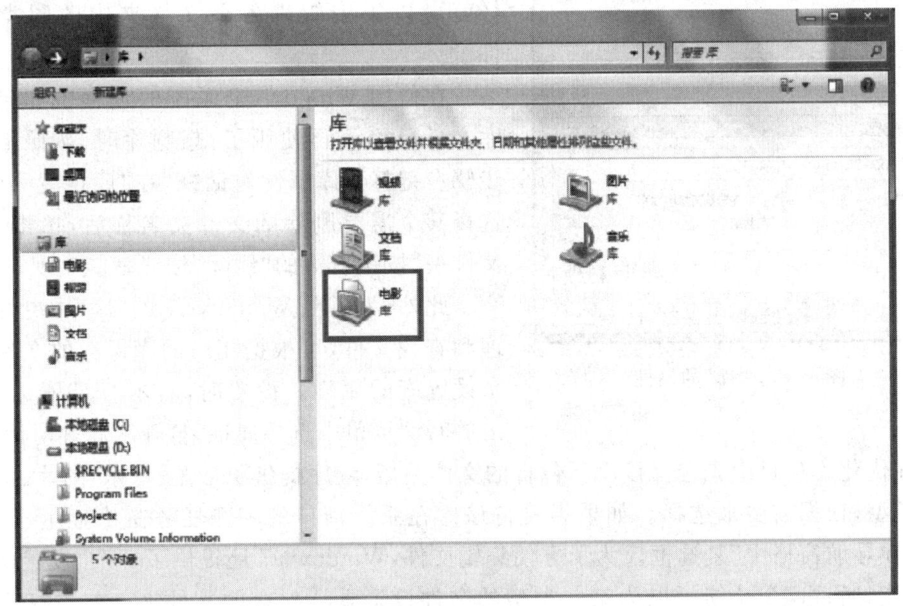

图 1.40　新建库

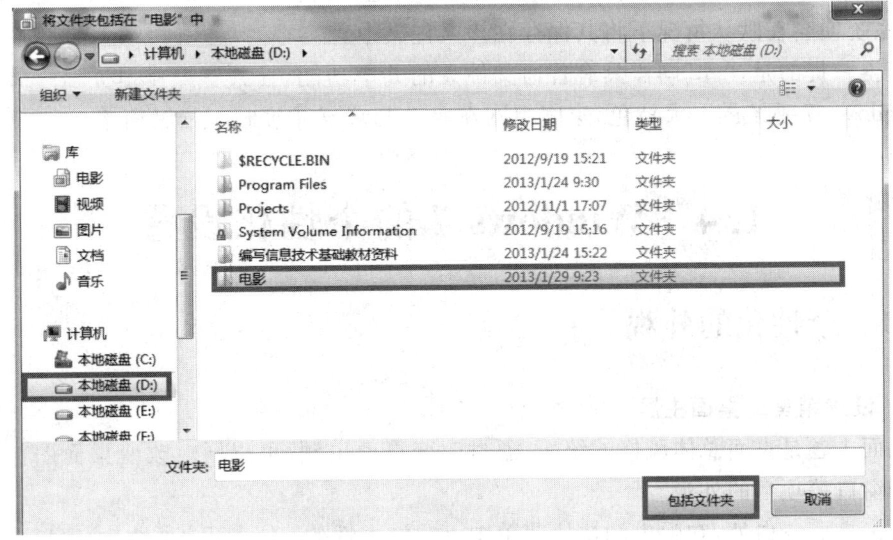

图 1.41　将文件夹包含在库中

而在第一个文件夹添加进该库时，库界面中“包括一个文件夹”按钮即会消失，以后再向该库中导入其他文件夹时，需要右击此库图标，在弹出的快捷菜单中选择“属性”命令，打开“库属性”对话框，如图 1.42 所示。在此单击“包括文件夹”按钮来导入更多文件夹。以后打开“库”窗口，导入的文件夹都将显示在列表中，这样就可以集中管理各个文件夹中的同类型文件了。

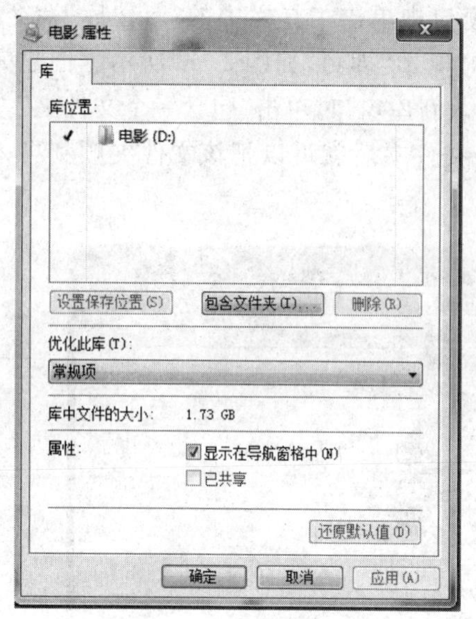


图 1.42 “库”的属性

在使用 Windows 7 系统的过程中如果某个库文件已经不再使用了，想删除时，按照上面的步骤右键打开库属性对话框，在“库位置”列表中选择某个需要删除的文件夹名称后，单击“包含文件夹”按钮右边的“删除”按钮就能实现。

此外，为了在 Windows 7 的“库”中更好地管理和查找文件，可根据相应的库保存的文件类型来设置库的属性。设置时，右击“库”图标，在弹出的右键菜单中选择属性，打开库属性对话框。

在优化库项目中先选择该库所包含的文件类型，程序提供了常规、音乐、图片、文档等几种类型，根据需要来选择。如果想要将该库在系统窗口的左侧任务窗格显示，需勾选“显示在导航窗格中”复选框。为了方便编辑文件，Windows 7 还提供了一个“设置保存位置”功能，通过这个功能可以为某一类型的文件设置默认保存的文件夹。首先打开某个库，在“库位置”列表中选择设置保存位置的文件夹，随后单击“设置保存位置”按钮，此时可看到该文件夹路径前面出现一个“√”，单击“确定”按钮即可。以后再保存该类型的文件时，系统便会在默认情况下将其保存在该文件夹中。

值得一提的是，“库”同样具有普通文件夹的共享功能，且共享操作也完全一致，共享是 Windows 7 系统的一大特色，家庭组网在 Windows 7 中变得轻松又简单。

# 1.4 Windows 7 的个性化设置

## 1.4.1 个性化的外观

**1. 设置精美的桌面主题**

桌面主题是桌面总体风格的统一，通过改变桌面主题，可以同时改变桌面图标、背景图像和窗口等项目的外观。

右击桌面空白处，在弹出的快捷菜单中，选择“个性化”项，打开“个性化”窗口，可看到在“Aero 主题”列表框中预置了多个主题，从中选择一种主题，如图 1.43 所示。

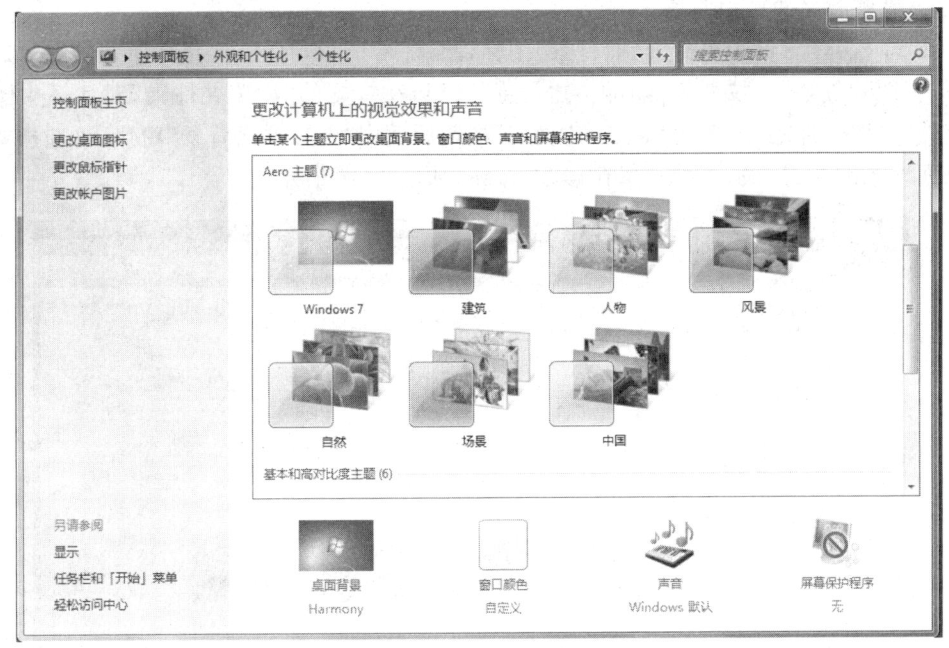


图 1.43 “个性化”窗口

**2. 设置个性化的桌面图标**

要在 Windows 7 中设置个性化的桌面图标，可在“个性化”窗口中单击“更改桌面图标”按钮，在弹出的“桌面图标设置”对话框中选择“计算机”项，如图 1.44 所示。单击“更改图标”按钮，在弹出的“更改图标”对话框中选择所想要添加的图标。单击“更改图标”按钮可选择其他桌面图标进行添加，如图 1.45 所示。

图 1.44 “桌面图标设置”对话框

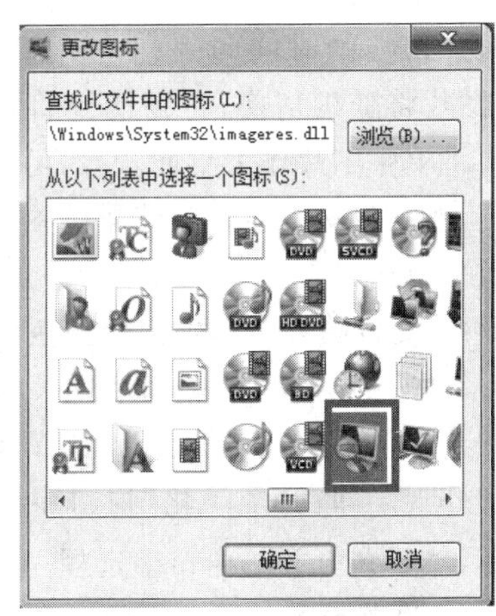


图 1.45 “更改图标”对话框

**3. 设置漂亮的桌面背景**

在“个性化”窗口中单击“桌面背景”图标，图 1.46 所示，打开“选择桌面背景”窗口，然后单击“图片位置”下拉列表框右侧的“浏览”按钮，在打开的“浏览文件夹”对话框中图片所在的文件夹，如图 1.47 所示，单击“确定”按钮后返回“选择桌面背景”窗口，再选择要作为桌面背景的文件，最后单击“保存修改”按钮，如图 1.48 所示。

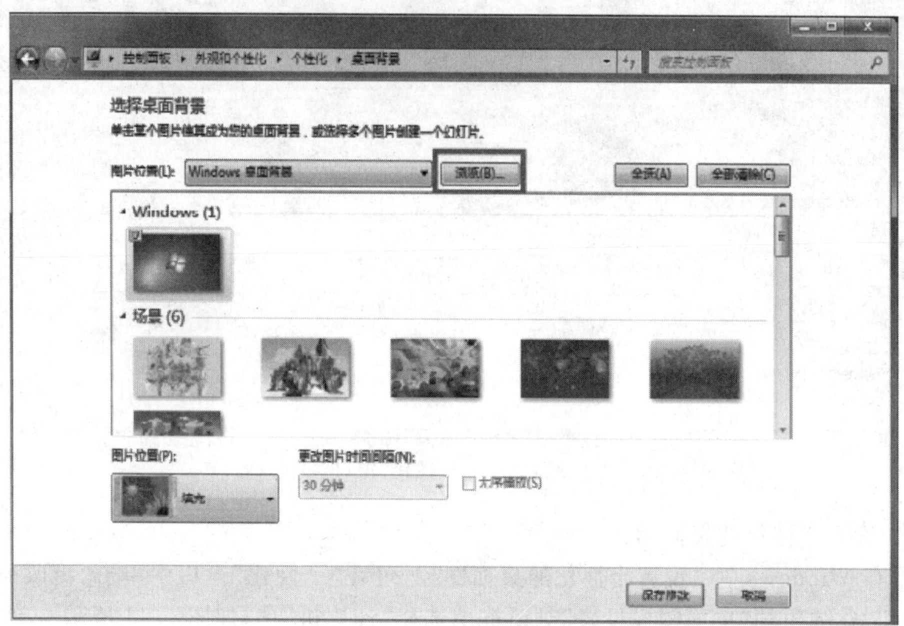


图 1.46 “保存桌面背景”窗口

默认情况下，文件夹中所有图片处于选中状态，即使用多张图片的幻灯片效果作为桌面背景。此时可在下方的“更改图片时间间隔”下拉列表设置图片切换的时间间隔；若选中“无序播放”复选框，图片将随机切换，否则图片将按顺序切换。如果要将单张图片作为桌面背景，可单击“全部清除”按钮，然后只选中要作为背景的图片，再单击“保存修改”按钮。

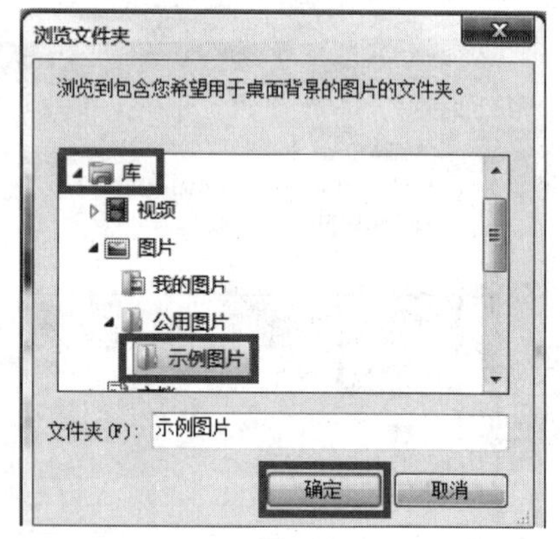


图 1.47 “浏览文件夹”对话框

**4. 设置独具特色的窗口颜色和外观**

在 Windows 7 操作系统中，用户可以根据自己的喜好设置窗口边框、“开始”菜单和任务栏的颜色和外观。即在“个性化”窗口中单击“窗口颜色”图标，然后在打开的窗口中选择一种颜色，再单击“保存修改”按钮，如图 1.49 所示。

**5. 设置精彩的屏幕保护程序**

屏幕保护程序是指在一定时间内，没有使用鼠标或键盘进行任何操作时在屏幕上显示的画面。设置屏幕保护程序可以对显示器起到保护作用。Windows 7 自带了多种屏幕

图 1.48　设置好的桌面背景

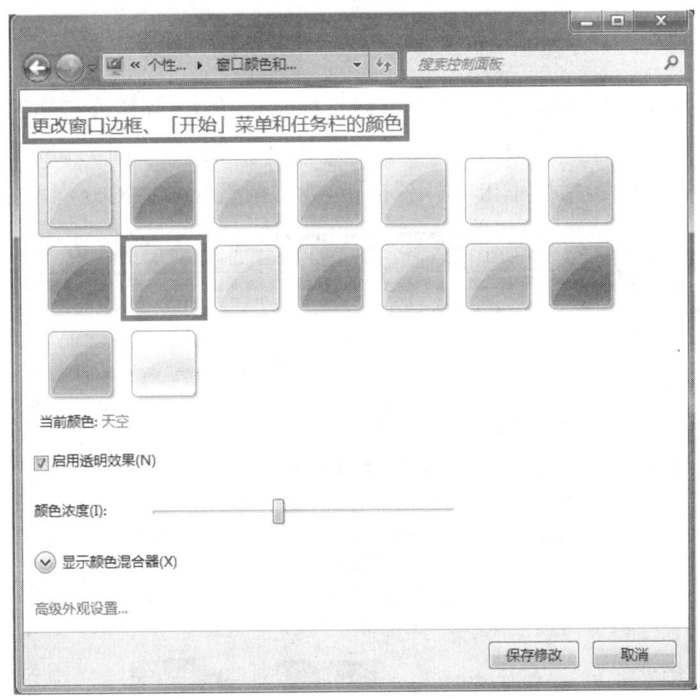


图 1.49　颜色窗口

保护程序,用户可以直接选择并应用。操作方式如图 1.50 所示。

**6. 设置合适的显示器分辨率和刷新频率**

在操作计算机的过程中,为了使显示器的显示效果更好,可在 Windows 7 中适当调整屏幕显示分辨率和刷新频率,以降低显示器屏幕对眼睛的伤害。在“个性化”窗口左侧

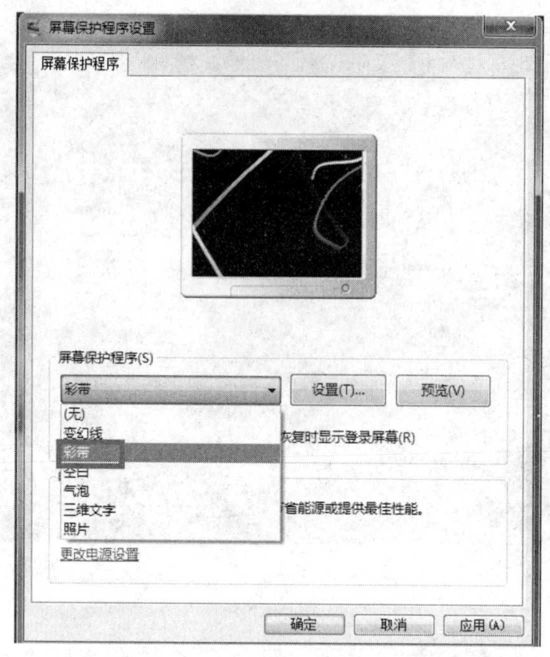

图 1.50 “屏幕保护程序设置”对话框

单击“显示”项，如图 1.51 所示，在打开的“显示”窗口中单击“调整分辨率”选项，如图 1.52 所示，在打开的“屏幕分辨率”窗口中单击“分辨率”下拉按钮，如图 1.53 所示，在展出开的列表中拖动分辨率滑块，然后单击“确定”按钮，即可调整显示器的分辨率。

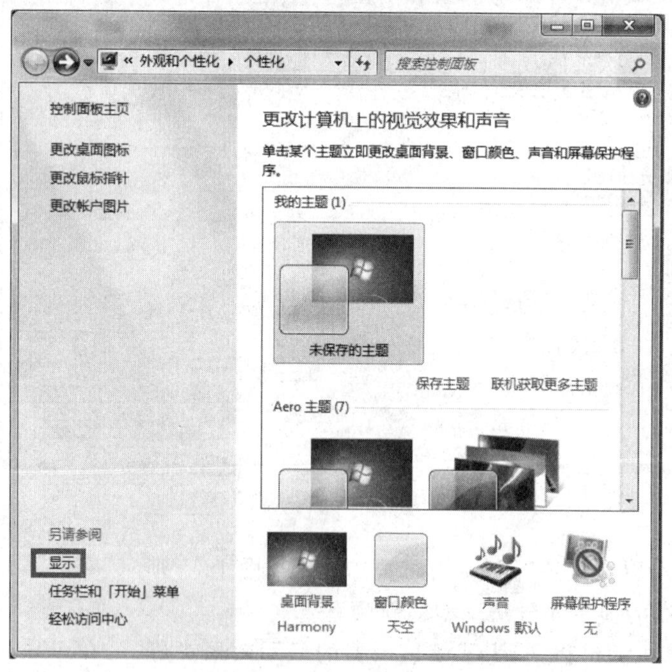

图 1.51 “个性化”窗口

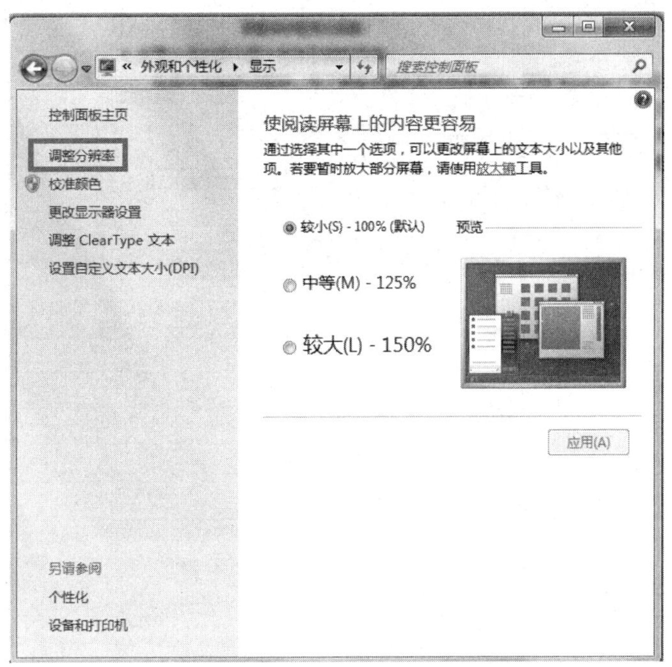


图 1.52 “调整分辨率”按钮

图 1.53 显示分辨率窗口

要设置屏幕刷新频率，可在“屏幕分辨率”窗口单击“高级设置” 选项，打开监视器属性对话框，单击“监视器”选项卡，在“屏幕刷新频率”下拉列表中选择一种屏幕刷新频率，然后单击“确定”按钮，再在打开的对话框中单击“是”按钮，如图 1.54 所示。

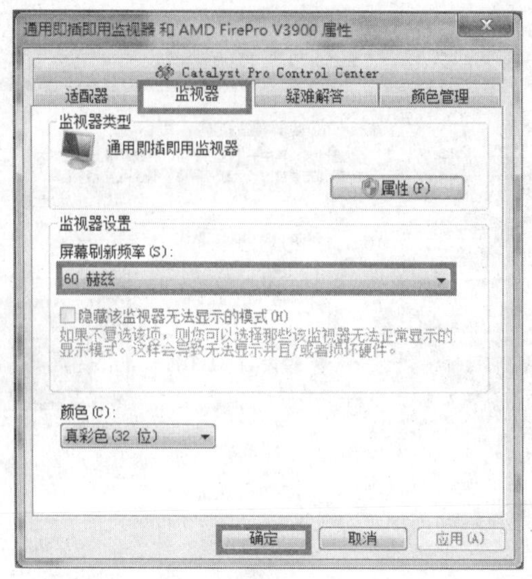


图 1.54　通用即插即用监视器

## 1.4.2　使用 Windows 7 的桌面小工具

### 1. 打开和设置桌面小工具

右击桌面空白处，在弹出的快捷菜单中选择“小工具”项，如图 1.55 所示，打开小工具窗口，从中可看到系统提供的 9 种桌面小工具。双击要添加的桌面小工具，即可在桌面左上角位置显示所选的小工具；也可从小工具窗口中直接拖曳小工具到桌面的任意位置。添加小工具后还可以根据需要利用右键快捷菜单对其进行设置，如图 1.56 所示，最后设置好的小工具如图 1.57 所示。

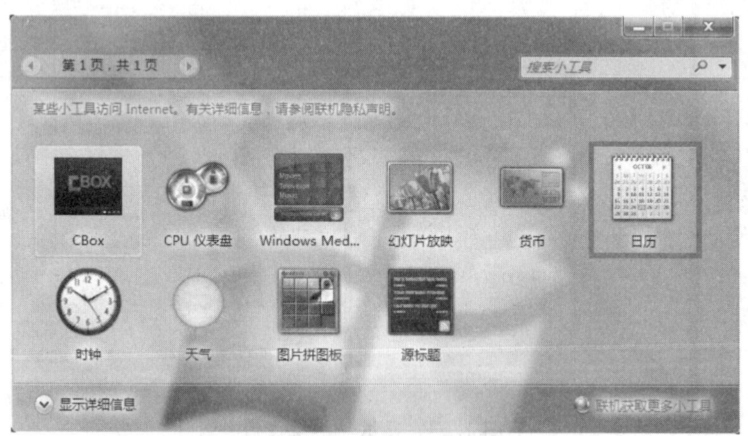


图 1.55　小工具窗口

### 2. 获取更多的桌面小工具

如果系统提供的桌面小工具不能满足用户的需要，还可以通过微软的官方站点联机获取更多的桌面小工具。

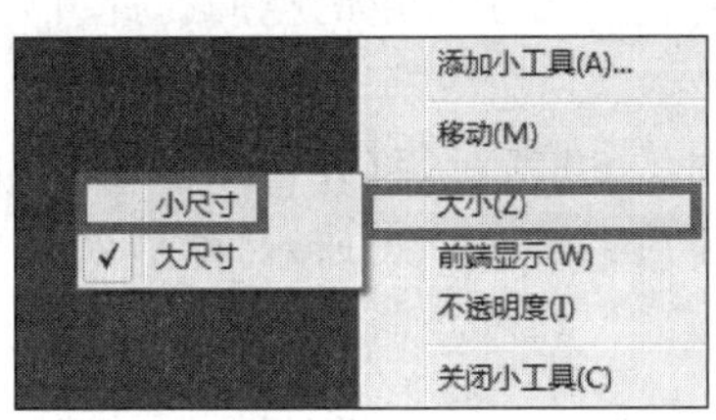


图 1.56　设置小工具的显示大小

图 1.57　设置好的小工具

## 1.4.3　个性化任务栏

### 1. 自动隐藏任务栏

默认情况下，任务栏是显示的，如果想给桌面提供更大的空间，可以将任务栏隐藏。

右击任务栏空白处，在弹出的快捷菜单中选择“属性”项，打开“任务栏和「开始」菜单属性”对话框，如图 1.58 所示，选中“自动隐藏任务栏”复选框，单击“确定”按钮完成设置，此时任务栏即可自动隐藏。若要显示任务栏，只需将鼠标指针移到原任务栏位置上，即可自动显示任务栏；当鼠标指针离开后，任务栏会重新隐藏。

### 2. 更改任务按钮的显示方式

在 Windows 7 的任务栏中，任务相似的按钮默认会被合并，如果想改变这种显示方式，用户可以通过设置进行改变。即在“任务栏和「开始」菜单属性”对话框的“任务栏”选项卡的“屏幕上的任务栏位置”下拉列表中进行选择，然后单击“确定”按钮即可，如图 1.59 所示。

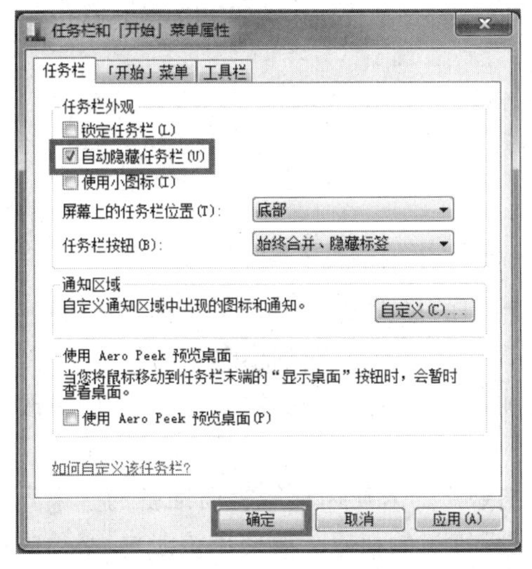


图 1.58　“任务栏和「开始」菜单属性”对话框

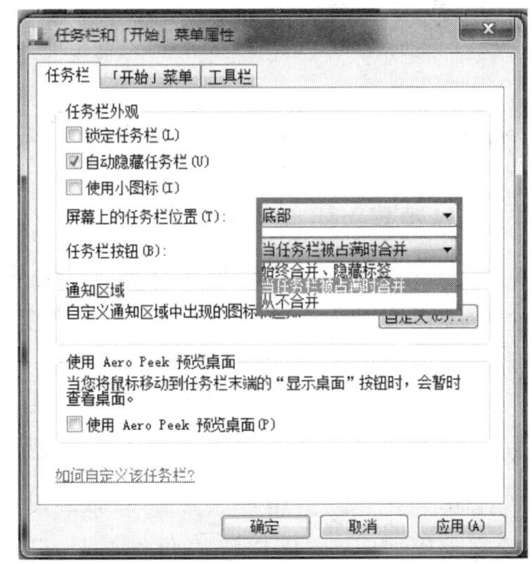


图 1.59　“任务栏和「开始」菜单属性”对话框

**3. 自定义通知区域**

默认情况下,在任务栏的通知区域会显示在计算机后台运行的某些程序图标。如果运行的程序过多,通知区域显得有点乱,为此,Windows 7 为通知区域设置了一个小面板,不常用的程序图标都存放在这个小面板中,为任务栏节省了大量的空间。此外,用户可以自定义通知区域图标隐藏与显示方式。

单击通知区域的“显示隐藏的图标”按钮,如图 1.60 所示,打开通知区域小面板,单击小面板中的“自定义”选项,打开“通知区域图标”窗口,如图 1.61 所示,然后对要显示或隐藏的图标进行设置并单击“确定”按钮即可。

图 1.60 显示隐藏的图标

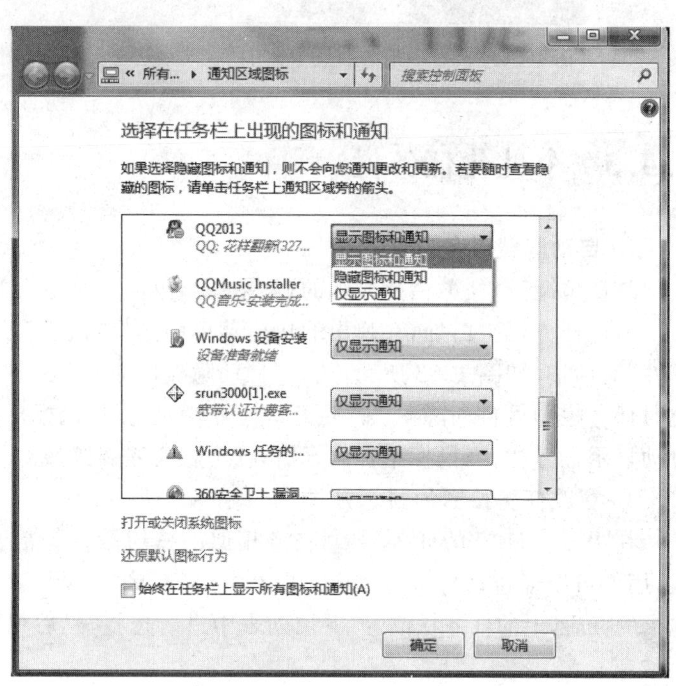


图 1.61 通知区域图标窗口

## 1.4.4 设置计算机的使用权限

**1. 认识用户账户**

在 Windows 7 系统中,系统提供了 3 种用户账户类型,其特点如下。

管理员账户:该类用户账户拥有对计算机使用的最大权限。可以安装、卸载程序或增删硬件,访问计算机中的所有文件,可以管理计算机中的所有其他用户账户。

标准用户账户:该类用户账户在使用计算机时将受到某些限制。例如,不能更改大多数的系统设置,不能删除重要的文件等。

来宾账户:该类用户账户是为那些没有用户账户的人使用计算机而准备的。来宾账户没有密码,所以该用户账户将拥有最小的使用计算机的权限。要使用该账户,必须先将其激活。

## 2. 创建新的用户账户

用户在安装 Windows 7 的过程中建立的用户账户就属于"管理员账户",要在 Windows 7 中使用其他用户账户,可以使用管理员账户登录并打开"控制面板"窗口,如图 1.62 所示,单击"用户账户"项后在打开的窗口中根据提示创建新的用户账户,如图 1.63 所示。

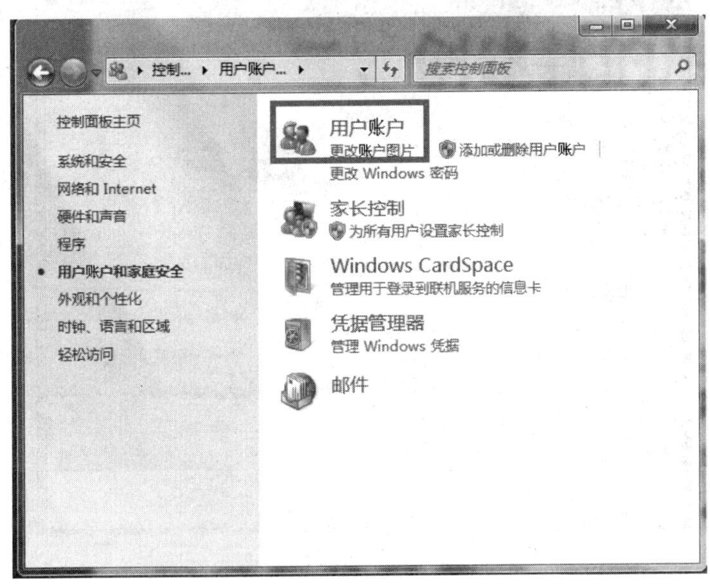


图 1.62 控制面板窗口

图 1.63 管理账户

**3. 设置用户账户登录密码**

在“管理账户”窗口单击要创建密码的账户，打开“更改账户”窗口，如图 1.64 所示，然后单击“创建密码”选项，打开“创建密码”窗口，输入密码，然后单击“创建密码”按钮即可，如图 1.65 所示。

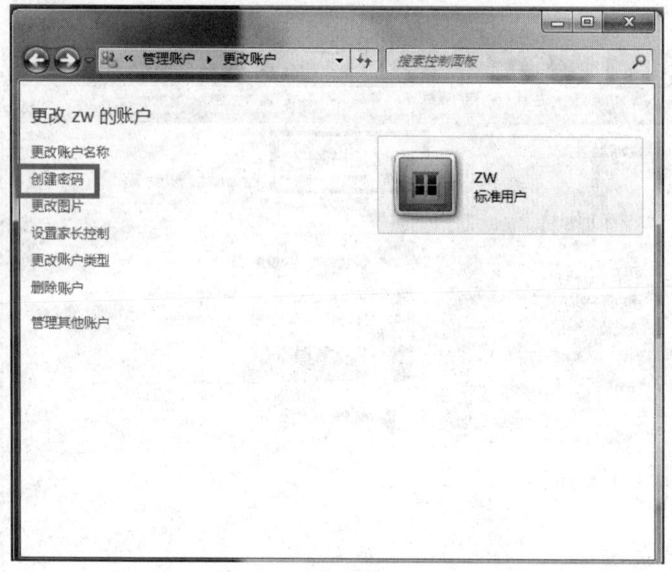


图 1.64 更改账户

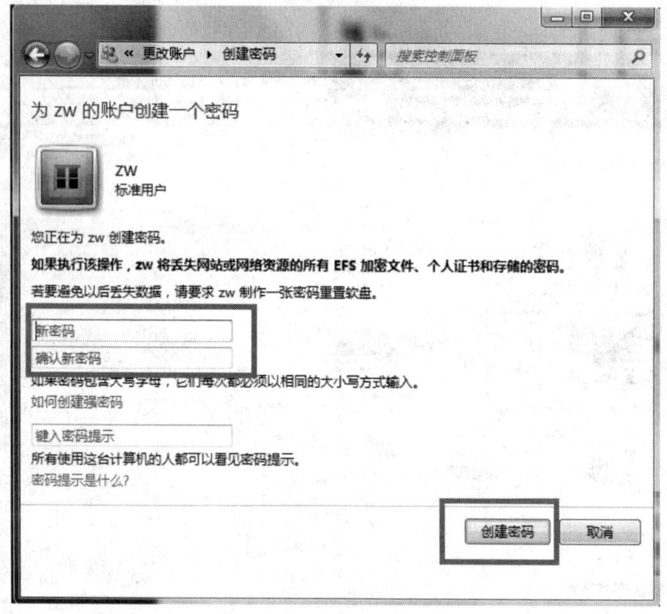


图 1.65 创建密码

**4. 更改已创建的用户账户**

在图 1.64 中可以选择更改账户名称修改已创建的账户名。

**5. 使用家长控制**

要启用家长控制功能，用户必须以管理员的身份登录系统，而被控制的账户必须是标准账户。以管理员身份登录系统，然后在“控制面板”窗口单击“家长控制”图标，如图 1.66 所示，打开“家长控制”窗口，选择家长要控制的账户，如图 1.67 所示，打开“用户控制”窗

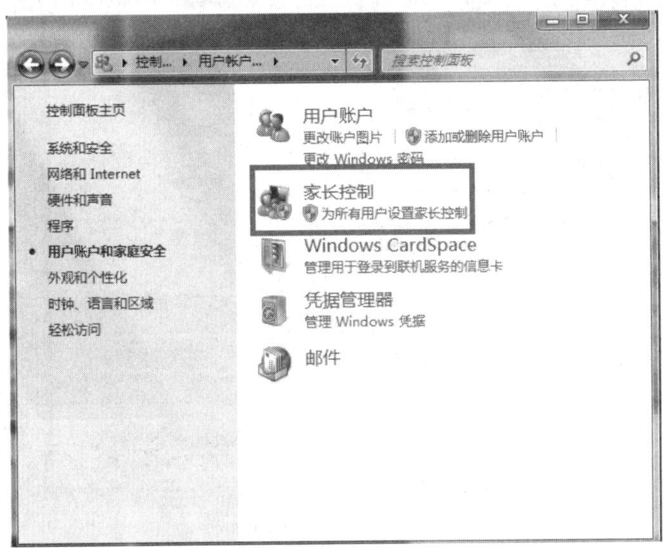


图 1.66　控制面板

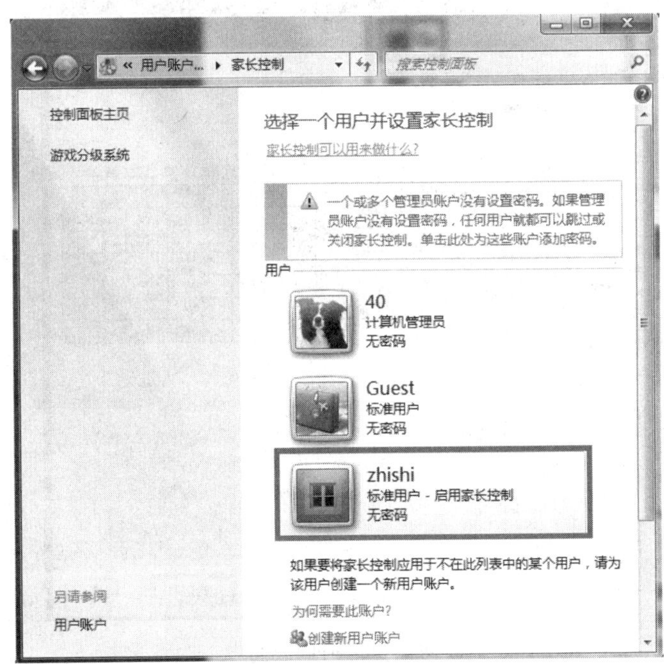


图 1.67　家长控制

口,选中“启用,应用当前设置”单选按钮,如图 1.68 所示,然后单击“确定”按钮,即可启用家长控制功能。接下来就可以在“用户控制”窗口设置家长控制功能了,如图 1.69 所示。

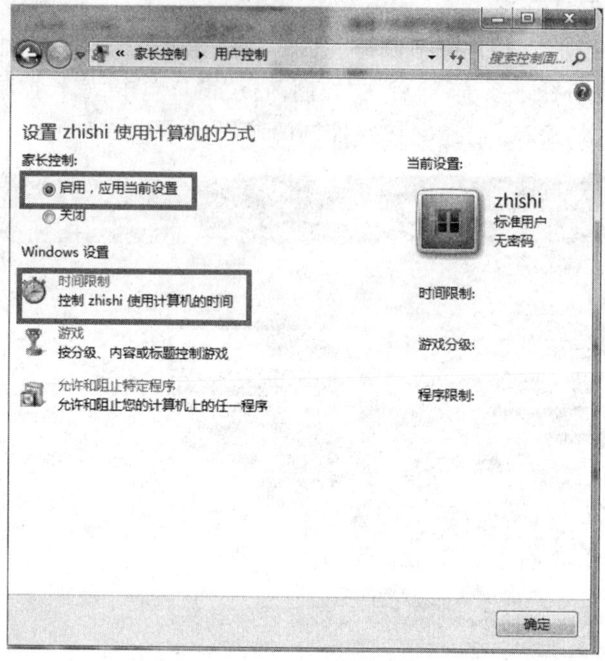


图 1.68　用户控制

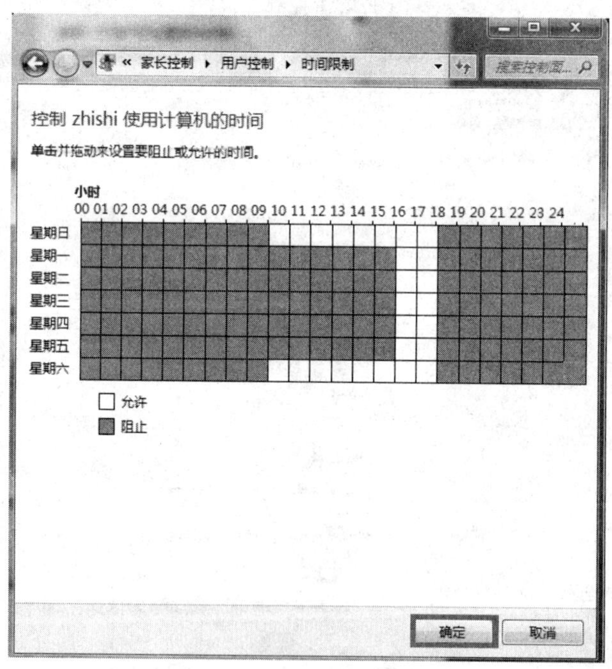


图 1.69　时间限制

## 1.4.5 个性化鼠标

**1. 更改鼠标的左右手习惯**

在“控制面板”窗口单击“鼠标”图标，打开“鼠标 属性”对话框，如图 1.70 所示，在“鼠标键”选项卡中选中“切换主要和次要的按钮”复选框，然后单击“确定”按钮。

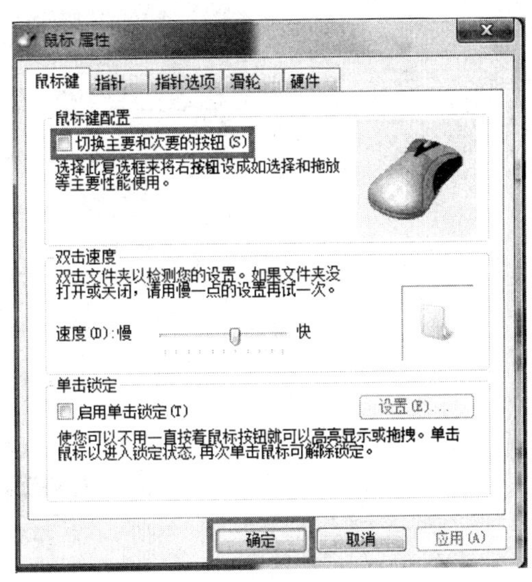


图 1.70 “鼠标键”选项卡

**2. 更改鼠标指针的形状**

默认情况下，Windows 7 的鼠标指针为“Windows Aero(系统方案)”中的形状，系统自带了多种鼠标指针方案和鼠标指针形状，用户可以根据自己的喜好，选择不同的方案，或更改鼠标指针的外观。在“控制面板”窗口单击“鼠标 属性”对话框，在“指针”选项卡中选中“浏览”对话框，如图 1.71 所示，选中自己喜好的方案，单击“确定”按钮就可改变鼠标的形状。

**3. 设置鼠标指针的灵敏度**

鼠标指针的灵敏度是指当用户握住鼠标在鼠标垫上移动时，鼠标指针的移动速度。如果使用鼠标操作计算机时觉得鼠标指针移动起来不灵活，这时可以更改鼠标指针的移动速度。

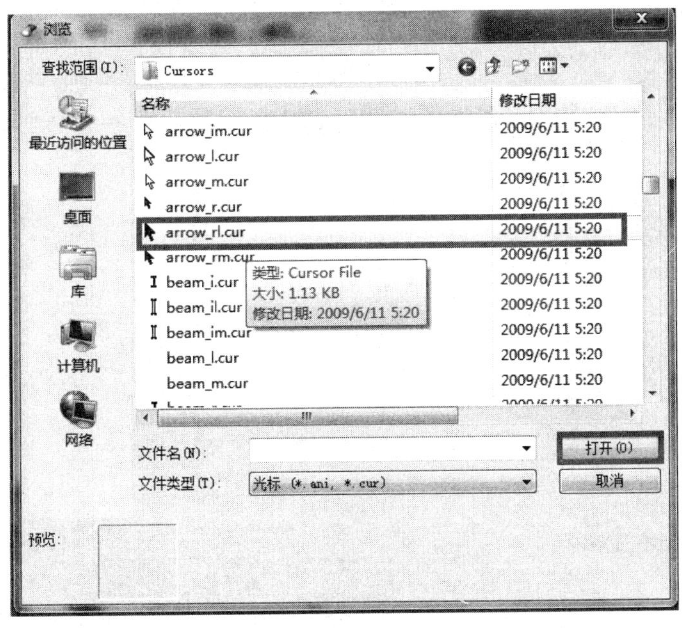


图 1.71 “浏览”对话框

在“鼠标 属性”对话框中单击“指针选项”选项卡，如图 1.72 所示，在“移动”栏中左右拖动滑块进行设置，然后单击“确定”按钮即可。

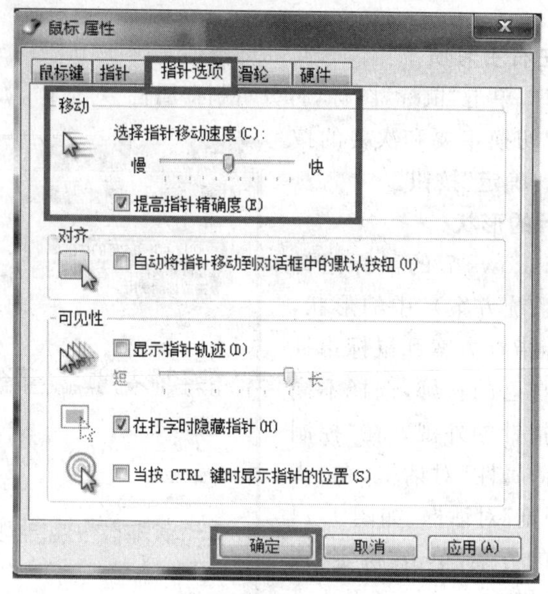


图 1.72 “指针选项”选项卡

**4. 设置鼠标滚轮的滚动范围**

在浏览文档或网页时，经常会通过滚动鼠标滚轮来查看隐藏的内容。默认情况下，滚动滚轮一个齿格可移动 3 行内容，若要更改此参数，可在“鼠标属性”对话框中单击“滑轮”选项卡，然后根据需要在“垂直滚动”和“水平滚动”选项区中进行设置，如图 1.73 所示，最后单击“确定”按钮。

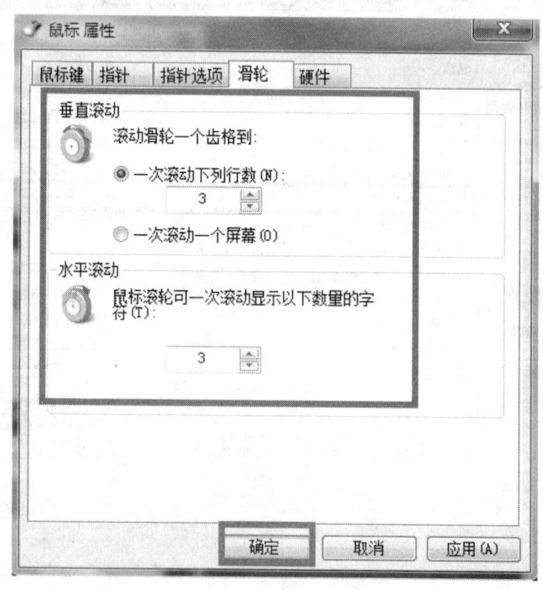


图 1.73 “滑轮”选项卡

# 实验1 Windows 7 操作系统的基本操作

**一、实验目的**

1. 掌握 Windows 的启动与退出方法。

2. 学习鼠标的使用。

3. 掌握窗口、菜单、工具栏、任务栏、状态栏的操作。

4. 掌握文件的排序。

5. 掌握选择、查找文件或文件夹的方法。

**二、实验内容及操作步骤**

1. Windows 7 的启动与退出。

2. 窗口的基本操作。

(1) 窗口的打开。

(2) 窗口的最大化、最小化和还原。

(3) 窗口的移动。

(4) 改变窗口的大小。

(5) 窗口的关闭。

(6) 窗口的切换。

(7) 窗口的排列。

3. 菜单的基本操作。

(1) 快捷菜单。鼠标指向不同的对象单击鼠标的右键所弹出的菜单。不同的对象弹出的快捷菜单也不同。

(2) 控制菜单。单击窗口标题栏最左边的图标(或按 Alt+空格)时弹出的菜单叫控制菜单。

(3) 命令菜单。窗口菜单栏下的级联菜单叫命令菜单。命令菜单后面的不同符号表示不同的意义:

"…"表示选中时将弹出一个对话框。

"▶"表示选中时将出现一个下级菜单。

"√"表示该项已被选中,正在起作用,再单击一次将取消选中。这项为多选项,同时可以有多项选择;

"●"表示该项已被选中,正在起作用,再单击一次将取消选中。这项为单选项,若选择其他项的同时将取消刚才项的选择。

4. 任务栏的操作。

(1) 改变任务栏的尺寸。

(2) 改变任务栏的位置。

(3) 任务栏的隐藏。

5. 工具栏的操作。

6. 状态栏的操作。

7. 排列图标。

8. 选择图标。

(1) 选择单个图标。用鼠标单击该图标;

(2) 选择多个连续的图标。用鼠标单击第一个图标,再按住 Shift 键的同时单击要选择的最后一个图标。

(3) 选择多个非连续的图标。按住 Ctrl 键的同时,用鼠标逐个单击要选择的图标。

(4) 选择图标。按 Ctrl+A 键,或选择"编辑"|"全部选定"菜单命令。

(5) 反向选择。指取消原来的选择,而原来未被选定的内容都被选中。

## 实验 2 Windows 7 文件管理

### 一、实验目的

1. 掌握文件和文件夹的基本概念。

2. 掌握选择、查找文件或文件夹的方法。

3. 掌握建立文件、文件夹、快捷方式的方法。

4. 掌握文件和文件夹的复制、移动的方法。

5. 掌握回收站的使用。

6. 掌握对磁盘进行格式化、磁盘复制及磁盘属性查看的方法。

7. 掌握 Windows 7 的库。

### 二、实验内容及操作步骤

1. 资源管理器的基本操作。

(1) 资源管理器的启动。

(2) 文件夹树的展开"+"和折叠"—"。

(3) 显示文件内容。

(4) 左右窗格的调整。

(5) 4 种文件显示方式。

(6) 工具栏和状态栏。

(7) 了解"状态栏"的功能和作用。

2. 文件和文件夹的操作。

(1) 创建文件。

(2) 创建文件夹。

(3) 文件和文件夹的复制。

(4) 文件和文件夹的移动。

(5) 文件和文件夹的删除。

(6) 文件和文件夹的重命名。

(7) 查看和修改文件或文件夹的属性。

(8) 创建快捷方式。

(9) 利用工具栏上的"搜索"命令,查找文件或文件夹。

(10) 设置文件夹的共享。

3. 回收站的操作。

(1) 还原文件或文件夹。

(2) 永久删除文件。

(3) 清空回收站。

(4) 查看回收站的属性。

4. 磁盘操作。

(1) 查看磁盘的属性。

(2) 磁盘清理。

(3) 磁盘碎片整理。

5. Windows 7 中库的使用。

(1) Windows 7 系统中“库”的创建和设置。

(2) Windows 7 系统中“库”预览。

(3) Windows 7 系统中“库”搜索。

## 实验 3　Windows 7 个性化设置的使用

### 一、实验目的

1. 掌握个性化的外观的基本设置。

2. 掌握 Windows 7 的桌面小工具的基本设置。

3. 掌握个性化任务栏的基本设置。

4. 掌握计算机的使用权限的设置。

5. 掌握个性化鼠标的基本设置。

### 二、实验内容及操作步骤

1. 个性化的外观设置。

(1) 设置精美的桌面主题。

(2) 设置个性化的桌面图标。

(3) 设置漂亮的桌面背景。

(4) 设置精彩的屏幕保护程序。

(5) 设置合适的显示器分辨率和刷新频率。

2. Windows 7 的桌面小工具的设置。

打开和设置桌面小工具。

3. 个性化任务栏设置。

(1) 自动隐藏任务栏。

(2) 更改任务按钮的显示方式。

(3) 自定义通知区域。

4. 计算机的使用权限设置。

(1) 创建新的用户账户。

(2) 设置用户账户登录密码。
(3) 更改已创建的用户账户。
(4) 使用家长控制。
5. 个性化鼠标设置。
(1) 更改鼠标的左右手习惯。
(2) 更改鼠标指针的形状。
(3) 设置鼠标指针的灵敏度。
(4) 设置鼠标滚轮的滚动范围。

# 第2章

# Word 2010 应用基础

## 2.1 Word 2010 概述

Word 2010 是 Microsoft 公司开发的办公软件 Office 2010 的组件之一，提供了一整套齐全的功能，灵活方便的操作方式，使用户能够轻松地进行文字、资料和图形处理，制作出各种图文并茂的文档，它是目前主流的文字处理软件。

Word 2010 的主要功能是，文档编辑与排版、文本查找与替换、表格处理、图形处理、公式编辑、打印文件、样式与模板的制作和使用等。

**1. Word 2010 的启动**

Word 2010 常用的启动方法有以下几种。

(1) 选择"开始"|"所有程序"|Microsoft Office|Microsoft Word 2010 菜单命令，便可启动 Word。

(2) 双击桌面已建立的 Word 2010 快捷方式图标。

(3) 双击已建立的以.docx 或.doc 为扩展名的 Word 文件，可以在启动 Word 的同时打开该 Word 文件。

**2. Word 2010 的界面**

Word 2010 启动后，出现的是 Word 2010 的窗口，它主要由标题栏、快速访问工具栏、功能区、标尺、编辑区、滚动条、状态栏等组成，如图 2.1 所示。

(1) 标题栏。标题栏位于窗口的最上方，包含应用程序名、文档名和控制按钮。当窗口不是最大化时，用鼠标按住标题栏拖动，可以改变窗体在屏幕上的位置。双击标题栏可以使窗口在最大化与非最大化间切换。标题栏各组成部分的意义如下。

① 控制菜单按钮。它位于窗口左上角，单击此按钮会弹出一个下拉菜单，相关的命令用于控制窗口的大小、位置及关闭窗口。直接双击此按钮可以关闭整个窗口。

② "最小化"按钮。它位于标题栏右侧，单击此按钮可以将窗口最小化，缩小成一个小按钮显示在任务栏上。

③ "最大化"按钮和"还原"按钮。它位于标题栏右侧，这两个按钮不可以同时出现。当窗口不是最大化时，可以看到，单击它可以使窗口最大化，占满整个屏幕；当窗口是最大化时，可以看到，单击它可以使窗口恢复到原来的大小。

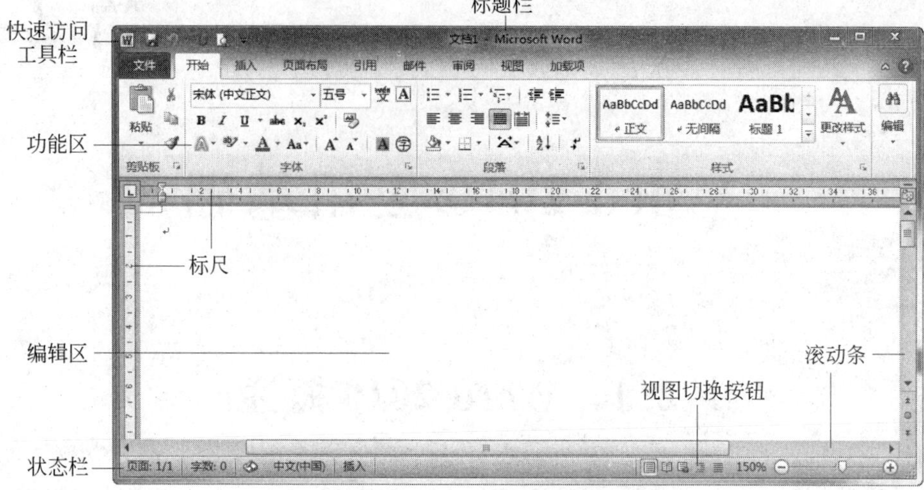


图 2.1　Word 2010 界面

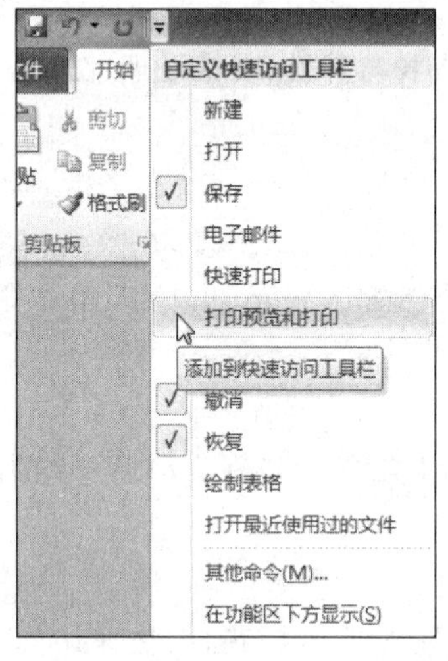


图 2.2　自定义快速访问工具栏

④"关闭"按钮。它位于标题栏最右侧，单击它可以退出整个 Word 2010 应用程序。

(2) 快速访问工具栏。快速访问工具栏位于标题栏左侧，默认情况下包含"保存"、"撤销"和"恢复"3个命令按钮。单击快速访问工具栏右侧的下拉箭头，在扩展菜单中勾选所需的命令选项，即可在快速访问工具栏中显示对应的命令按钮，如图 2.2 所示。

(3) 功能区。功能区位于标题栏的下方，是 Word 窗口的重要元素。功能区由"文件"、"开始"、"插入"、"页面布局"等多个选项卡构成，每个选项卡又可分为多个命令组。单击选项卡标签可以切换到不同的选项卡，当前选定的选项卡称为活动选项卡。

①"文件"选项卡。"文件"选项卡比较特殊，是一组纵向的菜单列表，提供了文件的新建、打开、保存、打印以及 Word 的选项设置等功能，如图 2.3 所示。

②"开始"选项卡。"开始"选项卡包含最常用的一些命令，由剪贴板、字体、段落、样式、编辑 5 个选项组构成，主要用于文字编辑和格式设置，如图 2.4 所示。

③"插入"选项卡。"插入"选项卡由页、表格、插图、链接、页眉和页脚、文本、符号等选项组构成，用于在文档中插入各种元素，如图 2.5 所示。

④"页面布局"选项卡。"页面布局"选项卡包含改变文档外观的命令，由主题、页面设置、稿纸、页面背景、段落、排列等选项组构成，用于设置文档页面样式，如图 2.6 所示。

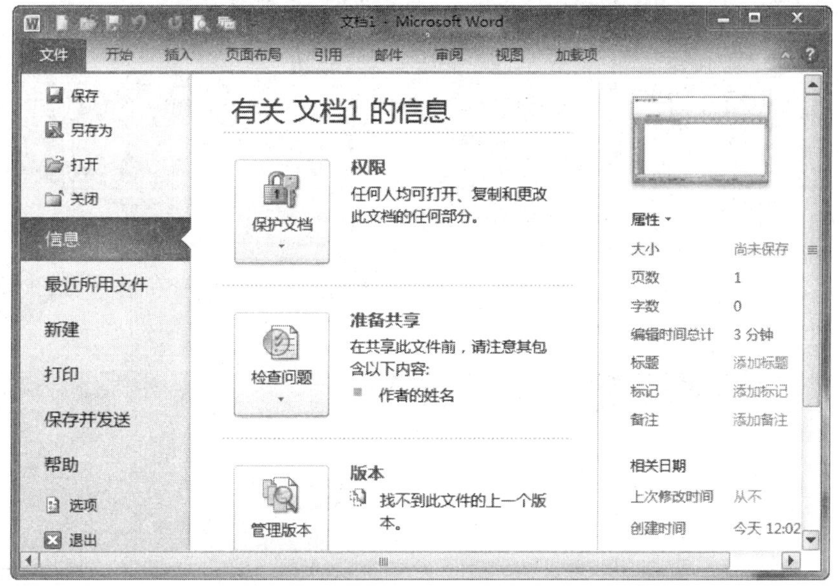


图 2.3 “文件”选项卡

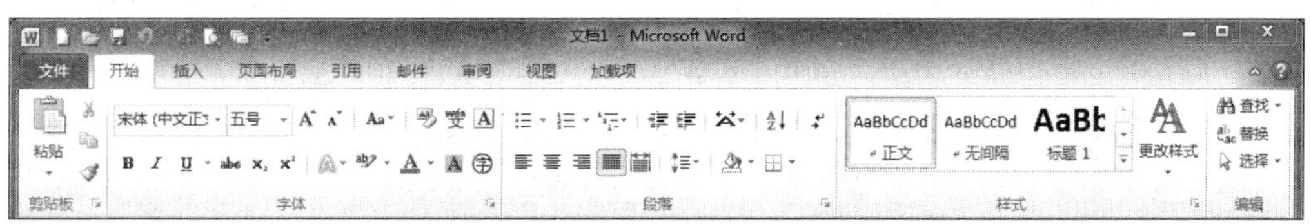


图 2.4 “开始”选项卡

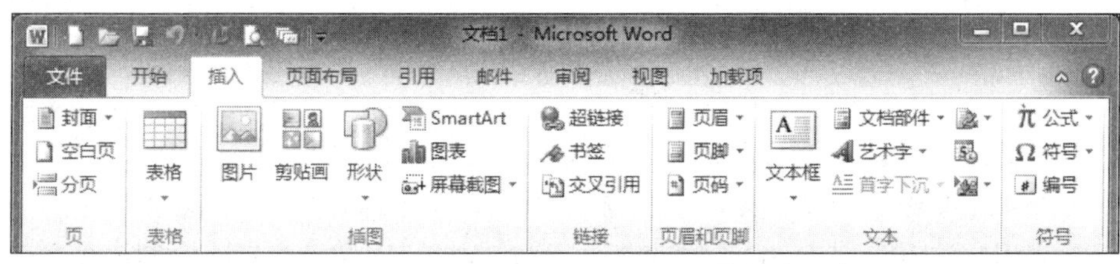


图 2.5 “插入”选项卡

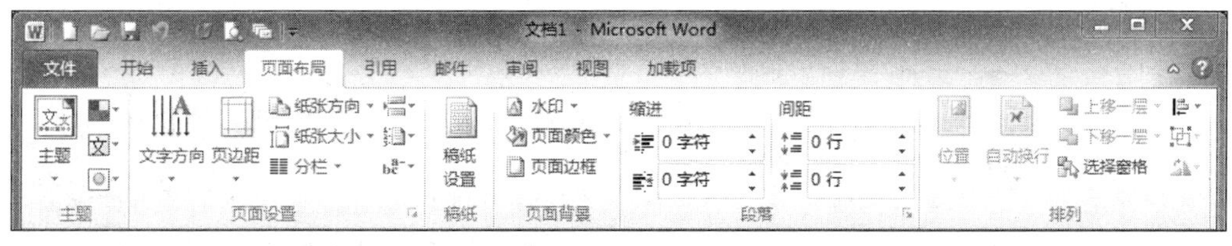


图 2.6 “页面布局”选项卡

⑤ “引用”选项卡。“引用”选项卡包含的选项组有目录、脚注、引文与书目、题注、索引、引文目录，提供在文档中生成目录等功能，如图 2.7 所示。

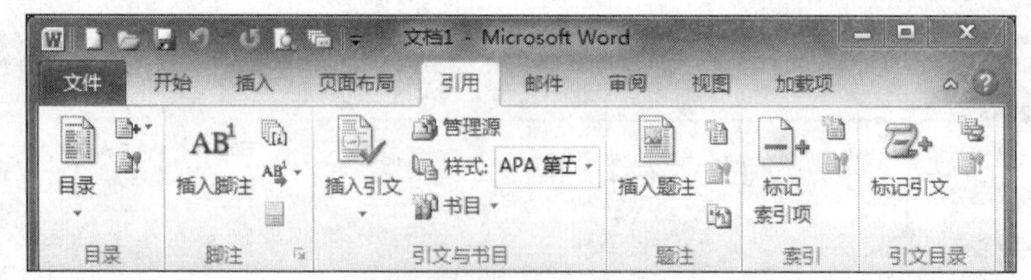


图 2.7 “引用”选项卡

⑥“邮件”选项卡。“邮件”选项卡由创建、开始邮件合并、编写和插入域、预览结果和完成等选项组构成，用于邮件合并操作，如图 2.8 所示。

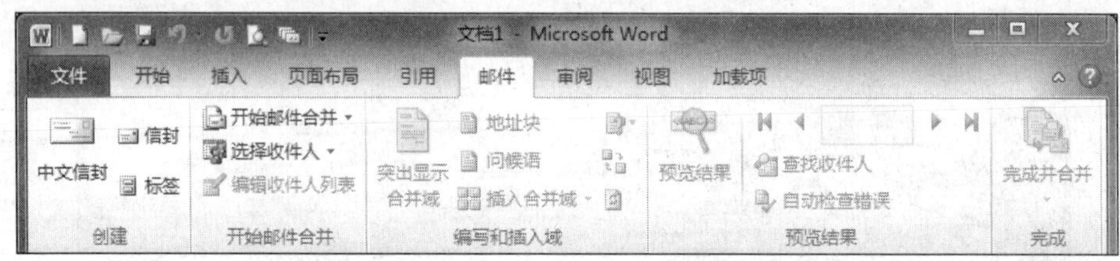


图 2.8 “邮件”选项卡

⑦“审阅”选项卡。“审阅”选项卡由校对、语言、中文简繁转换、批注、修订、更改、比较、保护等选项组构成，提供拼写检查、翻译等修订、校对功能，如图 2.9 所示。

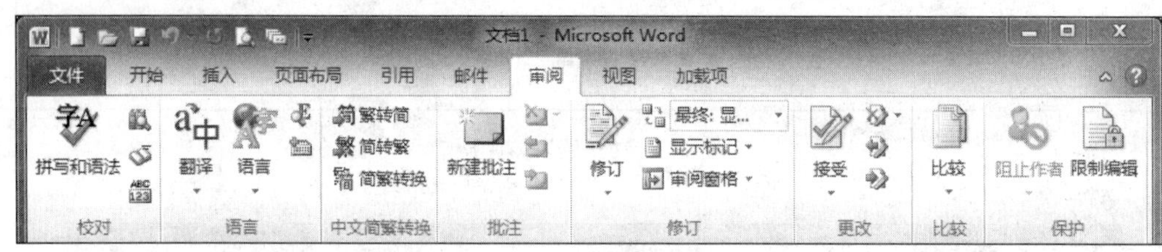


图 2.9 “审阅”选项卡

⑧“视图”选项卡。“视图”选项卡中的选项组包括文档视图、显示、显示比例、窗口和宏，提供视图切换、显示比例更改等功能，方便用户的操作，如图 2.10 所示。

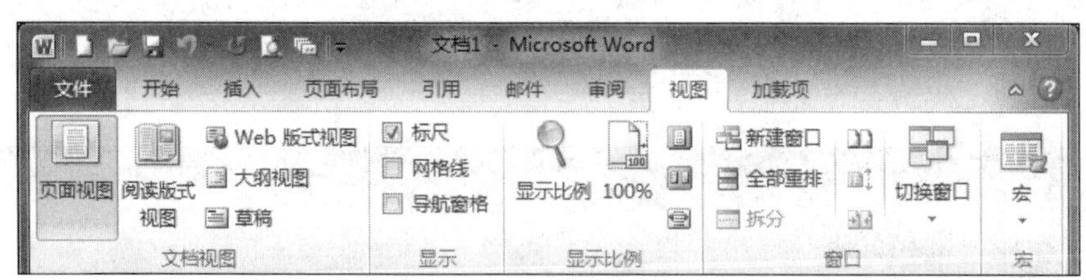


图 2.10 “视图”选项卡

⑨“加载项”选项卡。如果第三方软件安装后为 Word 提供了附加功能，则会显示在“加载项”选项卡中。

(4) 滚动条。滚动条分垂直滚动条和水平滚动条。用鼠标拖动滚动条可以快速定位文档在窗口中的位置。除两个滚动条外，还有上翻、下翻、上翻一页、下翻一页、左移和右移等按钮，通过它们可以移动到文档的不同位置。垂直滚动条上还有“选择浏览对象”按钮，单击该按钮可以弹出菜单，然后单击其中的图标选择不同的浏览方式，如按页浏览、按表格浏览、按图形浏览等方式来浏览文档。

(5) 编辑区。编辑区就是窗口中间的大块空白区域，是用户输入、编辑和排版文本的工作区域。闪烁的“I”形光标即为插入点，可以接受键盘的输入。

(6) 标尺。标尺有水平标尺和垂直标尺两种，用来确定文档在屏幕及纸张上的位置。也可以利用水平标尺上的缩进按钮进行段落缩进和边界调整。还可以利用标尺上制表符来设置制表位。标尺的显示或隐藏，既可以单击垂直滚动条上方的按钮来实现，也可以通过单击“视图”选项卡中的“标尺”命令来完成。

(7) 状态栏。状态栏位于窗口的底部，显示当前窗体的状态，如当前的页数、总页数、字数、当前使用的语言、改写/插入状态等信息。

(8) 视图切换按钮。视图切换按钮位于状态栏的右方，单击各按钮可以切换文档的不同视图显示方式，包括页面视图、阅读版式视图、Web 版式视图、大纲视图、草稿。

① 页面视图。该视图屏幕布局与打印机上打印输出的结果完全一样。页面视图可用于编辑页眉和页脚、调整页边距、处理分栏和编辑图形对象等。Word 默认的视图方式即为页面视图。

② 阅读版式视图。该视图以图书的分栏样式显示文档，并可单击“工具”按钮选择阅读工具，功能区等窗口元素被隐藏起来，适合阅读长篇文章。

③ Web 版式视图。该视图模拟文档在 Web 浏览器上浏览的效果，适用于创建网页和发送电子邮件。

④ 大纲视图。该视图用于设置文档标题的层级结构，并可以方便地折叠和展开文档的各种层级进行显示。大纲视图中不显示页边距、页眉和页脚、图片和背景。

⑤ 草稿。该视图仅显示标题和正文，隐藏页眉页脚和图片等元素，是最节省计算机系统硬件资源的视图方式。

**3. Word 2010 的退出**

退出 Word 2010 的常用方法主要有以下几种。

(1) 单击 Word 窗口右上角的“关闭”按钮。

(2) 单击“文件”选项卡，选择“退出”命令。

(3) 双击 Word 窗口左上角的控制图标。

(4) 按 Alt+F4 键。

## 2.2 Word 2010 的基本操作

### 2.2.1 文档的建立

新建文档的主要方法有如下几种。

(1) 在“文件”选项卡中选择“新建”选项，接着选择需要的文档类别及模板样式。单击"创建"按钮,如图 2.11 所示。

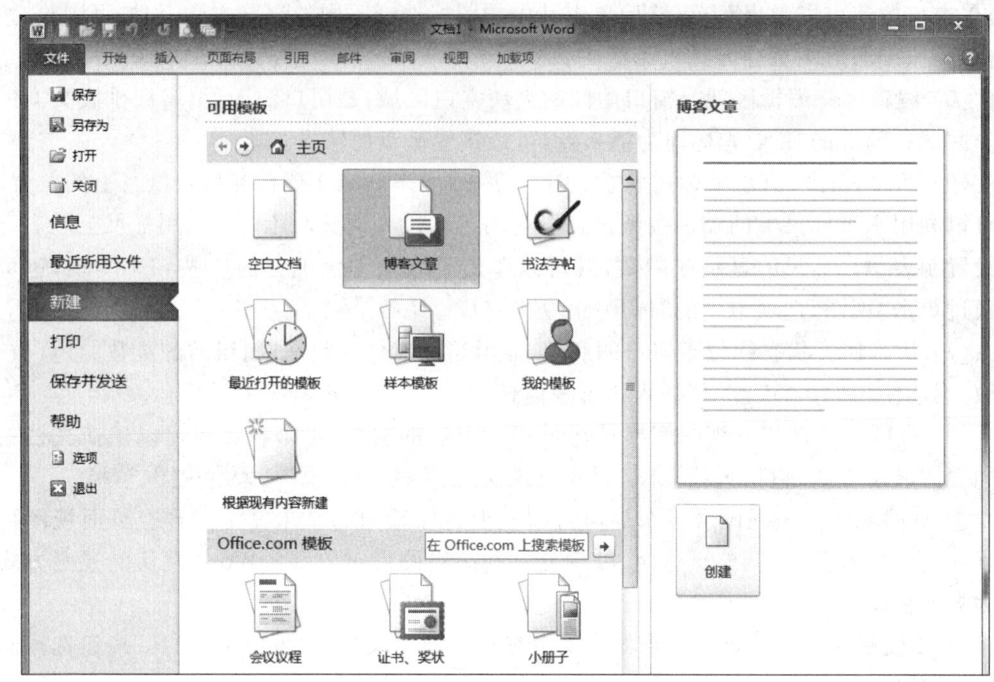


图 2.11 "文件"选项卡中新建文档

若不使用模板,选择"空白文档"进行创建即可。

接入 Internet 时,还可对 Office.com 中的模板进行下载。

(2) 单击快速访问工具栏中的"新建"按钮(必须已在图 2.2 自定义快速访问工具栏勾选"新建"命令)。

(3) 按 Ctrl+N 键。

每次启动 Word 2010 时都会自动新建一个名为"文档 1"的空白文档。无论使用哪种方法,新文档经创建后,就可以在编辑窗口录入文档。

## 2.2.2 文档的录入

**1. 普通文字输入**

在 Word 文档中,可以直接输入英文和数字。如果输入汉字,应选择一种输入法。按 Ctrl+Shift 键切换英文和中文各种输入法;按 Ctrl+Space 键切换中文、英文输入法;按 Shift+Space 键切换全角和半角;按 Ctrl+. 键切换中文、英文标点符号。

Word 具有自动换行功能,输入文本每到达一行的末尾,不必按 Enter 键,自动换行。只有开始新的一段时,才需要按 Enter 键。

**2. 特殊符号的输入**

如果要输入键盘上没有的特殊符号,可以通过下面的方法来实现:在"插入"选项卡中单击"符号"组中的"其他符号"按钮,在弹出的"符号"对话框中选择需要的符号并单击

“插入”按钮,如图 2.12 所示。

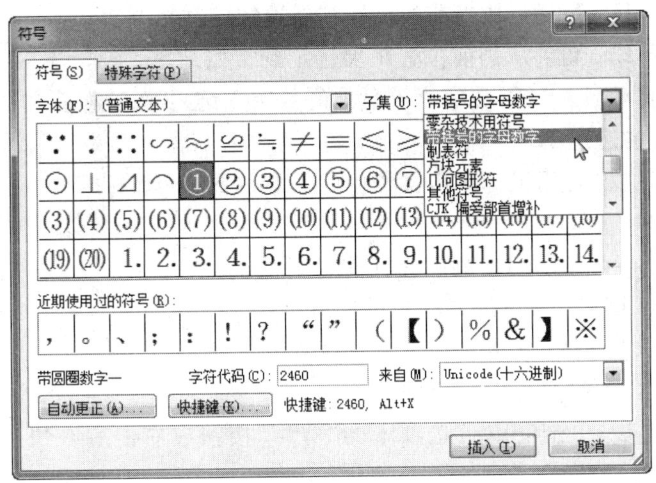


图 2.12 符号的插入

## 2.2.3 文档的修改与编辑

### 1. 选定文本

对编辑区的内容进行任何的编辑操作,从简单的移动、删除到复杂的格式设置,都必须选定文本,用户一定要遵循“先选后做”的原则,选定文本成反显状态。

选择文本的方法有多种,大体分为两大类。

(1) 用鼠标选定文本。

① 小块文本的选定:按鼠标左键,从起始键位置拖动到终止位置,鼠标拖动经过的文本即被选中。

② 大块文本的选定:先用鼠标在起始位置单击一下,然后在按住 Shift 键的同时单击文本的终止位置,起始位置与终止位置之间的文本就被选中。这种方法适合选定大块的、尤其是跨页的文档,使用起来既快捷又准确。

③ 选定一行:将鼠标往页面左方移动,鼠标指针变成向右的箭头时,单击即可选定所指向的一行。

④ 选定一句:按住 Ctrl 键的同时,单击句中的任意位置,可以选定一句。

⑤ 选定一段:将鼠标往页面左方移动,鼠标指针变成向右的箭头时,双击即可选定所在的一段,或在段落内的任意位置快速三击也可以选定所在的段落。

⑥ 选定整篇文档:将鼠标往页面左方移动,鼠标指针变成向右的箭头时,快速三击或者在按下 Ctrl 键的同时单击鼠标,即可选定整篇文档。另外,还可以使用组合键 Ctrl+A。

⑦ 选定矩形块:在按住 Alt 键的同时,按住鼠标左键拖动,可以纵向选定矩形文本。

(2) 用键盘选定文本。

Shift+ ←(或→)键:分别向左(右)扩展选定一个字符。

Shift+ ↑(或↓)键：分别有插入点处向上(下)扩展选定一行。

Ctrl+Shift+Home 键：从当前的位置扩展选定到文档开头。

Ctrl+Shift+End 键：从当前位置扩展选定到文档结尾。

Ctrl+A 键或 Ctrl+5 键(数字小键盘上的数字 5 键)：选定整篇文档。

**2. 撤销文本的选定**

要撤销选定的文本，用鼠标单击文档中的任意位置即可。

**3. 删除文本**

(1) 按 BackSpace 键：向前删除光标前的字符。

(2) 按 Delete 键：向后删除光标后的字符。

如果要删除大块文本，可采用如下方法：

(1) 选定文本后，按 Delete 键删除。

(2) 选定文本后，单击"开始"选项卡的"剪切"按钮或右击后在快捷菜单中选择"剪切"命令；还可以按 Ctrl+X 键。

**4. 移动文本**

在编辑文档的过程中，经常需要将整块文本移动到其他位置，用来组织和调整文档的结构。常用的移动文本的方法主要有以下两种。

(1) 使用鼠标拖放移动文本。

① 选定要移动的文本。

② 将鼠标指针指向选定的文本，鼠标指针变成向左的箭头，按住鼠标左键，鼠标指针尾部出现虚线方框，指针前出现一条竖直虚线；

③ 拖动鼠标到目标位置，即虚线指向的位置，松开鼠标左键即可。

(2) 使用剪贴板移动文本。

① 选定要移动的文本。

② 进行剪切操作，将选定的文本移动到剪贴板上(可在"开始"选项卡的"剪贴板"组中单击"剪切"按钮；或右击，在快捷菜单中选择"剪切"命令；或按 Ctrl+X 键)。

③ 在目标位置单击进行定位，然后将文本从剪贴板复制到目标位置(可在"开始"选项卡的"剪贴板"组中单击"粘贴"按钮；或右击，在快捷菜单的"粘贴选项"命令中选择适合的方式；或按 Ctrl+V 键)。

**5. 复制文本**

(1) 使用鼠标拖放复制文本。

① 选定要复制的文本。

② 将鼠标指针指向选定的文本，鼠标指针变成向左的箭头，按住 Ctrl 键的同时按住鼠标左键，鼠标指针尾部出现虚线方框和一个"+"号，指针前出现一条竖直虚线。

③ 拖动鼠标到目标位置，松开鼠标左键即可。

(2) 使用剪贴板复制文本。

① 选定要复制的文本。

② 进行复制操作，将选定的文本复制到剪贴板上(可在"开始"选项卡的"剪贴板"组中单击"复制"按钮；或右击，在快捷菜单中选择"复制"命令；或按 Ctrl+C 键)。

③ 在目标位置单击进行定位，然后将文本从剪贴板复制到目标位置(可在“开始”选项卡的“剪贴板”组中单击“粘贴”按钮；或右击，在快捷菜单的“粘贴选项”命令中选择适合的方式；或使用 Ctrl＋V 键)。

**6. 保存文档**

文档建立或修改好后，需要将其保存到磁盘上。目前的存储设备很多，如硬盘、U盘、移动硬盘等。由于编辑文字的工作在内存中进行，断电很容易使未保存的文档丢失，所以要养成随时保存文档的好习惯。

(1) 保存新建文档。如果新建的文档未经过保存，选择“文件”选项卡中的“保存”命令，或者单击快速访问工具栏上的“保存”按钮，会出现“另存为”对话框，在对话框中设定保存的位置和文件名，然后单击“保存”按钮，如图 2.13 所示。

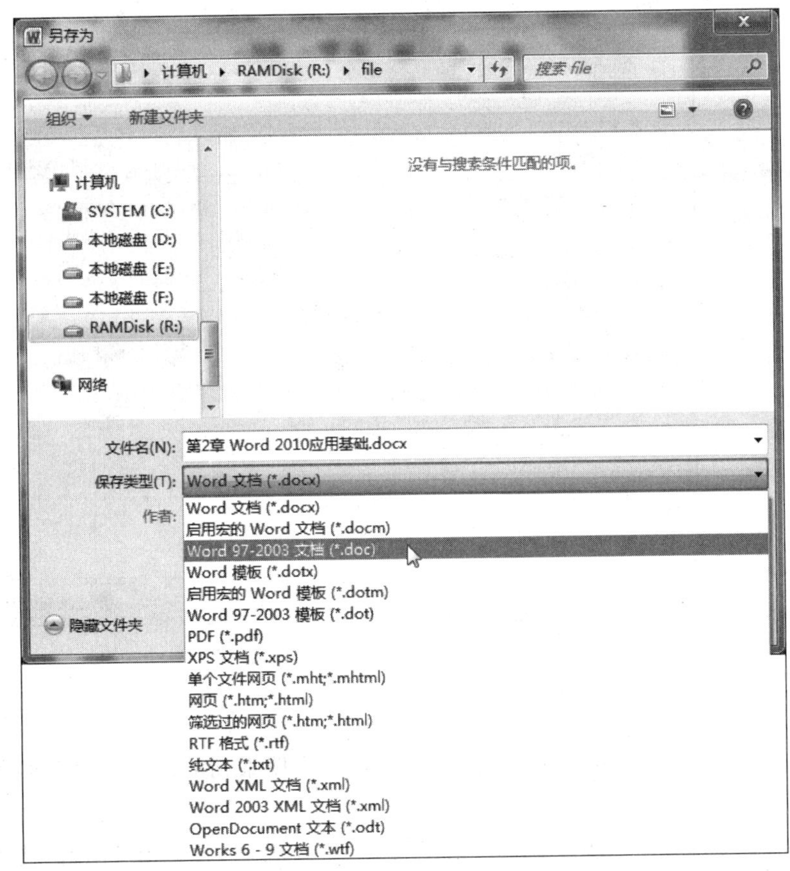


图 2.13 “另存为”对话框

Word 2010 文档的默认扩展名为. docx，若需保存为 Word 2003 文档，在保存时从“保存类型”中选择“Word 97-2003 文档”即可，其扩展名为. doc。

(2) 保存修改的旧文档。在选择“文件”选项卡中单击“保存”命令，或者单击快速访问工具栏上的“保存”按钮，即可以原路径和原文件名完成保存，不需要设定路径和文件名，不再弹出“另存为”对话框。

(3) 另存文档。Word 允许将打开的文档保存到其他位置，还可以换名保存，而之前的文档不受影响。其操作方法是在“文件”选项卡中单击“另存为”命令，然后在“另存为”对话框中重新设定保存的位置及文件名。

(4) 自动保存。通过设置自动保存，可以防止在录入、编辑过程中忘记保存而导致内容丢失。方法是在“文件”选项卡中单击“选项”命令，然后在弹出的“Word 选项”对话框中单击“保存”项，在右栏中选中“保存自动恢复信息时间间隔”复选框，在“分钟”框中输入或选择用于确定文件保存频率的数字，如图 2.14 所示。

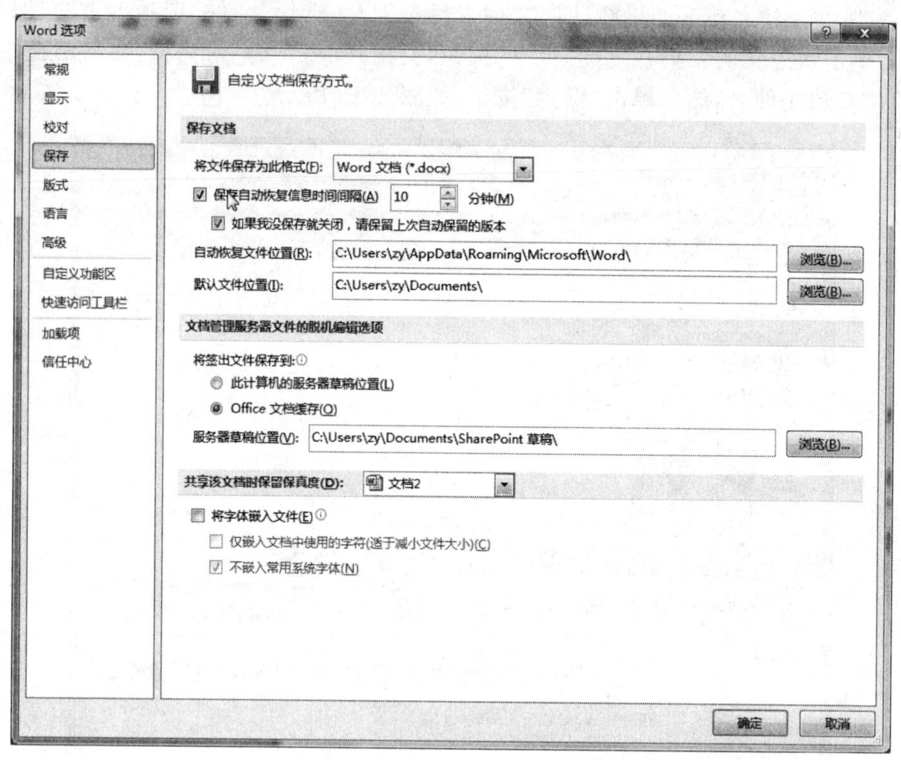


图 2.14 设置自动保存

**7. 查找与替换**

在 Word 中，可以在文档中搜索指定的内容，并将搜索到的内容替换为别的内容，还可以快速地定位文档，用户在修改、编辑大篇幅文档时，使用非常方便。

(1) 查找。如果要在文档中搜索“信息管理系”字符串，可以在“开始”选项卡的“编辑”组中单击“查找”按钮，或按 Ctrl+F 键，在弹出的“导航”任务窗格中输入“信息管理系”并按 Enter 键，然后单击“查找下一处”按钮，Word 会在文档中将所有的搜索内容找到并以醒目的颜色突出显示，单击“导航”任务窗格中的“上一处搜索结果”和“下一处搜索结果”按钮则可在各个搜索结果间切换，如图 2.15 所示。

(2) 替换。如果在编辑文档的过程中，需要将文中所有的“大学”替换为“学院”，一个一个地手动改写，不但浪费时间，而且容易遗漏。使用 Word 2010 提供了“替换”功能，可以轻松地解决这个问题。在文档中替换字符串的操作步骤如下。

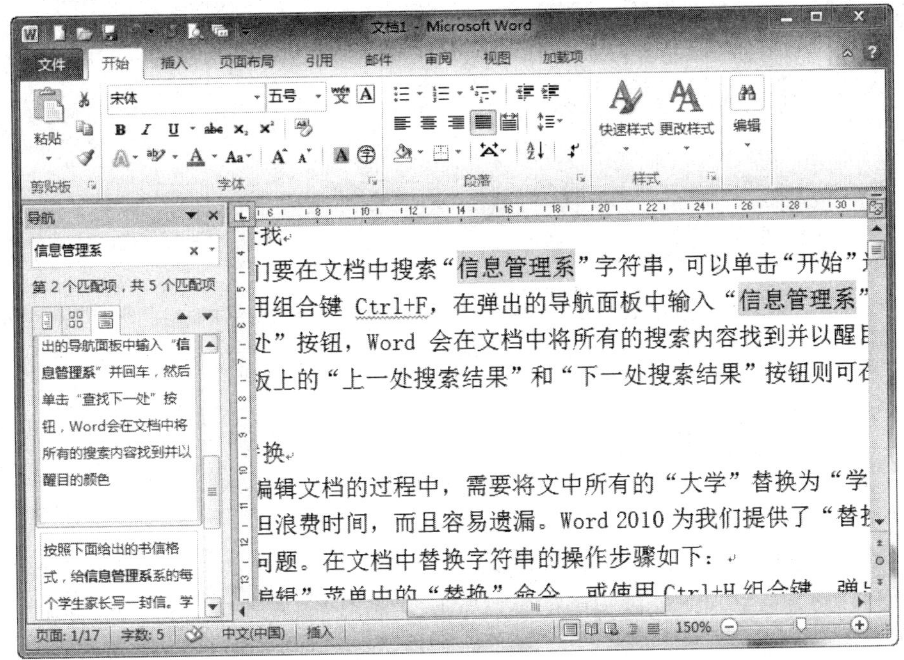


图 2.15　查找操作

在“开始”选项卡的“编辑”组中单击“替换”按钮，或按 Ctrl+H 键，弹出“查找和替换”对话框。

在“查找内容”文本框中输入“大学”，在“替换为”文本框中输入“学院”，然后单击“全部替换”按钮，就可以将文档中的全部“大学”替换为“学院”，如图 2.16 所示。替换完成后，Word 会提示已经完成了多少处替换。如果将“查找下一处”和“替换”按钮结合使用，可以有选择地替换其中的部分。

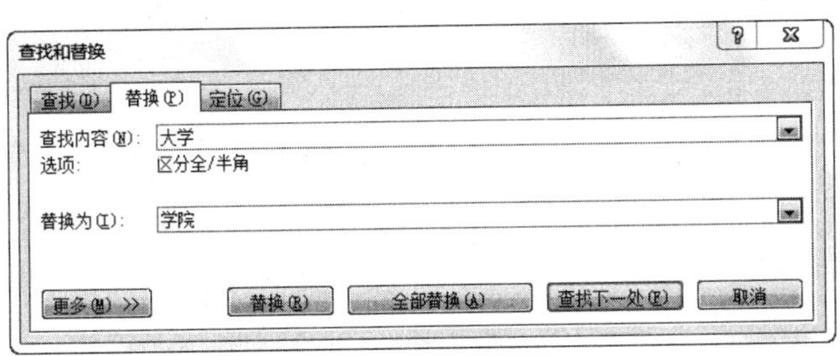


图 2.16　替换操作

**8. “撤销”和“恢复”操作**

在输入和编辑文档的过程中，Word 会自动记录下近期的击键和执行过的命令，这种存储可以使用户有机会撤销与恢复所做的操作。

(1) 撤销。如果需要撤销之前的操作，可使用以下方法。

① 单击“快速访问”工具栏上的“撤销”按钮。

② 按 Ctrl+Z 键。

(2) 恢复。恢复是对撤销的否定。在经过撤销操作后,则可进行恢复操作,方法如下。

① 单击“快速访问”工具栏上的“恢复”按钮。

② 按 Ctrl+Y 键。

# 2.3 文档排版

文档排版即是对文档格式化,主要包括字符的格式化和段落的格式化,涉及字符和段落格式的设置、项目符号和编号的设置、边框和底纹以及样式与模板的设置。

## 2.3.1 字体格式化

**1. 字体的设置**

在 Word 文档中,默认的字体为宋体,默认的字号为五号。以中文数字设置的字号中,初号最大,八号最小。以磅为单位的字号中,磅值越大,则字号越大。在“开始”选项卡和字体对话框中,最小的磅值是 5 号,最大的磅值是 72 号。如果需要的字号大于 72 号,可以在“开始”选项卡的字号框五号中输入需要的磅值如 120 号,然后按 Enter 键。

字体格式化可以单击“开始”选项卡中的按钮,也可以利用“字体”对话框进行更详尽的设置。下面介绍“字体”对话框的使用。

(1) 选定要进行字体设置的文本。

(2) 在“开始”选项卡的“字体”组中单击按钮,出现“字体”对话框。也可在选定文本上右击,然后从快捷菜单中选择“字体”命令。

(3) 在“字体”对话框中选择“字体”选项卡,如图 2.17 所示。

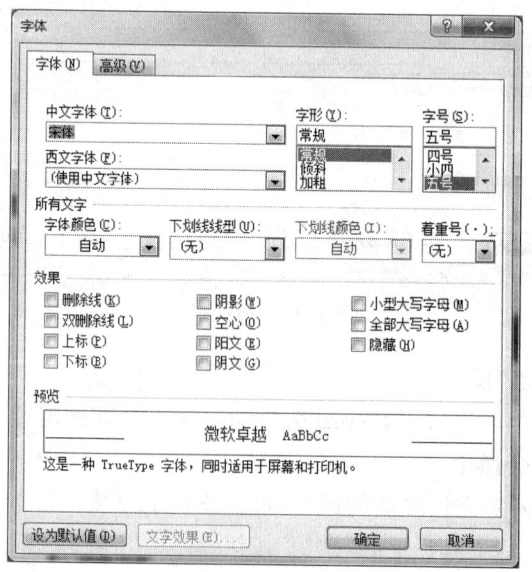


图 2.17 字体设置

(4) 在“字体”选项卡中可以设置字体、字形、字号、颜色、下划线、文字效果等。设置效果时，只需单击效果前面的复选框即可，允许同时使用多种文字效果。

**2. 字符间距设置**

字符间距是指字符之间的距离。有时会因为文档设置的需要而调整字符间距，以达到理想的效果。操作方法是单击“字体”对话框的“高级”选项卡，然后根据需要进行“缩放”、“间距”、“位置”的设置，如图 2.18 所示。

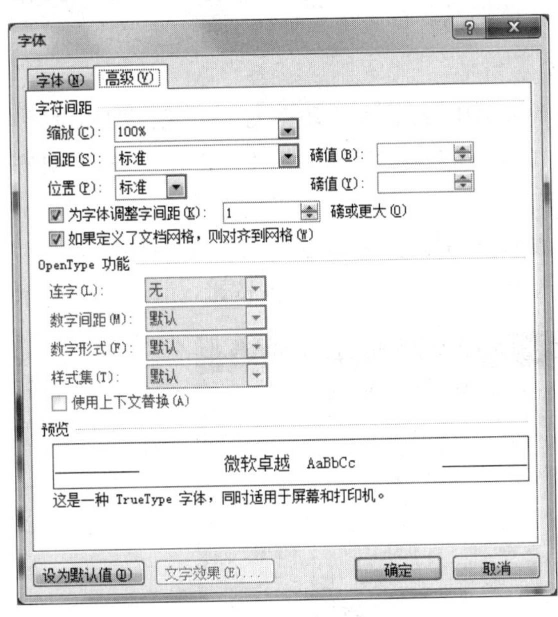


图 2.18　字体高级设置

## 2.3.2　段落排版

段落是 Word 的重要组成部分。所谓的段落是指文档中两次 Enter 符之间的所有字符，包括段后的回车键。设置不同的段落格式，可以使文档布局合理、层次分明。段落格式主要是指段落中行距的大小、段落的缩进、换行和分页、对齐方式等。

**1. 设置段落的缩进**

段落的缩进方式有以下几种。

(1) 首行缩进：控制段落第一行左边的开始位置。

(2) 左缩进：控制整个段落左边的开始位置。

(3) 右缩进：控制整个段落右边的终止位置。

(4) 悬挂缩进：控制段落中除首行之外的其余各行的左边开始位置。

设置段落缩进，可采用以下方法：

(1) 使用标尺缩进。将插入点放在要缩进的段落中，直接拖动标尺上的左缩进、右缩进、首行缩进和悬挂缩进标志即可，如图 2.19 所示。

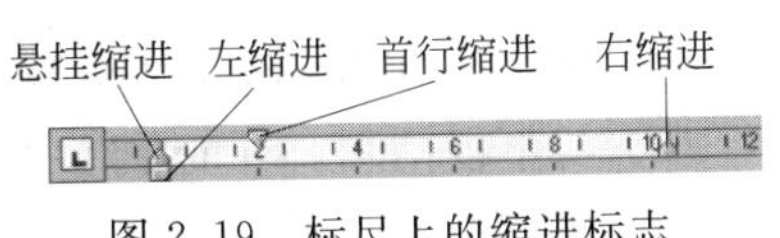


图 2.19　标尺上的缩进标志

拖动左缩进标志，首行缩进标志同时移动，且保持首行缩进标志和左缩进标志之间的相对位置不变。拖动悬挂缩进标志，首行缩进标志不动。

(2) 使用“段落”对话框设置缩进。在要缩进的段落中右击，然后从快捷菜单中选择“段落”命令，出现“段落”对话框如图 2.20 所示。

切换到“段落”对话框的“缩进和间距”选项卡，在“缩进”区域改变“左侧”和“右侧”框中的数字来设置左缩进量和右缩进量。单击“特殊格式”下拉列表进行选择，然后在“磅值”框中设置，则可改变段落的首行缩进和悬挂缩进。

**2. 设置段落对齐**

在 Word 文档编辑过程中，经常使用段落对齐方式。例如设置标题居中对齐，正文段落两端对齐，署名右对齐等。段落对齐方式有 5 种：左对齐、右对齐、两端对齐、居中和分散对齐。

首先选中需要设置对齐的段落，然后选用以下的对齐方法。

(1) 单击“开始”选项卡“段落”组中的对齐按钮，如图 2.21 所示。

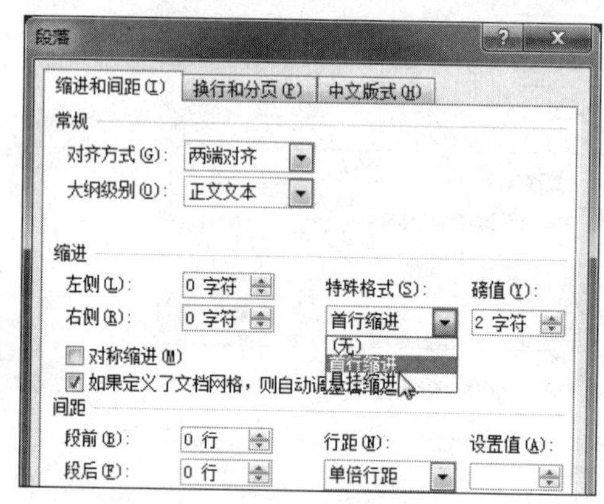


图 2.20 “缩进和间距”选项卡

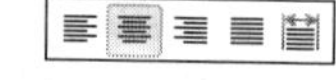

图 2.21 对齐按钮

(2) 打开“段落”对话框，切换到“缩进和间距”选项卡，在“常规”栏的“对齐方式”下拉列表框中选择所需的对齐方式。

**3. 设置段落间距和行间距**

打开“段落”对话框，切换到“缩进和间距”选项卡，在“间距”区域对“段前”及“段后”进行设置以改变段间距，对“行距”设置则改变行间距。

**4. 换行和分页的相关设置**

在“段落”对话框中切换到“换行和分页”选项卡，可以进行以下设置。

(1) 孤行控制：防止在页面顶端单独打印段落末行或在页面底端单独打印段落首行。

(2) 段中不分页：防止在段落中出现分页符。

(3) 与下段同页：防止在选中段落与后面一段间插入分页符。

(4) 段前分页：在选中段落前插入分页符。

(5) 取消行号：防止选中段落旁出现行号。该选项对未设行号的文档或节无效。

(6) 取消断字：防止段落自动断字。

**5. “中文版式”选项卡**

“段落”对话框的“中文版式”选项卡中可进行以下设置。

(1) 按中文习惯控制首尾字符：采用中文的排版和换行规则，以确定页面上各行的首尾字符。

(2) 允许西文在单词中间换行：允许在西文单词的中间自动换行。

(3) 允许标点溢出边界：允许标点比段落中其他行的对齐位置超出一个字符。如果不使用该选项，则所有行和标点必定完全对齐。

(4) 允许行首标点压缩：允许标点在行首处进行压缩，这样后续字符将更紧凑。

(5) 文本对齐方式：设置一行中所有文本的垂直对齐方式，可根据字符的顶端、中间、基线或底端对齐所有文本。

## 2.3.3 项目符号和编号

项目符号可以使段落清晰，醒目。编号可以标记段落的次序，使文档层次分明。

**1. 设置和改变项目符号**

(1) 设置项目符号。选择要设置项目符号的段落，在“开始”选项卡的“段落”组中单击“项目符号”按钮的下拉箭头，选择一种需要的项目符号，如图 2.22 所示。另外，也可以右击，将鼠标指针移向快捷菜单中的“项目符号”命令，再从级联菜单中选择所需的项目符号。

(2) 改变项目符号。选择要改变项目符号的段落，在图 2.22 所示的菜单中选择“定义新项目符号”命令，出现“定义新项目符号”对话框，单击“字体”按钮和“对齐方式”下拉列表进行相应的设置，如图 2.23 所示。单击“符号”或“图片”按钮，则可以改变为其他项目符号。

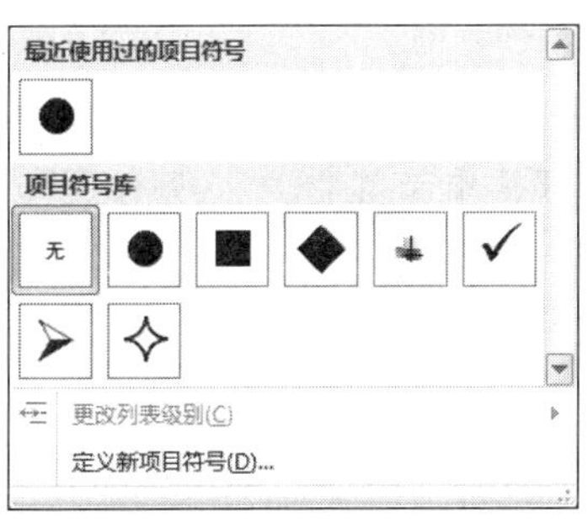


图 2.22 设置项目符号

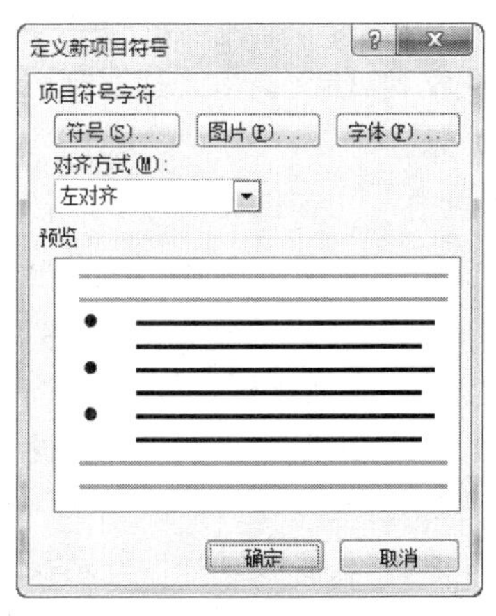


图 2.23 “定义新项目符号”对话框

**2. 设置和改变编号**

(1) 设置编号。选择要设置编号的段落,在"开始"选项卡的"段落"组中单击"编号"按钮的下拉箭头,选择一种需要的编号,如图 2.24 所示。另外,也可以右击鼠标,将鼠标指针移向快捷菜单中的"编号"命令,再从级联菜单中选择所需的编号。

(2) 改变编号。选择要改变编号的段落,在图 2.24 所示的菜单中选择"定义新编号格式"命令,出现"定义新编号格式"对话框,可以进行"编号样式"、"编号格式"、"对齐方式"等设置,如图 2.25 所示。

图 2.24 设置编号

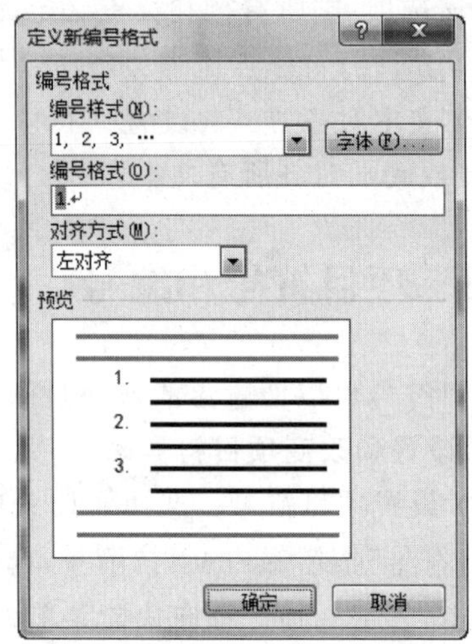


图 2.25 "定义新编号格式"对话框

## 2.3.4 边框和底纹

在 Word 中,可以为选定的字符、段落、页面及各种图形设置各种颜色的边框和底纹,从而美化文档,使文档格式达到理想的效果。

(1) 先选定要添加边框的文字或段落,单击"页面布局"选项卡"页面背影"组中的"页面边框"按钮,弹出如图 2.26 所示的"边框和底纹"对话框。

(2) 在"页面边框"选项卡中,可以设置页面边框的类型、样式、颜色、宽度、应用范围等。应用范围包括"整篇文档"、"本节"、"本节仅首页"、"本节除首页外所有页"。如果要使用"艺术型"页面边框,可以单击"艺术型"下拉列表进行选择。

(3) 单击"边框"选项卡,可以设置边框的类型、样式、颜色、宽度、应用范围等,应用范围可以是选定的"文字"或"段落"。

(4) 单击"底纹"选项卡,分别设定底纹的填充颜色、图案式样和应用范围等。

除"边框和底纹"对话框外,还可以使用"开始"选项卡上的按钮快速设定边框和底纹,但样式比较单一。

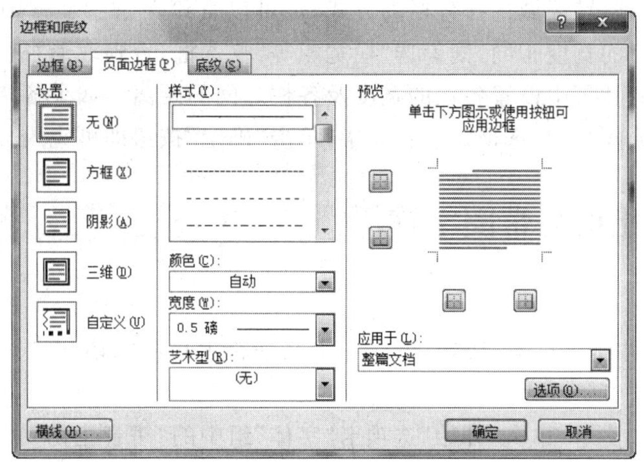


图 2.26 “边框和底纹”对话框

### 2.3.5 首字下沉和分栏

**1. 首字下沉**

将插入点移到要设置首字下沉的段落，或选择该段落，接着在“插入”选项卡中单击“首字下沉”按钮，然后在面板中选择“无”、“下沉”或者“悬挂”即可，如图 2.27 所示。另外，还可以单击“首字下沉选项”命令，在出现的“首字下沉”对话框中进行所需的设置：在“位置”区域选择下沉的格式，然后在“选项”区域设置下沉文字的字体、下沉行数以及与正文的距离。

**2. 分栏**

选择要分栏的文本，然后在“页面布局”选项卡的“页面设置”组中单击“分栏”按钮，然后在面板中选择“一栏”、“两栏”、“三栏”、“偏左”或者“偏右”即可。另外，还可以单击“更多分栏”命令，出现“分栏”对话框，如图 2.28 所示。

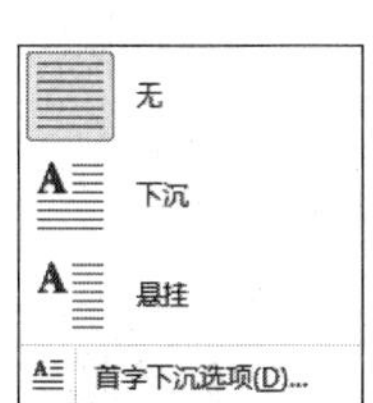


图 2.27 首字下沉

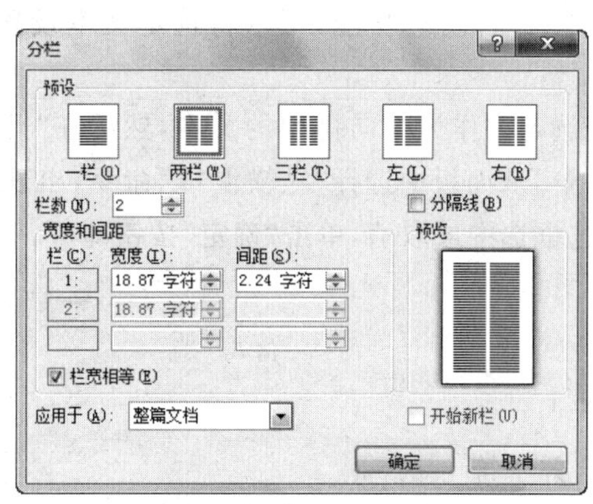


图 2.28 “分栏”对话框

在对话框的“预设”区域选择分栏的方式，也可以直接在“栏数”框中输入要分栏的栏数。如果设置各栏的宽度相同，则勾选“栏宽相等”复选框，否则取消“栏宽相等”复选框的选择。在“栏宽和间距”中设置各栏的宽度及各栏之间的距离。如果各栏之间需要加以竖线分隔，则勾选“分隔线”复选框。设置完毕，单击“确定”按钮即可完成分栏。

## 2.3.6 拼音指南与带圈字符

### 1. 拼音指南

利用 Word 的“拼音指南”功能，可以在中文字符上标注汉语拼音。一次可以选定多个字符标注汉语拼音。

选定要注音的文本，单击“开始”选项卡“字体”组中的“拼音指南”按钮，出现“拼音指南”对话框，作出需要的设置后单击“确定”按钮，则汉语拼音就会自动标记在选定的中文字符上。示例如下：

xìn xīn jì shù jī chǔ
信 息 技 术 基 础

### 2. 带圈字符

使用“带圈字符”功能，一次可以为一个字符加圈。可加的圈包括圆圈、正方形、三角形和菱形。

选定要加圈的字符，单击“开始”选项卡“字体”组中的“带圈字符”按钮，出现“带圈字符”对话框，选择圈的样式和圈号，单击“确定”按钮，则选定的字符加上圈。示例如下：

信 息 技 术 基 础

## 2.3.7 中文版式

### 1. 纵横混排

使用“纵横混排”功能，可以将选定文本设置为纵向排列，而其余文本的方向保持不变。

首先选定要作为纵向排列的文本，然后在“开始”选项卡的“段落”组中单击“中文版式”按钮，从面板中选择“纵横混排”命令，出现“纵横混排”对话框，根据需要将“适应行宽”复选框选中或取消，单击“确定”按钮即可。示例如下：

信 息 技术 基 础

### 2. 合并字符

利用“合并字符”功能，可以将选择的多个字符合并为一个字符。最多可以将 6 个字符合并在一起。

选择要合并的字符，在“开始”选项卡的“段落”组中单击“中文版式”按钮，从面板中选择“合并字符”命令，出现“合并字符”对话框。在对话框中设定字体与字号，单击“确定”按钮，则选定的字符被合并为一个字符。示例如下：

信息技术基础

**3. 双行合一**

利用“双行合一”功能，可以在一行里显示两行文字。

首先选中需要双行合一显示的文本，然后在“开始”选项卡的“段落”组中单击“中文版式”按钮，从面板中选择“双行合一”命令，出现“合并字符”对话框，设置完成后单击“确定”按钮即可。示例如下：

两行文字在一行里显示

## 2.3.8 页面设置和打印的相关操作

**1. 页面设置**

页面设置包括设置页边距、选择纸张、设置版式等。在“页面布局”选项卡的“页面设置”组中单击 按钮，出现“页面设置”对话框。

(1) 页边距。在“页面设置”对话框中切换到“页边距”选项卡，其中可以对文档的上、下、左、右页边距、装订线以及纸张方向进行设置，如图 2.29 所示。

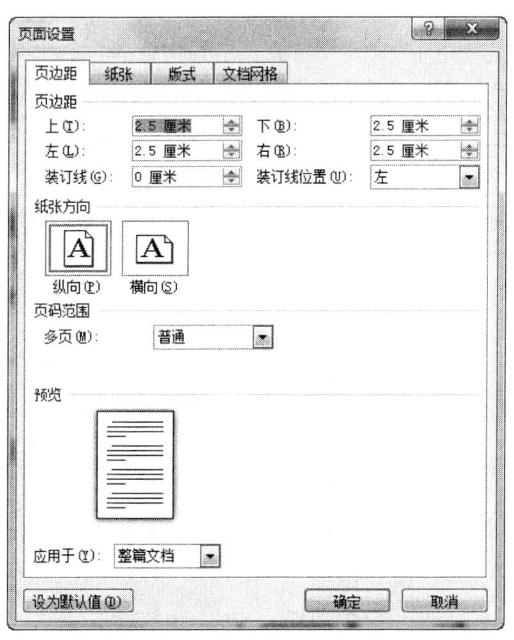


图 2.29 “页边距”选项卡

(2) 纸张。在“页面设置”对话框的“纸张”选项卡，可以设置纸张的大小和来源。如果系统中没有所需要的纸张大小，可以在“宽度”和“高度”框中输入自定义的纸张尺寸。

(3) 版式。切换到“页面设置”对话框的“版式”选项卡，如图 2.30 所示，可以进行以下设置。

① “页眉和页脚”栏：选中“奇偶页不同”复选框后，可以为文档的奇数页和偶数页设置不同的页眉和页脚，否则表示奇数页和偶数页的页眉和页脚相同。选中“首页不同”复选框后，可以为首页单独设置页眉和页脚，否则所有页的页眉和页脚相同。

② “页面”栏：可以设置页面的垂直对齐方式。页面的对齐方式有“顶端对齐”、“居中”、“两端对齐”和“底端对齐”。

③ “预览”栏：单击“行号”按钮后，可以在“行号”对话框中设置行号。

(4) 文档网格。在“页面设置”对话框的“文档网格”选项卡中，可以设置文字的排列方向(横排还是竖排)、每行的字符数和每页行数，如图 2.31 所示。

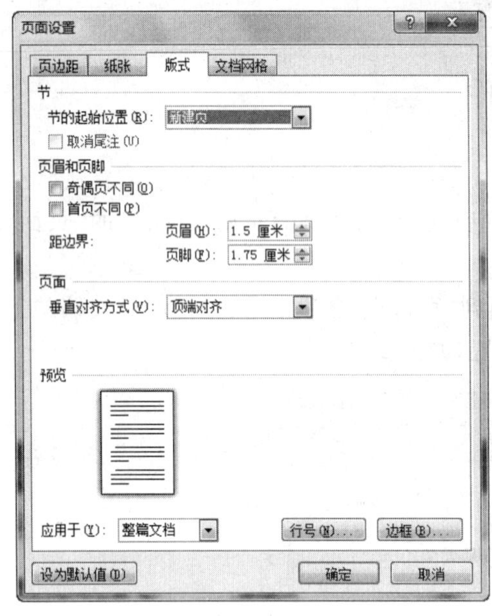


图 2.30 “版式”选项卡

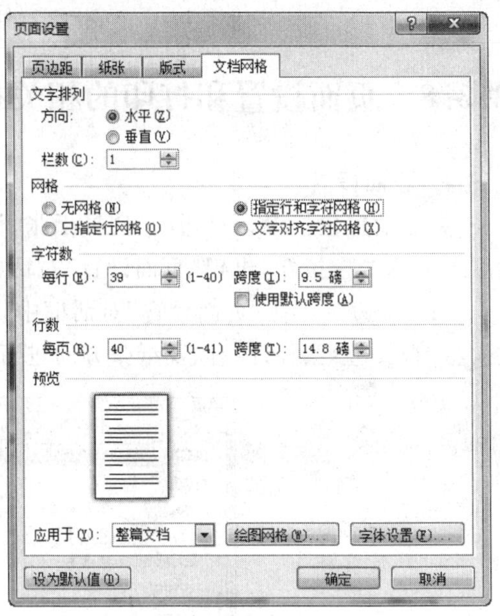


图 2.31 “文档网格”选项卡

**2. 打印的相关操作**

在“文件”选项卡中选择“打印”命令，显示如图 2.32 所示的界面。在此界面中，包括了打印设置、打印预览以及打印等操作。

(1) 打印设置。

① 选择打印机。如果系统中安装有多个打印机，单击“打印机”的下拉箭头，然后在打印机列表中选择准备使用的打印机即可。

② 设置打印范围。单击“打印范围”的下拉箭头，将在下拉列表中列出可供选择的文档打印范围。打印范围包括以下几种。

- 打印所有页：打印文档的全部页面，是默认的打印范围选项。
- 打印当前页面：打印插入点所在的页面。
- 打印所选内容：打印选中的文档内容。如果未对文档进行选定操作，此选项不可用。

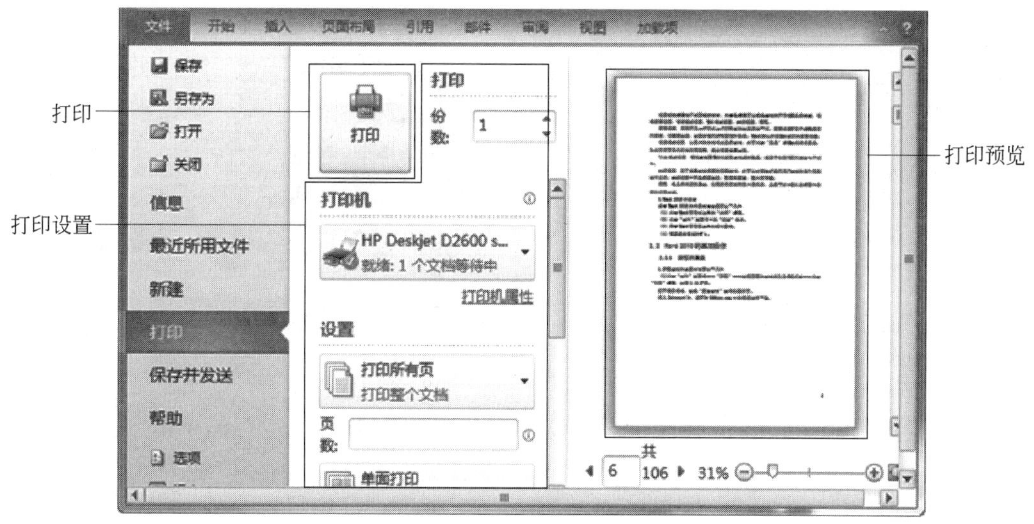


图 2.32　打印操作

- 打印自定义范围：打印指定页码的文档。此选项需要在“页数”框中输入需要打印的页码，连续页码用“-”连接，不连续的页码用“，”分隔。如：需要打印第 1 页、第 5 页、第 9 页到第 11 页，则输入的页数为“1,5,9-11”。

③ 设置打印份数。在“份数”框中直接输入即可。

④ 设置打印方式。单击“打印方式”的下拉箭头，在列表中选择“调整”选项，将在完成一份打印之后才进行下一份的打印操作，即逐份打印方式；选择“取消排序”选项，则将逐页打印足够的份数。

(2) 打印预览。在打印预览区域，可以在打印之前查看文档的打印效果，以便对文档作出适当的调整。预览时，还可以拖动滑块改变预览视图的大小。

(3) 打印。单击“打印”按钮即可。

# 2.4　表格处理

## 2.4.1　表格的建立

Word 创建表格有多种方法，常用方法有以下几种。

**1. 快速插入表格**

将插入点定位到要插入表格的位置，在“插入”选项卡的“表格”组中单击“表格”按钮，在面板的顶端移动鼠标，反像显示的行数和列数达到要求时，单击鼠标即可完成表格的快速插入，如图 2.33 所示。

**2. 使用“插入表格”对话框插入表格**

将插入点定位到要插入表格的位置，在“插入”选项卡的“表格”组中单击“表格”按钮，在面板中选择“插入表格”命令，出现“插入表格”对话框，如图 2.34 所示。

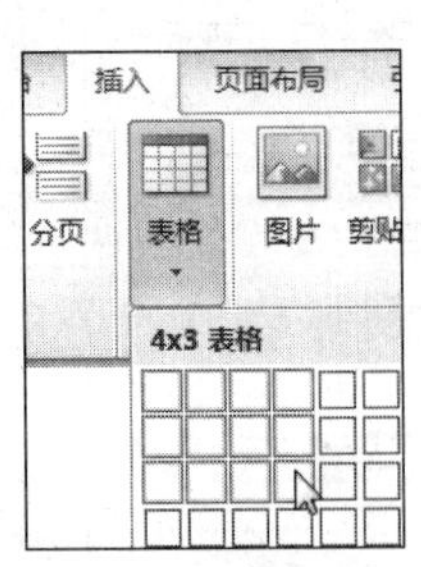


图 2.33 快速插入表格

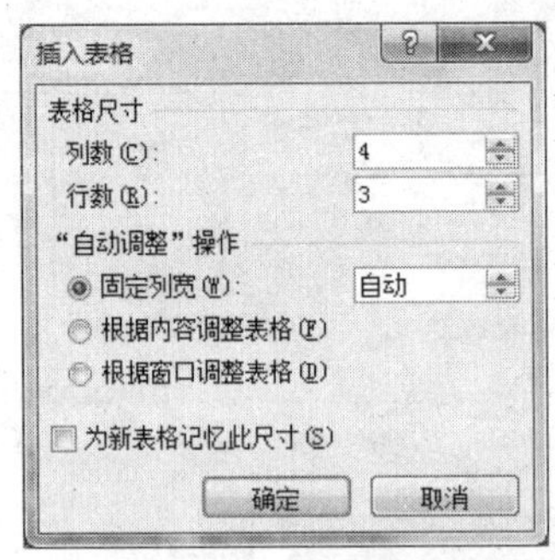


图 2.34 "插入表格"对话框

在对话框中输入所需的列数、行数，设置"'自动调整'操作"的方式，单击"确定"按钮，即可插入表格。

**3. 绘制表格**

将插入点定位到要插入表格的位置，在"插入"选项卡的"表格"组中单击"表格"按钮，在面板中选择"绘制表格"命令，鼠标指针变为铅笔形状，拖动鼠标可画出一个单元格。同时，在 Word 窗口顶端出现"表格工具"功能区，包含"设计"和"布局"两个与表格相关的选项卡，其中可以设置绘制铅笔的样式、粗细，也可以单击"擦除"按钮去除不需要的表格框线，如图 2.35 所示。重复以上操作，最后按 Esc 键完成表格的绘制。

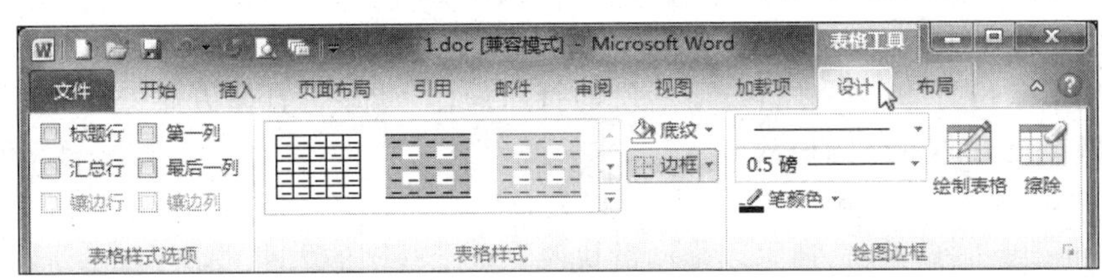


图 2.35 "表格工具"功能区

**4. 文本转换成表格**

如果文本中使用了某一个特定的分隔符进行分隔，就可以很容易地转换成表格。Word 可以自动识别段落标记、空格、逗号(英文半角)、制表符，段落标记将用于表格行的创建，其他 3 种分隔符用于创建表格列。要注意区分中文逗号和英文逗号，中文逗号不能自动识别。

文本转换成表格的步骤如下。

(1) 选中所有需要转换成表格的具有特定分隔符的文本。以转换下列文本为例：

1行1列#1行2列#1行3列

2行1列#2行2列#2行3列

(2) 在"插入"选项卡的"表格"组中单击"表格"按钮，在面板中选择"文本转换成表格"命令，出现"将文字转换成表格"对话框，如图 2.36 所示。

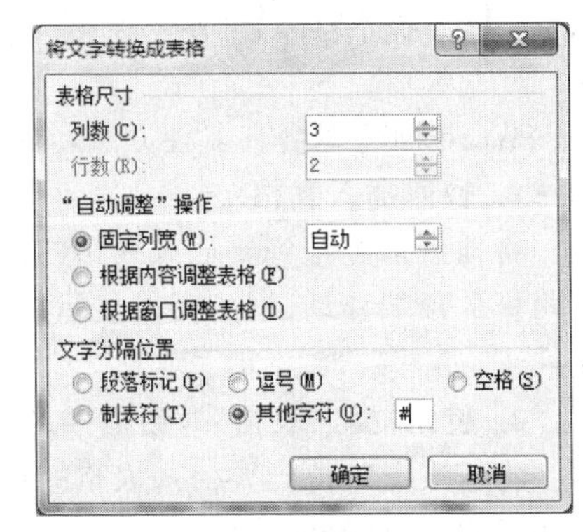


图 2.36 "将文字转换成表格"对话框

(3) 在对话框中，如果“列数”框中的列数与实际不符，表示分隔符未能正确识别，需要在“文字分隔位置”区域指定选定文本中所使用的分隔符，如此例应在“其他字符”框中输入“#”。设置完成后单击“确定”按钮即可。

此例转换所得的表格如下：

| 1 行 1 列 | 1 行 2 列 | 1 行 3 列 |
|---|---|---|
| 2 行 1 列 | 2 行 2 列 | 2 行 3 列 |

## 2.4.2 表格的编辑

建立表格之后，可以在表格中输入文字、插入图片，并对表格进行编辑。

**1. 表格中插入点的移动**

表格的单元格中输入文字，必须先将插入点移到需要输入文字的单元格中。要顺序移动插入点可按 Tab 键或→键；要反序移动插入点可按 Shift+Tab 键或←键。如果想在一个单元格中开始新段，则按 Enter 键。

不按顺序移动插入点，只需在要输入文字的单元格中单击，将插入点移到该单元格中，或利用光标移动键操作。

**2. 选择行、列、单元格和整个表格**

表格的选择包括对行、列、单元格和整个表格的选择。选择表格可以利用菜单，但是利用鼠标选择更方便。

(1) 利用菜单选择表格。

选择整个表格：将插入点放在表格的任意单元格中，在“表格工具|布局”选项卡的“表”组中单击“选择”按钮，然后在面板中选择“选择表格”命令。

选择行：将插入点放在要待选行的任意单元格中，在“表格工具|布局”选项卡的“表”组中单击“选择”按钮，然后在面板中选择“选择行”命令。

选择列：将插入点放在要待选列的任意单元格中，在“表格工具|布局”选项卡的“表”组中单击“选择”按钮，然后在面板中选择“选择列”命令。

选择单元格：将插入点放要在待选单元格中，在“表格工具|布局”选项卡的“表”组中单击“选择”按钮，然后在面板中选择“选择单元格”命令。

(2) 利用鼠标选择表格。

选择单元格：将鼠标移向待选单元格的内部左侧，指针变成一个朝右的黑色箭头，单击左键选定该单元格，而拖动鼠标可选择多个连续的单元格。

选择行：将鼠标移向待选行的左方，指针变成一个朝右的白色箭头，单击左键可选中一行，而向上或向下拖动鼠标可选择多个连续的行。

选择列：将鼠标移向待选列的上方，指针变成一个朝下的黑色箭头，单击左键可选中一列，而向左或向右拖动鼠标可选择多个连续的列。

选取多个不连续的单元格、行或列：按住 Ctrl 键的同时，采用以上选择单元格、行、列的方法进行选定。

选择整个表格：单击表格左上角的按钮⊞。

**2. 合并单元格的方法**

(1) 选中待合并的单元格，右击选中区域，在快捷菜单中选择“合并单元格”命令。

(2) 选中待合并的单元格，在“表格工具|布局”选项卡的“合并”组中单击“合并单元格”按钮。

**注意**：如果选中区域不只一个单元格内有数据，那么单元格合并后数据也将合并，并且分行显示在这个合并单元格内。

**3. 拆分单元格的方法**

(1) 将插入点置于需拆分的单元格中，右击，选择快捷菜单中的“拆分单元格”命令，然后在“拆分单元格”对话框中输入需要拆分成的行数和列数，单击“确定”按钮即可将其拆分成等大的若干单元格。

(2) 将插入点置于需拆分的单元格中，在“表格工具|布局”选项卡的“合并”组中单击“拆分单元格”按钮，然后在“拆分单元格”对话框中设置拆分的行数和列数。

**4. 行、列、单元格的插入**

制作完一个表格后，有时会增加一些内容，这就需要在表格中插入行、列或单元格等。

插入行的步骤如下。

(1) 在需要插入新行的位置，选定一行或多行(将要插入的行数与选定的行数相同)。

(2) 右击选定区域，在快捷菜单中选择“插入”命令，然后根据需要在级联菜单中选择“在上方插入行”或“在下方插入行”。这一步也可以通过在“表格工具|布局”选项卡的“行和列”组中单击“在上方插入行”及“在下方插入行”按钮来完成。

插入列、单元格的步骤与插入行相似，第一步应选定一列或多列、一个单元格或多个单元格，第二步中执行“在左侧插入列”或“在右侧插入列”、“插入单元格”。

**5. 行、列、单元格的删除**

如果某些行、列或单元格需要删除，首先将其选定，然后右击选定区域，从快捷菜单中选择“删除行”、“删除列”或者“删除单元格”命令。

执行选定后，也可以在“表格工具|布局”选项卡的“行和列”组中单击“删除”按钮，然后在下拉列表中选择相应删除项即可。

**6. 删除表格**

选中整个表格，按 BackSpace 键即可删除。

**7. 表格转换成文本**

“表格转换成文本”是“文本转换成表格”的逆向操作，步骤如下。

(1) 选定需要转换的表格。

(2) 在“表格工具|布局”选项卡的“数据”组中单击“转换为文本”按钮 转换为文本，出现“表格转换成文本”对话框，如图 2.37 所示。

(3) 在对话框中，设定各个单元格内的文本在转换以后的分隔符号，单击“确定”按钮完成转换。

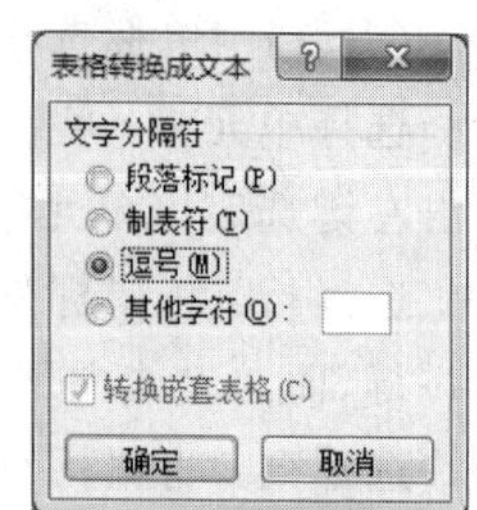


图 2.37 “表格转换成文本”对话框

## 2.4.3 表格的排版

改变行高和列宽可以直接用鼠标拖动，也可以利用菜单设置。

**1. 设置列宽的方法**

(1) 将鼠标指针放在要改变列宽的列的右边框上，指针变成垂直分裂箭头⇹，按住鼠标左键拖到新位置。

(2) 单击任意一个单元格，在垂直标尺上会出现与各行对应的行标记，水平标尺上出现与各列对应的列标记。将鼠标指针放在要改变列宽的列的右边框列标记上，按住鼠标左键拖动到新位置，如图 2.38 所示。

| 1 行 1 列 | 1 行 2 列 |
|---|---|
| 2 行 1 列 | 2 行 2 列 |

移动表格列

图 2.38 利用标尺移动表格列

(3) 插入点放在要调整列宽的列的任意单元格中，右击鼠标，在快捷菜单中选择“表格属性”命令，出现“表格属性”对话框，然后切换到“列”选项卡，利用“前一列”、“后一列”按钮和“指定宽度”框进行设定，如图 2.39 所示。

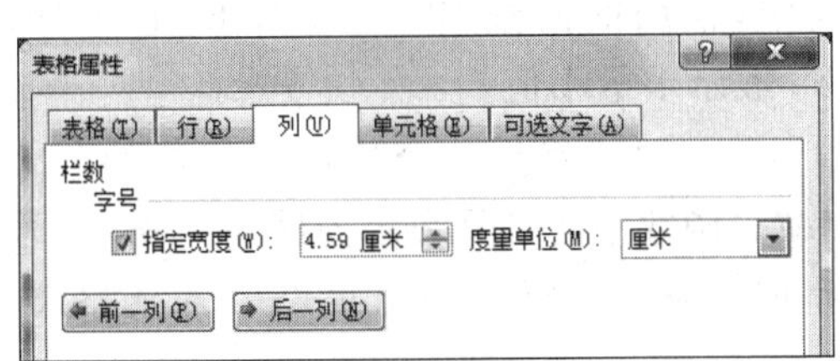


图 2.39 “列”选项卡

**2. 设置行高的方法**

与改变列宽类似，改变行高的常用方法如下。

(1) 用鼠标拖动要调整行高的行的下边框。在下边框上，鼠标指针形状变为水平分裂箭头÷。

(2) 用鼠标拖动要改变行高的行的下边框行标记。

(3) 在“表格属性”对话框的“行”选项卡中进行设置。

## 2.4.4 表格中插入公式

通常，表格中的列用字母 A、B、C…标注，行用阿拉伯数字 1、2、3…标注，字母和阿拉伯数字组合便可构成对单元格的引用。

Word 表格中的数据可以利用公式域进行自动计算。以表 2-1 中计算张文的最后所得为例，介绍表格中插入公式的两种方法。

表 2-1　工资表

| 姓名 | 工资 | 扣款 | 最后所得 |
| --- | --- | --- | --- |
| 张文 | 1500 | 97 | |
| 马格 | 1600 | 90 | |

(1) 将插入点置于要进行计算的单元格 D2 中,然后在“表格工具|布局”选项卡的“数据”组中单击“公式”按钮 fx,出现“公式”对话框,如图 2.40 所示。

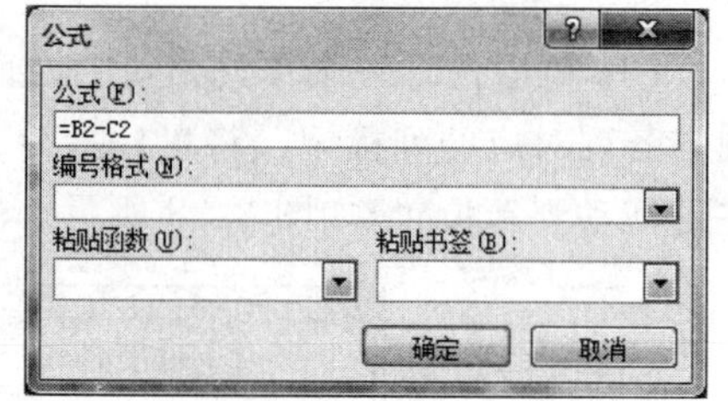

图 2.40　“公式”对话框

将“公式”框中自动推荐的公式删除,然后输入“=B2-C2”并单击“确定”按钮完成计算。输入的公式中,“=”表示公式的开始,B2 和 C2 分别是张文的工资和扣款单元格。

(2) 将插入点置于要进行计算的单元格 D2 中,按 Ctrl+F9 键插入域标识“{}”(注意:不能直接用键盘输入),然后在域标识里面输入“=B2-C2”,接下来在其上右击,从快捷菜单中选择“更新域”命令即可显示公式所计算的结果。

公式中可以使用函数,除手动输入函数外,也可以在图 2.40 所示对话框中的“粘贴函数”下拉列表中选择。其中,常用的函数 SUM 表示求和,AVERAGE 表示求平均值,MAX 表示求最大值,MIN 表示求最小值。

“=C9-SUM(F11,I15:N18)”就是一个使用了函数的公式,表示将 C9 单元格和 SUM 函数求得的总和相减。函数中的冒号表示连续单元格,逗号表示不连续单元格,因此公式中的 SUM 函数对 F11、从 I15 到 N18 总共 25 个单元格求和。

## 2.4.5　数据排序

对表格中的数据进行排序操作,其步骤如下。

(1) 选中需要排序的表格,然后在“表格工具|布局”选项卡的“数据”组中单击“排序”按钮 排序,出现“排序”对话框,如图 2.41 所示。

(2) “排序”对话框中的操作如下。

① 单击“主要关键字”的下拉箭头,从中选择作为第一排序依据的主要关键字。

② 单击“类型”的下拉箭头,从中选择待排序内容的类型。

参与排序的数据是文字:选择“笔画”或“拼音”选项。

参与排序的数据是日期类型:选择“日期”选项。

参与排序的是数字:选择“数字”选项。

③ 选择“升序”或“降序”作为排序方式。

④ 如果在主要关键字上有若干值相同,还可设置次要关键字和第三关键字作为排序依据。

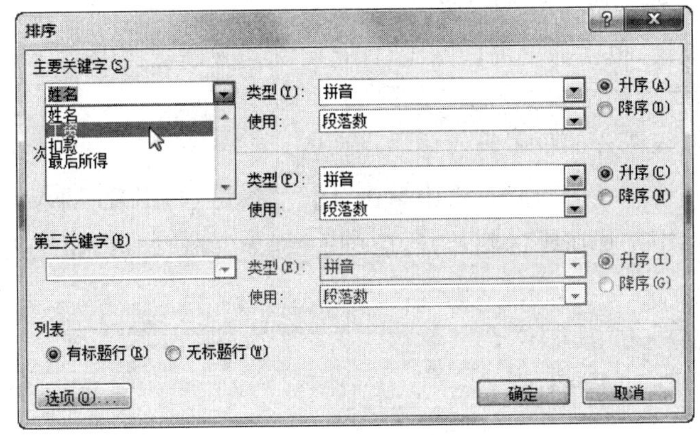


图 2.41 “排序”对话框

⑤ 根据表格中是否有标题，在“列表”区域选中“有标题行”或“无标题行”。如果表格中有标题而选中“无标题行”，则标题也会参与排序。

⑥ 设置完毕后，单击“确定”按钮即可完成排序。

# 2.5 图形插入和其他插入对象的使用

图文并茂的文章，使人赏心悦目，同时也能增强文章的表现效果。

## 2.5.1 插入图片和剪贴画

在 Word 文档中进行插图有多种方法，可以直接粘贴已经放入剪贴板中的图片对象，也可以利用菜单和工具栏插入剪辑库中的图片对象。

**1. 使用粘贴功能插入图像的方法**

(1) 利用“剪切”、“复制”等方法，将打开的图片文件放入剪贴板，然后再粘贴到 Word 文档中需要的位置。

(2) 粘贴。按 PrintScreen 键或按 Alt+PrintScreen 键放入剪贴板的图像。

按 PrintScreen 键或 Alt+PrintScreen 键，可以分别将全屏幕以及活动窗口(包括对话框)的图像放入剪贴板中，然后在 Word 文档中执行“粘贴”命令，就可以将图像粘贴到 Word 文档中插入点所在的位置。

**2. 插入剪贴画的步骤**

(1) 在需要插入剪贴画的位置设置插入点，然后在“插入”选项卡的“插图”组中单击“剪贴画”按钮，出现“剪贴画”任务窗格，如图 2.42 所示。

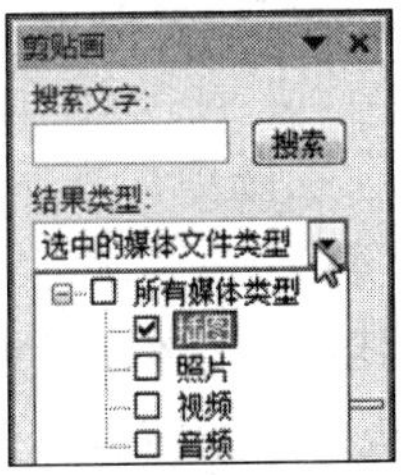

(2) 单击“剪贴画”任务窗格中的“结果类型”下拉箭头，只将列表的“插图”复选框选中。根据需要，可以在“搜索文

图 2.42 “剪贴画”任务窗格

字”框输入关键词，然后单击“搜索”按钮。

(3) 搜索完成后，单击需要的剪贴画，即可将其插入到文档中。

**3. 插入图片文件的步骤**

(1) 在需要插入图片的位置设置插入点。

(2) 在“插入”选项卡的“插图”组中单击“图片”按钮，出现“插入图片”对话框。

(3) 在对话框中选择所需的图片，然后单击“插入”按钮即可，如图 2.43 所示。

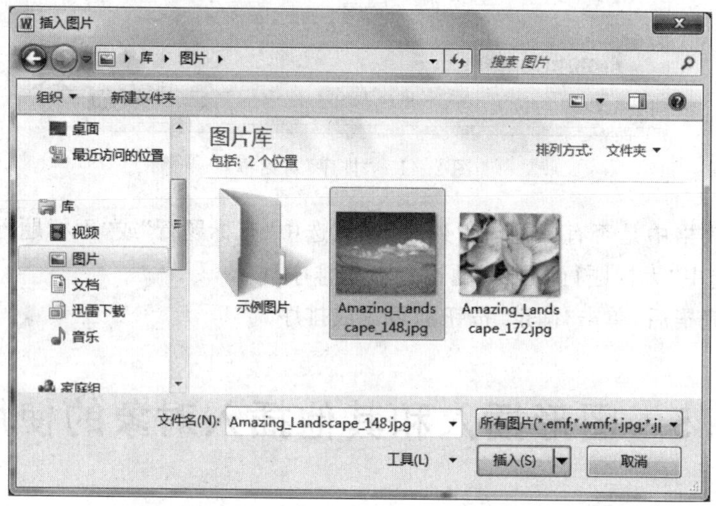


图 2.43 “插入图片”对话框

**4. 绘制图形**

(1) 绘制自选图形。自选图形是用户自行绘制的形状，其操作步骤如下。

① 在“插入”选项卡的“插图”组中单击“形状”按钮，显示如图 2.44 所示的面板。

② 在面板中单击需要绘制的形状，鼠标指针变成“+”字形。

③ 将鼠标指针移至要插入图形的位置，拖动鼠标即可绘制图形。要画出正方形或圆形，在拖动鼠标的同时需按住 Shift 键。

(2) 组合与取消组合图形。组合图形的步骤如下。

① 按住 Shift 键，用鼠标左键逐个单击选中要组合的图形。

② 在选中的图形上右击鼠标，从快捷菜单中选择“组合”|“组合”命令即可完成组合操作。组合后的图形被作为一个图形对象整体进行处理。

应当注意的是，不能组合嵌入式图形，必须将其变为浮动式图形才能进行组合。

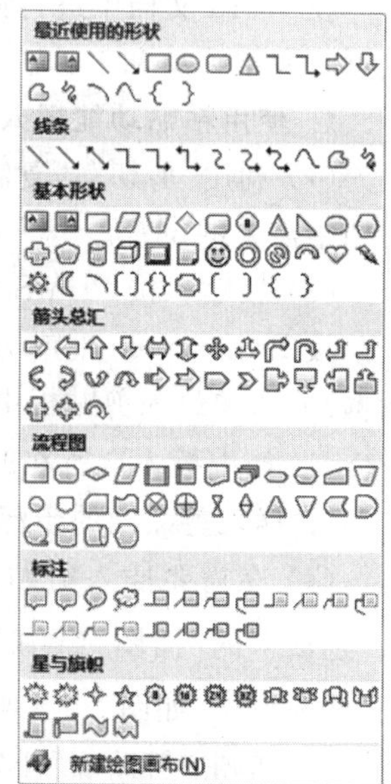


图 2.44 绘制自选图形

解散组合的图形的过程称为“取消组合”。取消组合的操作步骤如下。

右击要解散的组合图形，在快捷菜单中选择“组合”|“取消组合”命令即可。

**5. 插图的编辑**

(1) 插图的选定。对图片、剪贴画、图形等插图对象进行编辑时，首先要选定插图，只要用鼠标单击插图即可。插图被选定时，四周会出现8个控制手柄。

(2) 设置版式。插入到文档中的插图对象有两种形式：一种是嵌入式插图，一种是浮动式插图。

嵌入式插图周围有黑色的边框，8个控制手柄是实心的。嵌入式插图只能放置到有文档插入点位置与正文一起排版，但不能与其他插图组合，不能实现文字环绕。

浮动式插图周围的8个控制手柄是空心的。浮动式插图可以放置到页面的任意位置，并允许与其他插图组合，还可以实现多种形式的文字环绕。

嵌入式插图与浮动式插图可以通过设置版式进行转换，其步骤如下。

① 右击插图，根据文档和插图的格式不同，从弹出的快捷菜单中选择“大小和位置”或“设置图片格式”、“其他布局选项”、“设置自选图形格式”命令，出现对话框后，将其切换到“文字环绕”或“版式”选项卡，如图2.45所示。

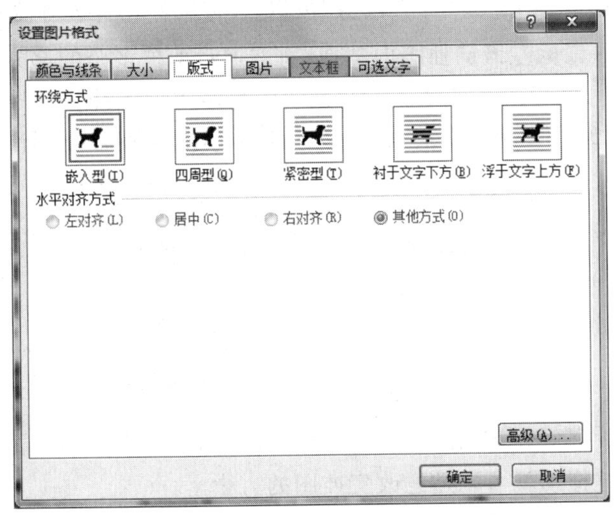


图2.45 “版式”选项卡

② 在“环绕方式”区域列出了5种环绕方式：嵌入型、四周型、紧密型、浮于文字上方、衬于文字下方。如果选择“嵌入型”，插图将被设置为嵌入式插图；选择其他4种，都为浮动式插图。

选择所需的环绕方式，然后单击“确定”按钮即可完成版式实现环绕效果。

单击“高级”按钮，出现“布局”对话框，可以在其中对环绕方式和位置进行更加详细的设置。

(3) 插图的移动。对于浮动式插图，可以用鼠标拖放到页面的任意位置；对于嵌入式插图，只能拖放到插入点的位置。还可以利用剪贴板，使用“剪切”与“粘贴”的方法实现插图的移动。

(4) 插图的复制。复制插图的方法主要有两种：一种是利用剪贴板，使用“复制”与“粘贴”的方法进行插图的复制。另一种方法是按住 Ctrl 键的同时用鼠标拖动插图实现复制。

(5) 插图的删除。插图被选定后，按下 Delete 键就可以将其删除。

(6) 裁剪图片和剪贴画。在文档中插入的图片和剪贴画，有时可能只需其中的一部分，这时就需要将多余的部分裁剪掉。裁剪的步骤如下：

① 选中要裁剪的图片或剪贴画，Word 文档窗口顶端出现新的“图片工具”|“格式”选项卡，如图 2.46 所示。

图 2.46 “格式”选项卡

② 单击该选项卡“大小”组中的“裁剪”按钮，将鼠标指针放在插图需要裁剪的一边的控制手柄上，按住鼠标左键向插图内部拖动，即可裁剪掉多余的部分。

裁剪操作的另一方法：在图 2.45 的“设置图片格式”对话框中切换到“图片”选项卡，然后在“裁剪”区域设定“上”、“下”、“左”、“右”的裁剪值，如图 2.47 所示。

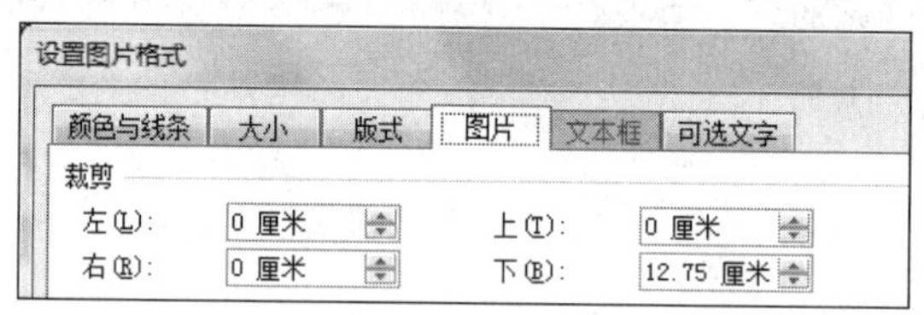


图 2.47 利用“图片”选项卡进行裁剪

(7) 调整插图的大小。单击选定的插图，将鼠标指针向控制手柄，鼠标指针变成双向的箭头，按住鼠标左键拖动就可以随意改变插图的大小。

## 2.5.2 插入艺术字

艺术字是一种特殊的图形，以图形的格式表示文字，使文字更醒目。插入艺术字的步骤如下：

(1) 在需要插入艺术字的位置设置插入点，然后在“插入”选项卡的“文本”组中单击“艺术字”按钮，从面板中选择所需的艺术字样式，如图 2.48 所示。

图 2.48 艺术字样式

(2) 选定艺术字样式后，出现“编辑艺

术字文字”对话框，如图 2.49 所示。

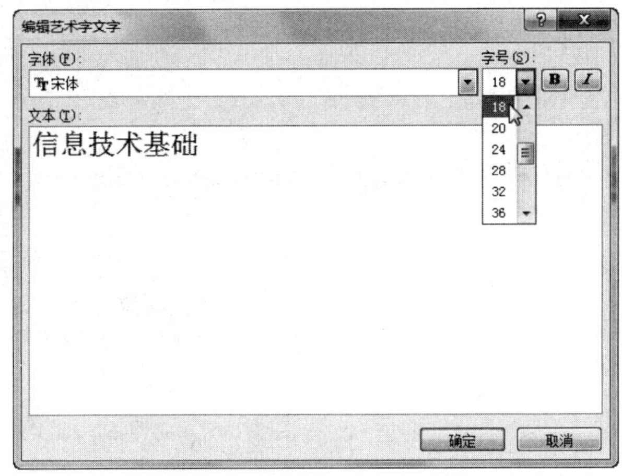


图 2.49 “编辑艺术字文字”对话框

在对话框的“文本”区域输入艺术字的内容，并可对其进行字体、字号等设置，最后单击“确定”按钮完成。

显示结果如图 2.50 所示。

信息技术基础

图 2.50 显示结果

## 2.5.3 插入文本框

在文本框中不仅仅能输入文本，也可以和文档编辑区一样插入图片、表格等对象。可以很方便地将文本框放置到 Word 文档的指定位置，而不受其他因素的影响。

插入文本框的步骤如下：

在“插入”选项卡的“文本”组中单击“文本框”按钮，然后在面板中选择需要的文本框类型，所选文本框会立即出现在文档中，文本框的插入操作完成。

## 2.5.4 插入公式

即使非常复杂的公式，用户也可以在 Word 文档中输入非并显示。插入公式的步骤如下：

(1) 在需要插入公式的位置设置插入点，然后在“插入”选项卡的“文本”组中单击“对象”按钮 对象，出现“对象”对话框。

(2) 切换到“对象”对话框的“新建”选项卡，在“对象类型”列表中选定“Microsoft 公式 3.0”，单击“确定”按钮，如图 2.51 所示。

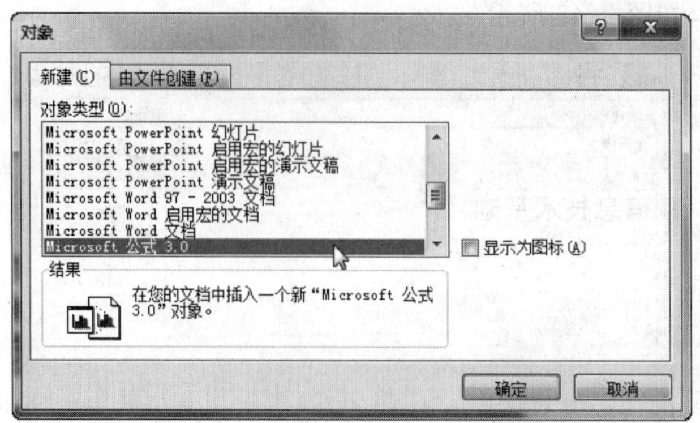


图 2.51 新建"Microsoft 公式 3.0"对象

(3) 文档中将创建一个空白公式框架,并出现"公式"工具栏。"公式"工具栏由"关系符号"、"间距和省略号"等多个分组的符号模板构成,单击符号模板后可以选择具体的公式符号,如图 2.52 所示。

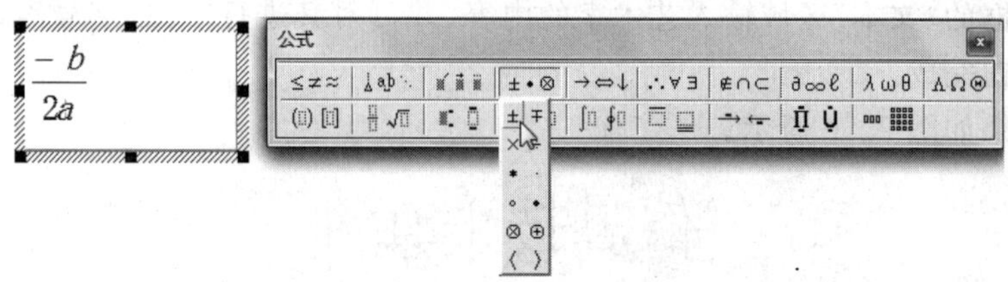


图 2.52 公式框架和"公式"工具栏

利用"公式"工具栏,在公式框架中输入公式。在输入公式的过程中,根据需要对插入点的位置进行调整,然后继续输入。

(4) 公式输入完毕后,单击文档的空白处完成。

示例公式如下:

$$\frac{-b \pm \sqrt{b^2 - 4ac}}{2a}$$

公式创建完成后,可以对其双击进行修改。

# 2.6 文档其他操作

## 2.6.1 分页和分节

在 Word 中输入文本时,当填满一行或一页后,系统会自动分行或分页。如果在页面设置中对每行的字符数和每页行数进行了指定,则按设置的行数和字符数自动换行及分页。

用户还可以在 Word 文档中设置分页符和分节符,进行手动分页和分节操作。

文档中使用分页符后，分页符之后的内容将被强行从新页开始。与自动分页不同，分页符产生的页会始终保持新页的位置，不会因为排版等因素与前一页的内容合并成一页。

分节是将文档分为多个部分，文档中的每节自成一整体，可以在各节内分别进行不同的页码、页眉和页脚设置等操作。

(1) 分页操作。在需要分页的位置设置插入点，在“页面布局”选项卡的“页面设置”组中单击“分隔符”按钮 分隔符，然后在如图 2.53 所示的面板中选择“分页符”命令，分页操作完成。

(2) 分节操作。在需要分节的位置设置插入点，在“页面布局”选项卡的“页面设置”组中单击“分隔符”按钮，然后在面板中选择所需的分节符，插入点之后的内容即为新节的内容，分节完成。

分节符包括以下几种。

① 下一页：新节在下一页上开始。

② 连续：在当前页开始新节。

③ 偶数页：在下一个偶数页开始新节。

④ 奇数页：在下一个奇数页开始新节。

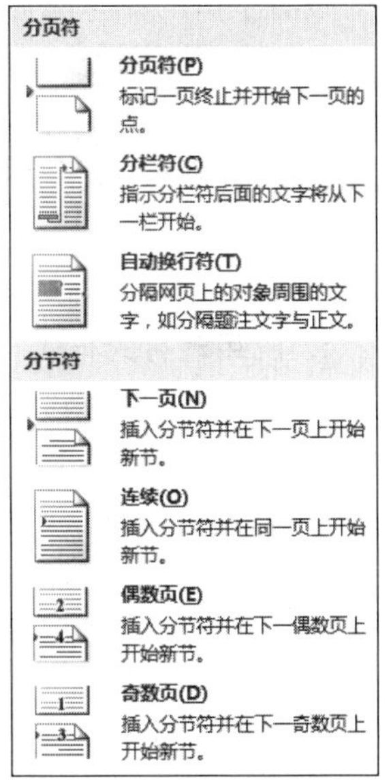


图 2.53 分隔符

## 2.6.2 页眉和页脚的设置

页眉在页面的顶部，页脚在页面的底部，可以包含书的名称、章节标题、页码、公司徽标等信息。

设置页眉的步骤如下。

(1) 在“插入”选项卡的“页眉和页脚”组中单击“页眉”按钮，出现面板。

(2) 在面板中选择“编辑页眉”命令。

(3) 在页眉处输入所需内容，也可以在 Word 窗口顶端新出现的“页眉和页脚工具|设计”选项卡，并利用其中的按钮插入图片、页码、日期和时间等对象，如图 2.54 所示。

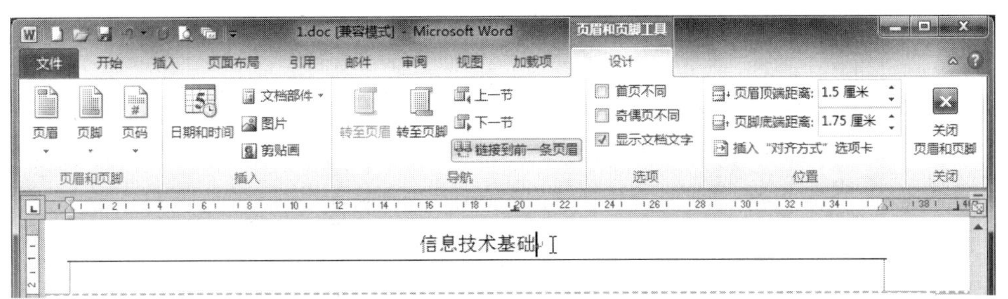


图 2.54 设置页眉

(4) 与正文相似,对页眉的内容进行需要的编辑排版。

(5) 设置完成后,单击"关闭页眉和页脚"按钮即可。

设置页脚的操作与页眉相似,不再赘述。

对页眉和页脚处双击,可以重新将其打开进行编辑。

## 2.6.3 样式的使用

Word 的样式功能是由多个排版命令组成的集合,它简化了排版的操作。

**1. 应用现有的样式**

将现有样式应用到文档中,主要有以下方法。

(1) 设置快速样式。选中需要应用样式的文本,然后在"开始"选项卡的"样式"组中单击所需的样式按钮,如图 2.55 所示。

另外,也可以在选定文本之后右击,从快捷菜单中选择"样式"命令,再从级联菜单中选择所需的样式。

图 2.55 样式按钮

(2) 在"样式"任务窗格中设置样式。

① 选中需要应用样式的文本,然后在"开始"选项卡的"样式"组中单击按钮,出现"样式"任务窗格,如图 2.56 所示。

② 在任务窗格中单击所需的样式,操作完成。

(3) 在"应用样式"任务窗格中设置样式。

① 选中需要应用样式的文本,然后在"开始"选项卡的"样式"组中单击"其他"按钮。

② 从面板中选择"应用样式"命令,出现"应用样式"任务窗格。

③ 在任务窗格的"样式名"区域单击下拉箭头,从列表中选择所需的样式即可,如图 2.57 所示。

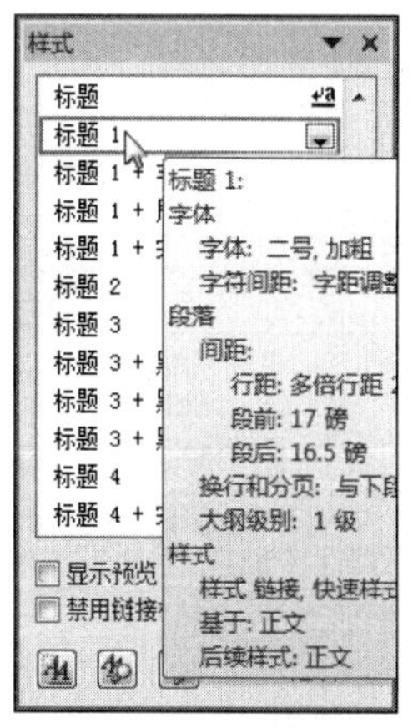


图 2.56 "样式"任务窗格

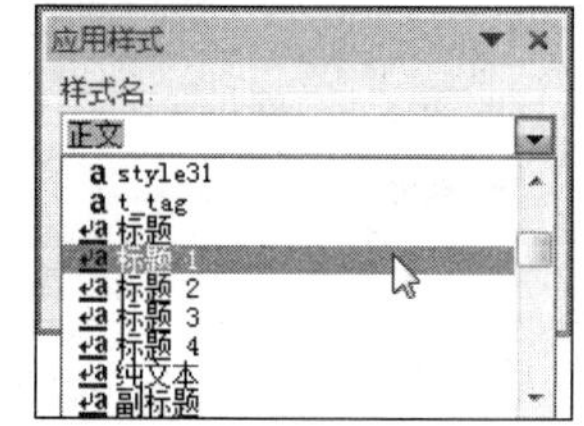


图 2.57 "应用样式"任务窗格

### 3. 新建样式

当现有样式不能满足需要时，可以由用户对样式进行创建，主要有以下两种方法。

方法 1，通过对话框新建样式，步骤如下。

(1) 在“开始”选项卡的“样式”组中单击相应按钮，出现“样式”任务窗格，如图 2.56 所示。

(2) 单击任务窗格中的“新建样式”按钮，出现“根据格式设置创建新样式”对话框，如图 2.58 所示。

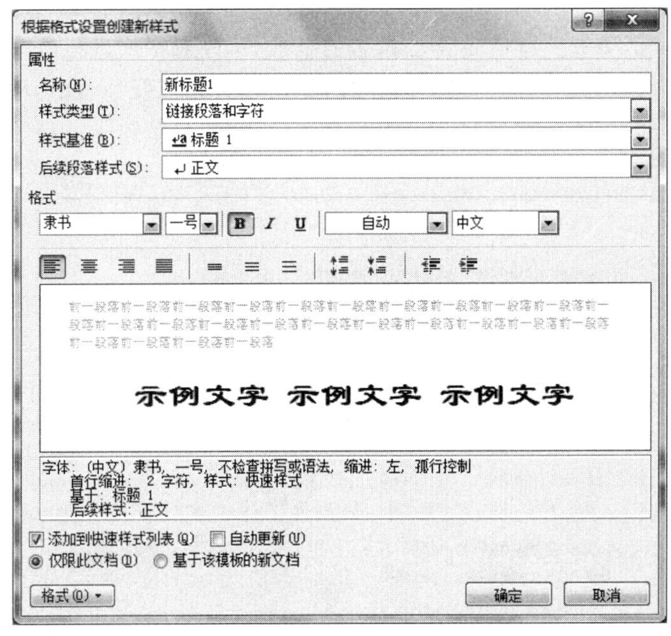


图 2.58 “根据格式设置创建新样式”对话框

(3) 对话框中的操作。

① 在“名称”框中输入新建样式的名称。

② 单击“样式类型”的下拉箭头，从列表中选择所需的类型。

样式类型包括以下 5 种。

- 段落：新建的样式将用于整个段落。
- 字符：新建的样式将用于选定文本。
- 链接段落和字符：新建的样式将用于整个段落或选定文本。
- 表格：新建的样式用于表格。
- 列表：新建的样式用于项目符号和编号列表。

③ 单击“样式基准”的下拉箭头，从列表中选择新样式所依据的基准样式。

④ 单击“后续段落样式”的下拉箭头，从列表中选择新样式的后续样式。

⑤ 在“格式”区域，对字体、字号、对齐方式等进行设置。

⑥ 如果需要将新样式应用于所有文档，将“基于该模板的新文档”选中，否则选择“仅限此文档”。

⑦ 单击“确定”按钮完成新样式的创建。

方法 2，创建快速样式，步骤如下。

(1) 按照所需的样式要求，对部分文本进行字体、字号等设置。

(2) 选中设置好的文本并右击，从快捷菜单中选择“样式”|“将所选内容保存为新快速样式”命令，如图 2.59 所示。

(3) 出现“根据格式设置创建新样式”对话框，在“名称”框中输入样式名称，单击“确定”按钮完成快速样式的创建。

**4. 修改、删除样式**

(1) 修改样式。当有些样式不符合排版的要求，可以对样式进行修改。步骤如下。

① 在“开始”选项卡的“样式”组中单击按钮，出现“样式”任务窗格。

② 将鼠标移到需要修改的样式上，单击其下拉箭头，从菜单中选择“修改样式”命令，如图 2.60 所示。

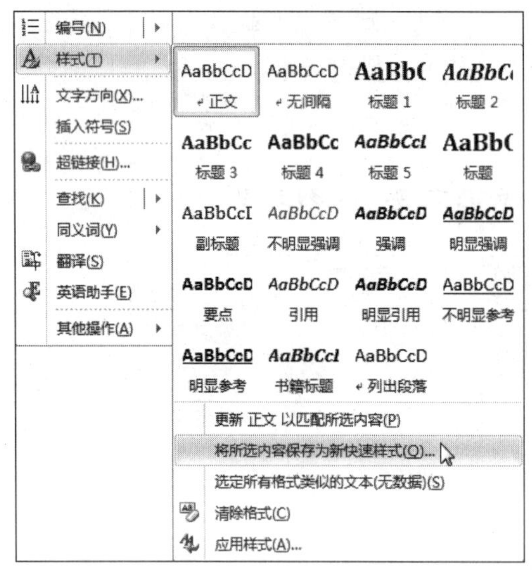


图 2.59　通过快捷菜单创建快速样式

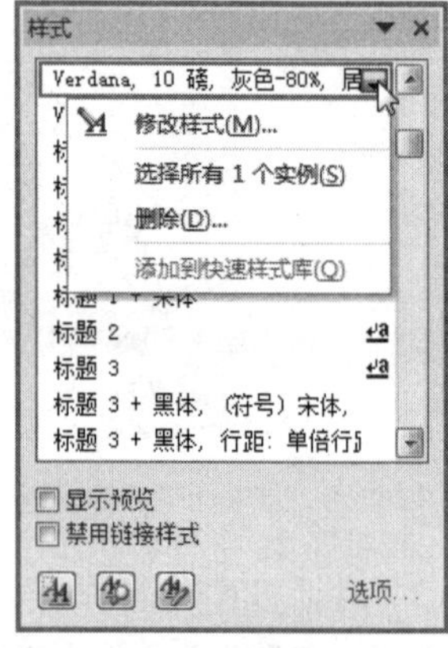


图 2.60　修改及删除样式

③ 在“修改样式”对话框中进行设置，方法与新建样式相似，最后单击“确定”按钮完成修改。

(2) 删除样式。对不需要的样式进行删除操作，只需要在样式的下拉菜单中选择“删除”命令并确认即可，如图 2.60 所示。

## 2.6.4 生成目录

目录一般位于正文的前面，单独成页，可以使用 Word 的自动目录生成功能来生成论文中的目录。以下例介绍目录的生成步骤。

假设论文有以下要求：目录中，只显示一级标题(章的标题)和二级标题(节的标题)；正文中，一级标题的格式为四号宋体加粗、2 倍行距、居中，二级标题的格式为小四号宋体加粗、1.5倍行距。

本例中，论文最前为封面页，然后是目录页，之后为正文。因为目录尚未生成，只有“目录”二字，且与正文在同一页，如图2.61所示。

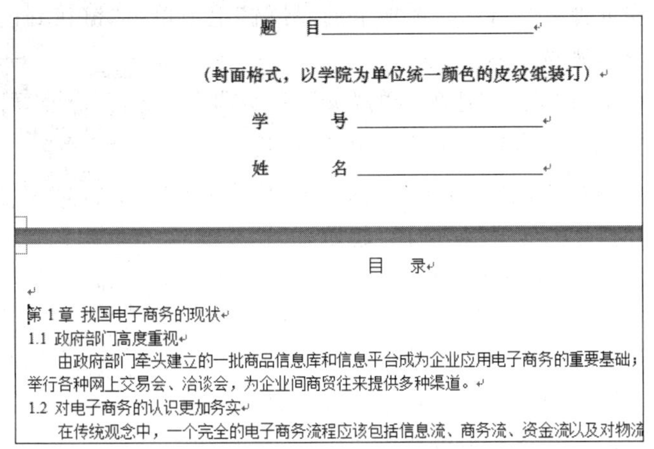
题　目________________

（封面格式，以学院为单位统一颜色的皮纹纸装订）

学　　号________________

姓　　名________________

目　录

第1章 我国电子商务的现状

1.1 政府部门高度重视

由政府部门牵头建立的一批商品信息库和信息平台成为企业应用电子商务的重要基础；举行各种网上交易会、洽谈会，为企业间商贸往来提供多种渠道。

1.2 对电子商务的认识更加务实

在传统观念中，一个完全的电子商务流程应该包括信息流、商务流、资金流以及对物流

图2.61　示例论文

**1. 新建样式**

在此采用新建样式的第二种方法，即创建快速样式，以简化操作。

(1) 新建一级标题的样式。选中第一个一级标题“第1章 我国电子商务的现状”，设置为四号宋体加粗、2倍行距、居中，然后对其右击，从快捷菜单中选择“样式”命令，再从级联菜单中选择“将所选内容保存为新快速样式”子命令，在“名称”框中输入“一级标题”并单击“确定”按钮。

(2) 新建二级标题的样式。选中第一个二级标题“1.1 政府部门高度重视”，仿照以上办法创建样式，并对其命名为“二级标题”。

**2. 应用样式**

(1) 应用一级标题的样式。

① 在正文中选中第2章的标题并右击，从快捷菜单中选择“样式”命令，再从级联菜单中选择刚创建的样式“一级标题”。

② 按照以上办法对所有的章的标题应用样式。

(2) 应用二级标题的样式：仿照以上办法，对“1.2”、“1.3”、“2.1”等所有节的标题应用新建好的样式“二级标题”。

**3. 分节**

在正文第1个字符前设置插入点，再在“页面布局”选项卡的“页面设置”组中单击“分隔符”按钮，然后在面板中选择“下一页”分节符。

因为论文的封面页和目录页不应出现页码，页码只在正文中出现，所以需要对论文分节。封面页和目录页为1节，正文为另1节，可以设置不同的页码格式。

经过此步骤后，分节完成，且目录页出现。

**4. 设置页码**

(1) 在正文的第1页设置插入点，然后在“插入”选项卡的“页眉和页脚”组中单击“页

脚”按钮。

(2) 在出现的面板中选择“编辑页脚”命令，插入点出现在页脚，并且文档窗口顶端出现“页眉和页脚工具”功能区，其中包含“设计”选项卡。

(3) 在“页眉和页脚工具|设计”选项卡的“导航”组中单击“链接到前一条页眉”按钮 链接到前一条页眉，使其取消选中状态。

(4) 在“页眉和页脚|设计”选项卡的“页眉和页脚”组中单击“页码”按钮，然后从扩展菜单中选择“设置页码格式”命令，出现“页码格式”对话框，如图 2.62 所示。

(5) 在对话框的“页码编号”栏选择“起始页码”并设置为“1”，单击“确定”按钮关闭对话框。

(6) 在“页眉和页脚|设计”选项卡的“页眉和页脚”组中单击“页码”按钮，然后从扩展菜单中选择“当前位置”|“普通数字”样式，即可在正文的页脚插入页码，且编号从 1 开始。根据需要，可将页码设置为居中。

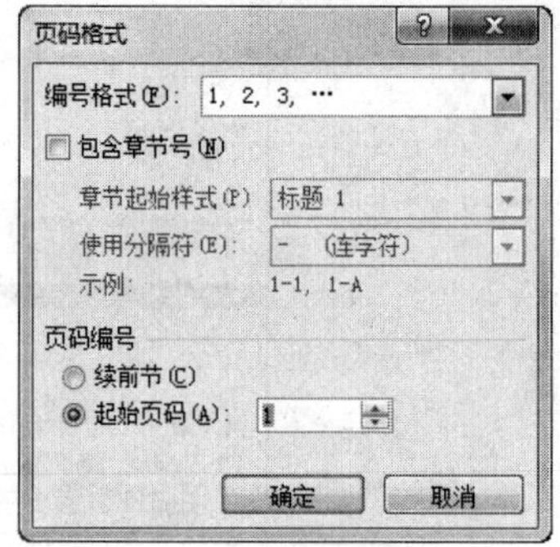


图 2.62 “页码格式”对话框

(7) 检查封面页和目录页的页脚，如果其中有页码，将其删除。

(8) 在“设计”选项卡的“关闭”组中单击“关闭页眉和页脚”按钮，退出页脚的编辑。

**5. 生成目录**

(1) 在目录页设置插入点，再在“引用”选项卡的“目录”组中单击“目录”按钮，然后从面板中选择“插入目录”命令，出现“目录”对话框，如图 2.63 所示。

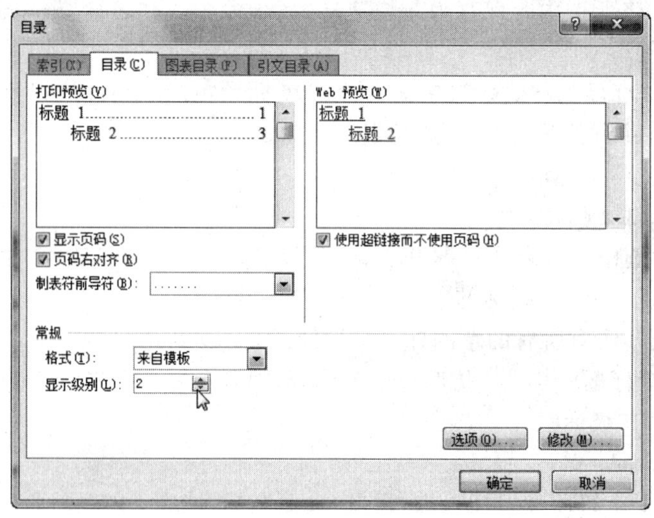


图 2.63 “目录”对话框

(2) 在“目录”对话框的“目录”选项卡中，在“常规”栏中将“显示级别”设置为 2，表示只显示两级标题。

(3) 单击“目录”对话框中的“选项”按钮，出现“目录选项”对话框，如图 2.64 所示。

(4) 在“目录选项”对话框中的“有效样式”中找到“一级标题”和“二级标题”，将其“目录级别”分别设置为1和2,并将其他有效样式的目录级别全部删除,单击“确定”按钮关闭“目录选项”对话框。

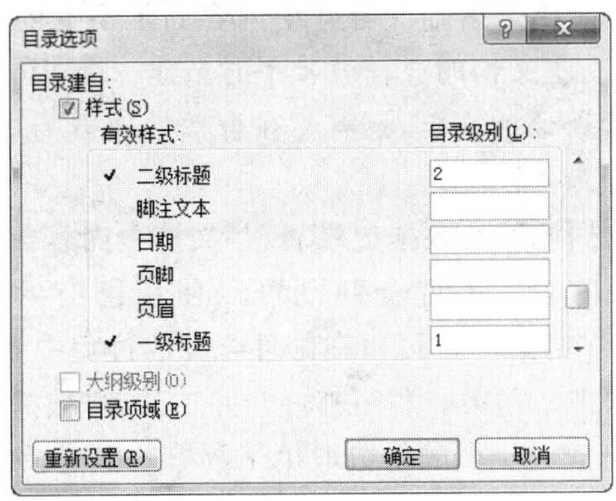


图 2.64 “目录选项”对话框

(5) 单击“目录”对话框的“确定”按钮,即可在目录页生成目录,其效果如图 2.65 所示。

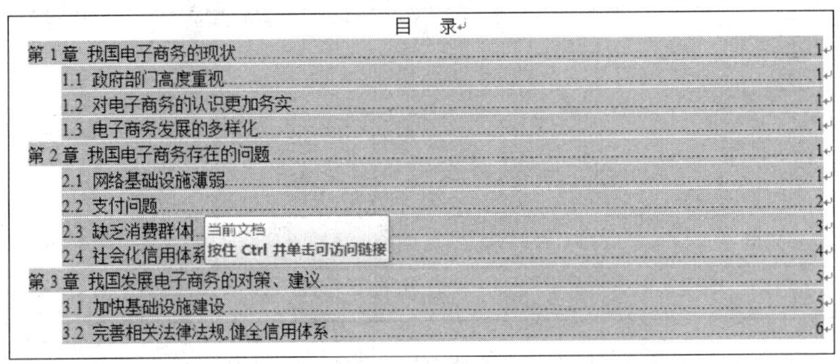


图 2.65 生成的目录

(6) 如果对正文的一级标题和二级标题进行了增加、删除和修改,可在目录页的目录上右击,从快捷菜单中选择“更新域”命令,然后在出现的“更新目录”对话框中选择“更新整个目录”即可重新生成目录。

## 2.6.5 邮件合并

某些文档的内容可分为变化和固定不变两部分(比如打印信封,寄信人信息是固定不变的,而收信人信息是变化的部分)。当需要制作大量的这种文档时,为了保证工作的准确性,可以使用 Word 的邮件合并功能。

“邮件合并”这个名称最初是在批量处理“邮件文档”时提出的。具体地说,就是在邮件文档(主文档)的固定内容中,将相关的信件资料合并在一起,从而批量生成需要的邮件文档,大大提高工作的效率。

“邮件合并”功能除了可以批量处理信函、信封等与邮件相关的文档外,还可以轻松地批量制作标签、工资条、成绩单等。

**1. 邮件合并的基本过程**

邮件合并的基本过程包括以下步骤。

(1) 建立主文档。主文档是指邮件合并中内容固定不变的部分,如信函中的通用部分、信封上的落款等。建立主文档的过程就和平时新建一个 Word 文档一模一样,在进行邮件合并之前它只是一个普通的文档,只需要在合适的地方为变化的内容留下填充的空间即可。

(2) 准备数据源。数据源就是数据记录表,是文档中内容会发生变化的部分,其中包含着相关的字段和记录内容。邮件合并既可以使用已有的数据源,如 Excel 表格、Outlook 联系人或 Access 数据库,也可以在邮件合并的过程中新建数据源。

(3) 将数据源合并到主文档中。利用邮件合并工具,将数据源合并到主文档中,得到所需的目标文档。合并完成的文档的份数取决于数据表中记录的条数。

**2. 应用示例**

按照下面给出的书信格式,给每个应聘人员写一封信,通讯录如表 2-2 所示。

**表 2-2 应聘人员通讯录**

| 应聘人员编号 | 姓名 | 成绩 |
|---|---|---|
| 10023101 | 刘湘君 | 89 |
| 10023102 | 张晓莉 | 92 |
| 10023103 | 张东建 | 93 |
| 10023104 | 杨明辉 | 87 |
| 10023105 | 陈万良 | 83 |

(1) 新建 Word 文档作为主文档,录入下面内容,并保存。

尊敬的(    )先生/女士:

您的面试成绩为(    )分,特此通知。

ABC 公司

(2) 在"邮件"选项卡的"开始邮件合并"组中单击"选择收件人"按钮,从扩展菜单中选择"键入新列表"命令,出现"新建地址列表"对话框。

(3) 单击"新建地址列表"对话框的"自定义列"按钮,出现"自定义地址列表"对话框,如图 2.66 所示。

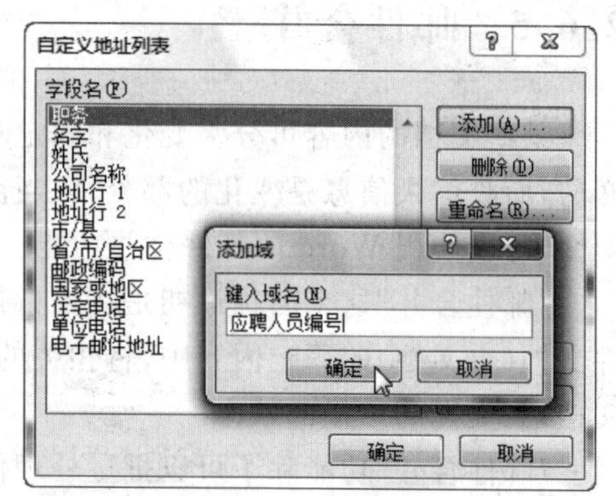

图 2.66 "自定义地址列表"对话框

(4) 在"自定义地址列表"对话框中,单击"添加"按钮,逐个将"应聘人员编号"、"姓名"、"成绩"添加到"字段名"区域中;逐个选中不需要的字段名，然后单击“删除”按钮将其去除；操作完成后，单击“确定”按钮关闭“自定义地址列表”对话框。

（5）将第一个应聘人员的记录输入到“新建地址列表”对话框中，然后单击“新建条目”按钮，输入下一个应聘人员的记录，重复此操作直至所有记录输入完毕，如图 2.67 所示。

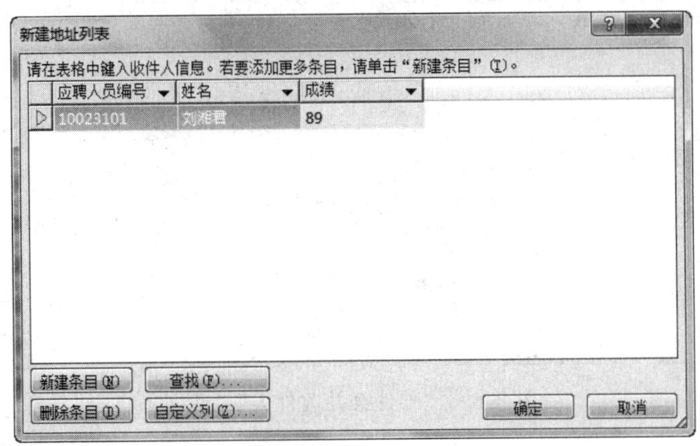


图 2.67　输入记录

（6）记录输入完成后，单击“新建地址列表”对话框的“确定”按钮关闭对话框，然后在“保存通讯录”窗口中对刚创建的通讯录进行保存，如图 2.68 所示。

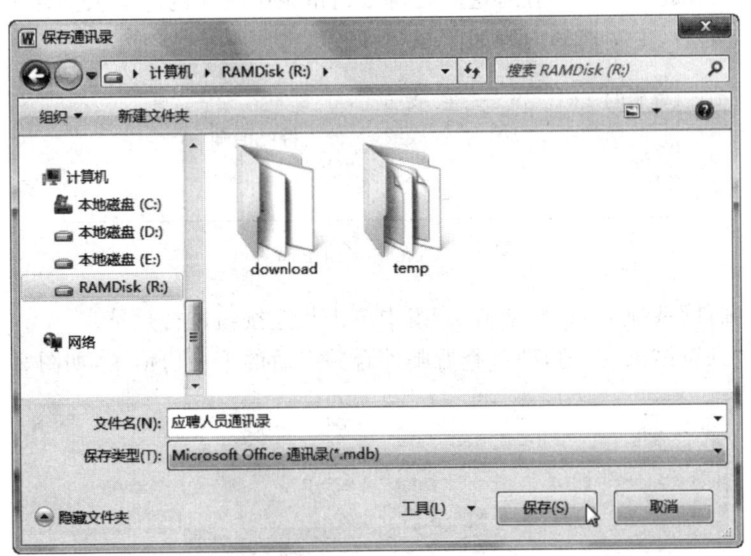


图 2.68　保存通讯录

（7）如果需要对通讯录进行编辑，可以在“邮件”选项卡的“开始邮件合并”组中单击“编辑收件人列表”按钮，然后在“邮件合并收件人”对话框中进行添加、删除收件人等操作，如图 2.69 所示。编辑完毕后，单击“确定”按钮关闭“邮件合并收件人”对话框。

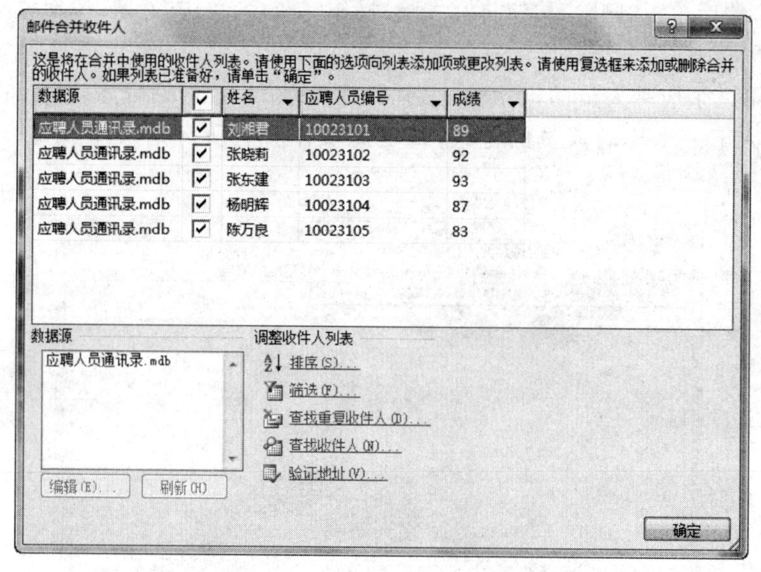


图 2.69 “邮件合并收件人”对话框

(8) 将通讯录中的信息添加到主文档的空白区域中。

在主文档的第一个括号内设置插入点，然后在“邮件”选项卡的“编写与插入域”组中单击“插入合并域”按钮的下拉箭头，从面板中选择“姓名”域；照此方法，在主文档的第二个括号内添加“成绩”域。随后，这两处将被通讯录中具体的应聘人员姓名和成绩替代。

域添加完毕后，主文档的内容如图 2.70 所示。

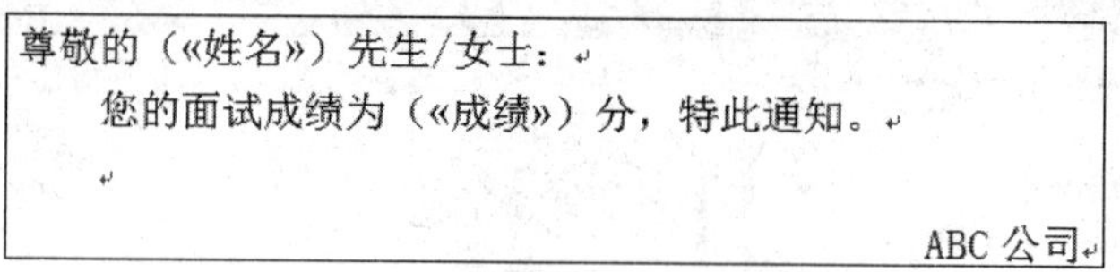
尊敬的（«姓名»）先生/女士：

您的面试成绩为（«成绩»）分，特此通知。

ABC 公司

图 2.70 在主文档中插入域

(9) 在“邮件”选项卡的“预览结果”组中单击相应按钮进行预览。

① 单击“预览结果”按钮，即可查看邮件合并以后的第一份信函，如图 2.71 所示。

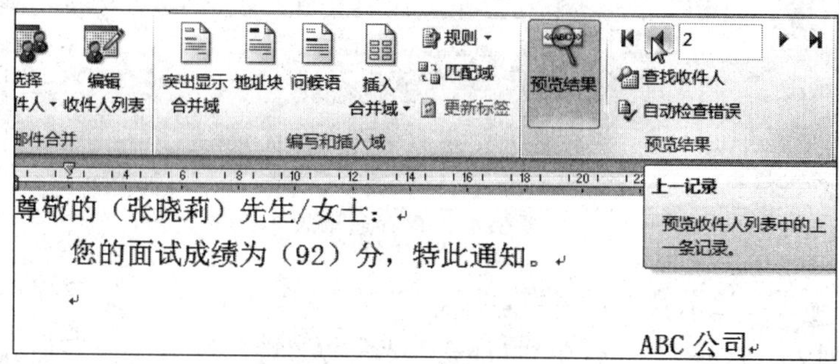


图 2.71 预览信函的效果

② 利用“首记录”、“尾记录”、“上一记录”、“下一记录”按钮，可以预览所有信函。

(10) 在“邮件”选项卡的“完成”组中单击“完成并合并”按钮，出现包含3个邮件合并方式的扩展菜单，选择其中一项进行合并操作，如图2.72所示。

① 编辑单个文档。将信函首先合并到一个新文档中，方便用户对产生的文档进行后续编辑。选择该项将出现如图2.73所示的“合并到新文档”对话框，从中设置要在新文档中合并的记录即可。

② 打印文档。直接把合并后的信函从打印机输出。选择该项将出现如图2.74所示的“合并到打印机”对话框，从中设置要打印输出的记录即可。

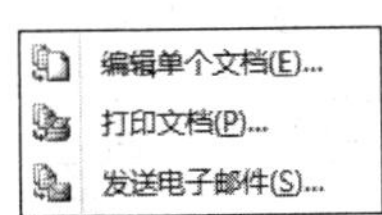


图2.72 邮件合并方式

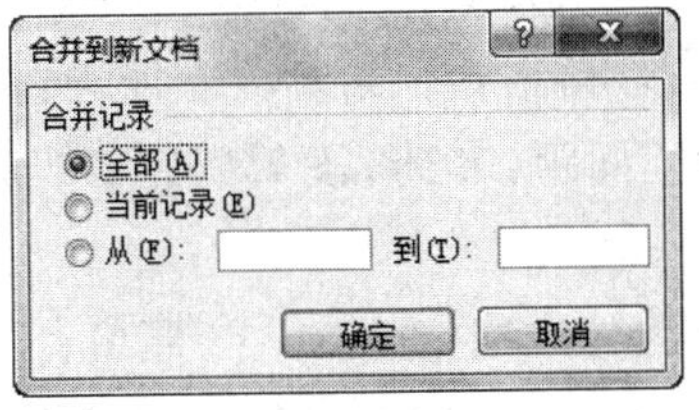


图2.73 “合并到新文档”对话框

③ 发送电子邮件。如果通讯录中包含了收件人的电子信箱信息，可以将合并后的信函以电子邮件的形式发出。选择该项将出现如图2.75所示的“合并到电子邮件”对话框，从中设置收件人的电子信箱、信件主题以及要发送电子邮件的记录即可。

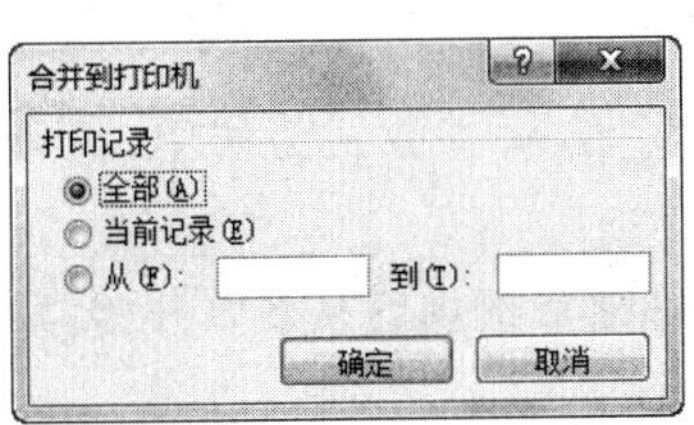


图2.73 “合并到打印机”对话框

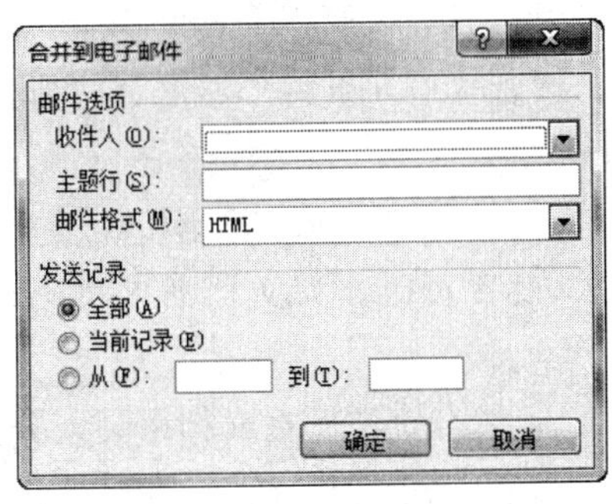


图2.75 “合并到电子邮件”对话框

# 实验1 Word文档的基本编辑与排版操作

## 一、实验目的

1. 熟悉Word 2010窗口组成及基本操作。
2. 掌握文档的创建、保存及打开。
3. 掌握文本内容的选定、复制、移动及删除。
4. 掌握字符、段落、页面格式化。
5. 掌握文本的查找替换操作。

6. 掌握相关特殊格式设置。

**二、实验内容**

1. 录入一段文字(含标题)。

2. 复制标题文字。

3. 字符格式化。

对标题段进行如下设置：字体为微软雅黑，字号为三号，加粗及加阴影，颜色为蓝色，字符缩放比例为150%，文本效果为"紧密映像，接触"。

对第1段进行如下设置：字体为华文楷体，字号五号，倾斜，加波浪线下划线，字符颜色为红色，字符间距为加宽1.2磅，字符位置降低6磅。

4. 设置段落格式。第2段左缩进：2厘米；右缩进：1.8厘米。所有段落首行缩进：2字符。段前间距：6磅；段后间距：6磅。行距：固定值，20磅。段落对齐方式：两端对齐。

5. 页面设置。上边距：2.6厘米；下边距：2.2厘米；左边距：2.18厘米；右边距：2厘米。页眉距边界：1.3厘米；页脚距边界：1.5厘米。

6. 设置分栏。对第3段进行分栏设置：分为3栏，栏宽相等，带分隔线。

7. 插入图片。插入图片文件，文字环绕方式设为紧密型。图片大小：高度为5.23厘米；宽度为6.79厘米。

8. 设置边框和底纹。对第4段进行设置：边框设置为"阴影"，蓝色，宽度为2.25磅；加底纹，式样为：10%。

9. 设置页眉和页脚。添加页眉为：以专业和姓名作为文档的页眉。字体为隶书，字号为五号。

10. 设置首字下沉。将第1段设置为首字下沉，下沉2行。

11. 设置页码。为文档插入页码，页码在页面底端，对齐方式为居中，页码起始值为6。

12. 设置分页符。在文档中插入分页符，使第2段之后的内容从新页开始。

13. 以Word 2010实验1.docx为文件名保存文档。

## 实验2 表格制作

**一、实验目的**

1. 掌握Word表格的创建。

2. 掌握Word表格的编辑功能。

3. 掌握Word表格的格式化。

4. 掌握Word表格的排版技巧。

**二、实验内容**

1. 插入表2-3中的内容。

表 2-3　实验 2 表格

| 姓名 | 高等数学 | 大学英语 | 信息技术基础 |
|---|---|---|---|
| 吴晓萍 | 85 | 88 | 93 |
| 王志文 | 88 | 94 | 90 |
| 张欢欢 | 70 | 73 | 85 |
| 李丽珍 | 69 | 75 | 85 |
| 张立芳 | 76 | 80 | 70 |
| 曾庆天 | 95 | 88 | 68 |

2. 在表格最后增加"平均分"列，并计算出所有人的平均成绩。

3. 将表格第一行及最后一行的行高调整为最小值 0.8 厘米，其余单元格的行高设置为 16 磅最小值；表格最后一列的列宽缩小为 1.7 厘米，其余各列根据内容调整为最适合的列宽；表格第一行中单元格的文字为新宋体、小四，并水平、垂直居中；所有姓名水平居中，各科成绩及平均分靠右对齐。

4. 设置整个表格在文档内水平居中。

5. 将各科成绩按照信息技术基础成绩递增排序，如果信息技术基础成绩相等则按照高等数学递减排序。

6. 设置表格外框线为 3 磅的蓝色粗线，内框线为 1 磅的紫色细线。

7. 设置表格第 1 行的下框线及第 1 列的右框线为 1.5 磅的双线。

8. 设置表格第一行的底纹填充填充颜色为绿色。

9. 在表格的最上面增加一行，合并单元格，在其中输入标题"学生期中成绩表"，格式为黑体、小二号、居中，将底纹设置成图案为浅绿色、浅色下斜线。

## 实验 3　插入对象与图文混排

### 一、实验目的与要求

1. 熟悉掌握插入图片、图形、剪贴画和图片编辑、格式化。
2. 掌握绘制简单的图形和格式化。
3. 掌握艺术字的使用。
4. 掌握文本框的使用。
5. 掌握图文混排的方法与技巧。
6. 掌握公式的插入。

### 二、实验内容与步骤

1. 插入与设置图片。打开实验 1 的文档，在文档中插入图片文件；设置图片大小为缩放 40%，文字环绕方式为紧密型。

2. 插入与设置艺术字。将文档的标题设置为艺术字并删除原标题，式样为"填充-蓝色，文本，内部阴影"，字体为华文新魏，36 号；填充颜色为黄色，50%透明度；文字环绕方式设置为四周型，添加预设阴影效果“右下对角透视”。

3. 插入与设置自选图形。在文档中插入一个高和宽均为 3.5 厘米的笑脸图形，位于页面的(8.5，17)厘米处，填充颜色为红色，自行设置三维格式，并设置文字环绕方式为“衬于文字下方”。

4. 插入与编辑文本框。在文档中插入一个高为 4 厘米、宽为 14.73 厘米的文本框，并在其中输入文字。把文本框的线条设置为 2.25 磅的蓝色圆点线，填充颜色为浅绿；内部边距左右为 0.3 厘米，上下为 0.15 厘米。

5. 插入公式。在文档末尾插入如下公式，并设置对象高为 3 厘米，宽为 12 厘米：

$$S_x = \sqrt[3]{\frac{1}{N-1}\left(\sum_{i=1}^{n} X_i^2 - \frac{2}{x}\right)}$$

## 实验 4　综合练习

### 一、实验目的

1. 掌握邮件合并方法。
2. 掌握 Word 目录的生成方法。
3. 掌握 Word 综合排版技能。

### 二、实验内容

1. 设计一张个人简历。
2. 利用邮件合并方法为每一位同学写一封问候信。
3. 练习论文目录的生成。
4. 分别以 Word 2010 实验 4.docx、Word 2003 实验 4.doc 为名保存文档。

# 第3章

# Excel 2010 应用基础

Excel 2010 是微软公司出品的 Office 2010 办公软件中的一个组件，是一个功能强大的电子表格软件，它具有制作电子表格、完成复杂的数据运算、进行数据的统计分析和预测、图表制作以及远程发布数据等强大的功能。

## 3.1 Excel 2010 的基本操作

### 3.1.1 Excel 的启动和退出

**1. Excel 的启动**

可以通过以下几种方式实现：

(1) 选择“开始”|“所有程序”|Microsoft Office|Microsoft Excel 2010 菜单命令，便可启动 Excel 2010。

(2) 如果桌面上生成有 Excel 2010 的快捷方式，则可以双击该快捷方式的图标以启动 Excel。

(3) 打开资源管理器，双击任意一个以.xlsx 或.xls 为扩展名的 Excel 文件，可以在启动 Excel 的同时打开该 Excel 文件。

**2. Excel 的界面**

启动 Excel 以后，出现 Excel 的工作窗口，如图 3.1 所示。

Excel 窗口由标题栏、快速访问工具栏、功能区、编辑栏、工作表标签等组成，标题栏、状态栏与 Word 相似。

(1) 编辑栏。可对单元格进行数据输入，但主要用于数据的计算。

编辑栏最左侧的“名称框”显示当前被选定的单元格的名称。

单击“插入函数”按钮 $f_x$ 会出现“插入函数”对话框，经过设置后即可将函数插入到当前单元格中。

如果在“编辑框”中输入的时候以“＝”开头，则进入公式编辑状态；否则，为普通数据的输入。

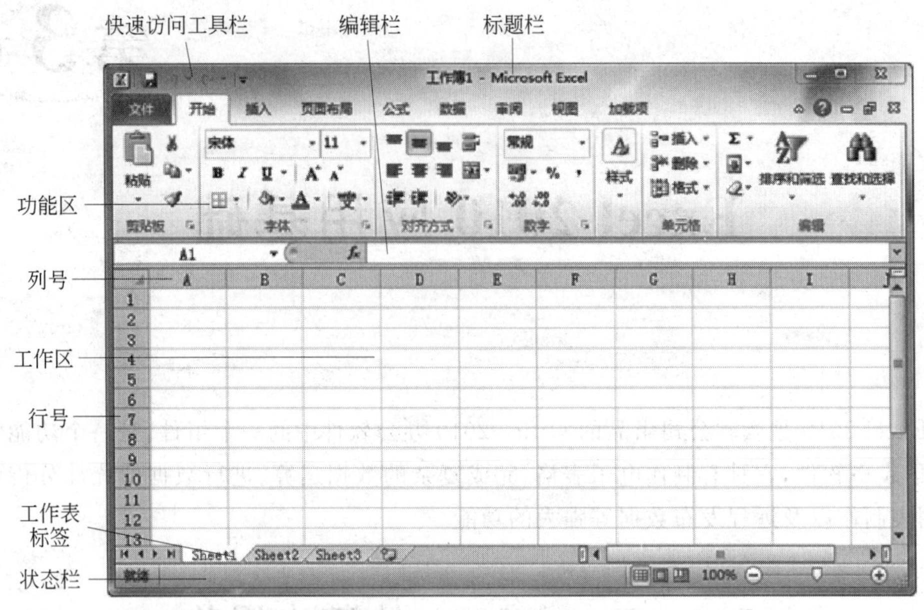


图 3.1 Excel 2010 界面

(2) 工作表标签。可在此处对工作簿的不同工作表进行切换以及添加、删除、重命名、移动和复制工作表等操作。

一个工作簿就是一个 Excel 文件,用于输入、处理和存储数据,在 Excel 2010 中的默认扩展名为. xlsx。在保存时,如果在“保存类型”中选择“Excel 97-2003 工作簿”,则会生成扩展名为. xls 的 Excel 2003 文件。一个工作簿可由多张工作表构成,系统默认为 3 张。

工作表是完成一项工作的基本单位,由许多单元格构成。

(3) 行号及列号。每一行以及每一列都有一个编号,这就是行号及列号。行号为“1、2、3…”,而列号则是“A、B…Z、AA、AB…”。

列号和行号的组合,可以唯一地标识一个单元格。如,第 C 列第 3 行的单元格,它的名称即为 C3。

(4) 功能区。Excel 的功能区由“文件”、“开始”、“插入”等选项卡构成,与 Word 功能区的选项卡非常相似,在此仅介绍 Excel 专有的“公式”和“数据”选项卡。

① “公式”选项卡。“公式”选项卡由“函数库”、“定义的名称”、“公示审核”、“计算”等命令组构成,用于函数、公式、计算的相关操作,如图 3.2 所示。

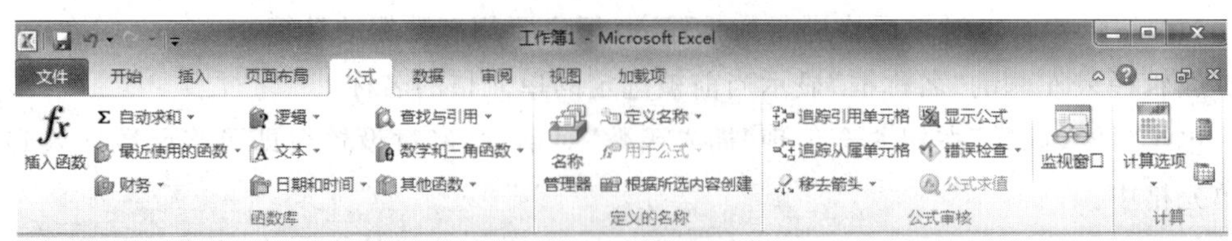

图 3.2 “公式”选项卡

② “数据”选项卡。“数据”选项卡由“获取外部数据”、“连接”、“排序和筛选”、“数据工具”、“分级显示”等命令组构成，用于排序、筛选、分类汇总等数据处理操作，如图 3.3 所示。

图 3.3 “数据”选项卡

**3. Excel 的退出**

退出 Excel 的方式主要有以下几种。

(1) 单击 Excel 窗口右上角的“关闭”按钮。

(2) 单击“文件”选项卡中的“退出”命令。

(3) 双击 Excel 窗口左上角的控制图标。

(4) 按 Alt+F4 键。

## 3.1.2 活动单元格的选定

**1. 单个单元格的选定**

若想让某个单元格成为活动单元格，只需要用鼠标单击该单元格即可。

**2. 多个单元格的选定**

多个连续单元格的选定，如图 3.4 所示，常用的两种操作方法如下。

(1) 将鼠标指向待选单元格范围某一个角上的单元格，按下鼠标左键不放，拖动鼠标到待选范围的对角上，松开鼠标左键，即可选定该连续区域。

(2) 单击待选单元格范围某一个角上的单元格，按住 Shift 键并单击待选范围的对角单元格，也可选定该范围内的连续单元格。

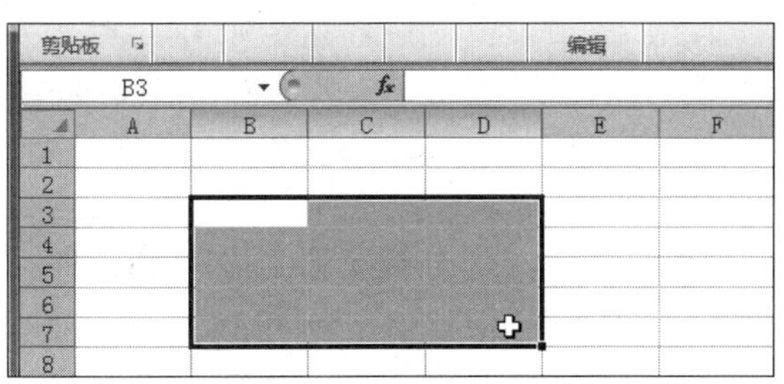


图 3.4 多个连续单元格的选定

**3. 多个不连续单元格的选定**

单击待选的任意一个单元格将其选定，按住 Ctrl 键并逐个单击待选的其他单元格，实现多个不连续单元格的选定，如图 3.5 所示。

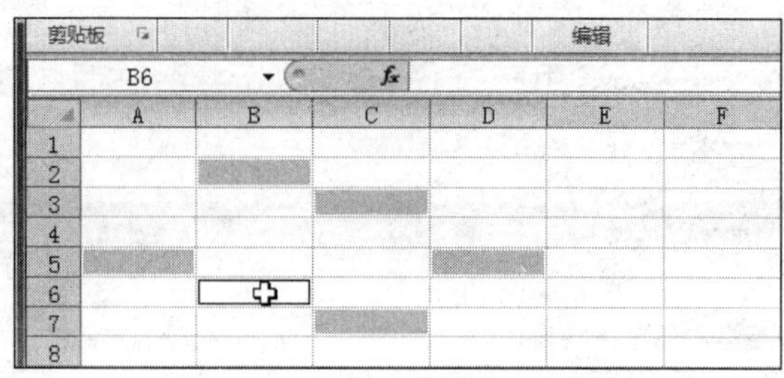


图 3.5　多个不连续单元格的选定

**4. 整行及整列的选定**

单击待选行的行号或者列的列号，即可选定整行或者整列。

**5. 多行及多列的选定**

将鼠标指向待选的第一行的行号或者列的列号，按住鼠标左键并拖动鼠标直至待选的最后一行或者列被选中。

## 3.1.3　数据录入

**1. 文本的录入**

字母、符号等字符照原样录入，而纯数字如果要作为文本录入，可先输入一个单引号，然后再键入数字。

例如：将 012 作为文本，应输入“'012”。

**2. 数值的录入**

整数和小数原样输入。录入分数时，应先输入一个 0 和一个空格，然后再输入该分数。

例如：1/2 的录入方法为：“0 1/2”。

**3. 日期和时间的录入**

输入日期时，年月日之间以符号“-”或者“/”分隔。若需输入当前的系统日期，可以按 Ctrl+;键。

输入时间时，时分秒之间以符号“：”分隔。若需输入当前的系统时间，可以按 Ctrl+Shift+;键。

**4. 批注的录入**

右击需要添加批注的单元格，然后从快捷菜单中选择“插入批注”命令，在出现的批注框中输入需要的文本即可，如图 3.6 所示。

**5. 数据填充**

(1) 文本填充。选中某个或者多个连续的单元格以后，在其右下角会出现一个黑色的小方块，即填充柄。将鼠标指向填充柄，鼠标的形状会从空心的十字✚变为实心的十字。

选中某个具有文本数据的单元格，将鼠标指向填充柄，纵向或者横向拖动填充柄，即可完成文本的复制填充。例如，选定“信息技术基础”所在单元格以后，纵向拖动填充柄进

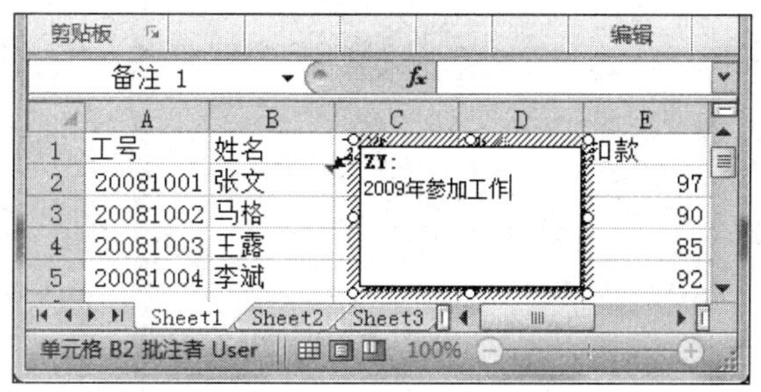


图 3.6　批注的录入

行下面 6 个单元格的填充，如图 3.7 所示。

图 3.7　文本的填充

(2) 数值填充。选中具有数值数据的两个连续单元格，然后沿着这两个单元格所在的方向拖动填充柄，便会以这两个单元格的差值继续填充其余单元格。例如，以差值 4 填充其余的单元格，如图 3.8 所示。

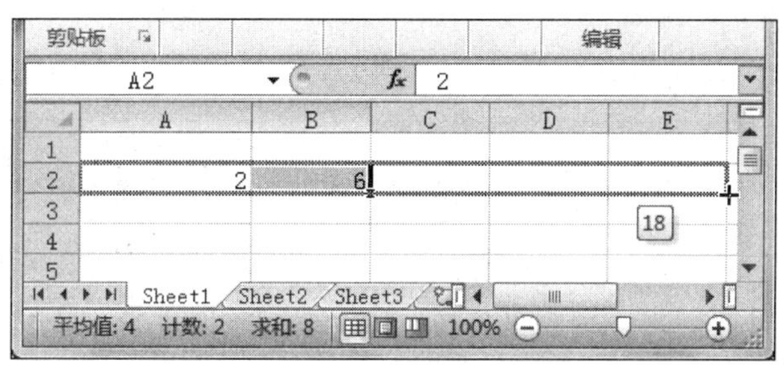


图 3.8　数值的填充

(3) 序列填充。从某个数值单元格开始，选中若干连续的单元格。单击“开始”选项卡“编辑”组中的“填充”按钮 填充，然后从扩展菜单中选择“系列”命令，出现“序列”对话框，如图 3.9 所示。

类型为等差序列时，步长值即差值；而类型为等比序列时，步长值为比值。如果要限定最大的填充数值，则需要指定终止值。

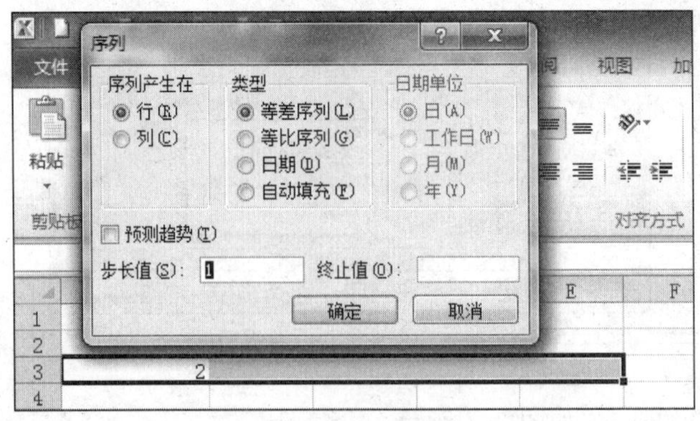


图 3.9 序列的填充

在该图中,如果设定类型为等比序列,步长值为 5,则 A3 至 E3 单元格的值依次为 2、10、50、250、1250。如果设定终止值为 1000,则 E3 单元格不进行填充。

(4) 自定义序列填充。在“文件”选项卡中选择“选项”命令,出现“Excel 选项”对话框。在对话框的左栏选中“高级”,然后单击右栏中“常规”栏的“编辑自定义列表”按钮 编辑自定义列表(O)... ,出现“自定义序列”对话框,如图 3.10 所示。

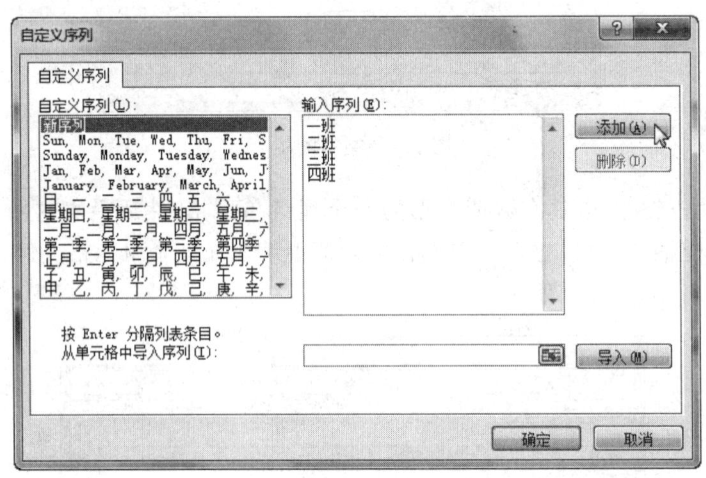


图 3.10 “自定义序列”对话框

“自定义序列”对话框当中出现的序列,在拖动填充柄进行填充的时候会以相应的序列进行填充。例如:在单元格中输入“子”字,选定该单元格,然后拖动填充柄,则会依次出现“丑”、“寅”、“卯”等序列。

如果需要添加其他的自定义序列,操作步骤如下:在“自定义序列”中选中“新序列”,然后在“输入序列”中输入需要的序列,各个序列值之间以回车进行分隔;输入结束以后,单击“添加”按钮将其添加到自定义序列之中,最后单击“确定”按钮完成操作。例如:添加自定义序列“一班、二班、三班、四班”,如图 3.10 所示。

### 3.1.4 数据的移动、复制和删除

**1. 数据的移动**

(1) 菜单方式。选中需要移动的单元格,在选中的单元格上右击,从快捷菜单中选择“剪切”命令,或者按 Ctrl+X 键。然后单击目的位置的第一个单元格,右击鼠标,在快捷菜单的“粘贴选项”命令中选择适合的方式,或者按 Ctrl+V 键。

(2) 鼠标拖曳方式。选中需要移动的单元格,将鼠标移到选中范围的边框上,鼠标指针变为移动图标,拖曳鼠标到目的位置即可。

**2. 数据的复制**

(1) 菜单方式。选中需要复制的单元格,在选中的单元格上右击,从快捷菜单中选择“复制”命令,或者按 Ctrl+C 键。然后单击目的位置的第一个单元格,右击鼠标并在快捷菜单的“粘贴选项”命令中选择适合的方式,或者按 Ctrl+V 键。

(2) 鼠标拖动方式。选中需要复制的单元格,将鼠标移到选中范围的边框上并按住 Ctrl 键不放,鼠标指针变为,拖曳鼠标到目的位置即可。

**3. 数据的删除**

可选用以下两种常用方法删除数据。

(1) 选中需要删除数据的单元格并在其上右击,从快捷菜单中选择“清除内容”。

(2) 选中需要删除数据的单元格,按 Delete 键。

### 3.1.5 单元格、行、列的插入和删除

**1. 单元格的插入和删除**

(1) 插入单元格。在需要插入单元格的位置右击,从快捷菜单中选择“插入”命令,出现“插入”对话框,如图 3.11 所示。在对话框中选择插入新单元格的方式,最后单击“确定”按钮。在插入单元格后,Excel 把当前单元格的内容自动进行移动。

(2) 删除单元格。选定需要删除的单元格,对其右击鼠标,从快捷菜单中选择“删除”命令,出现“删除”对话框,如图 3.12 所示。在对话框中选择删除单元格的方式,最后单击“确定”按钮。在删除单元格后,Excel 对相应单元格的内容自动进行移动。

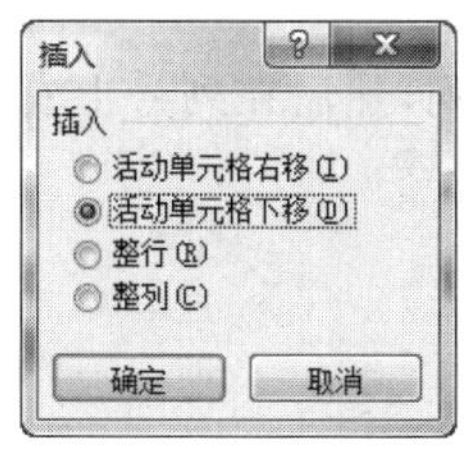


图 3.11 “插入”对话框

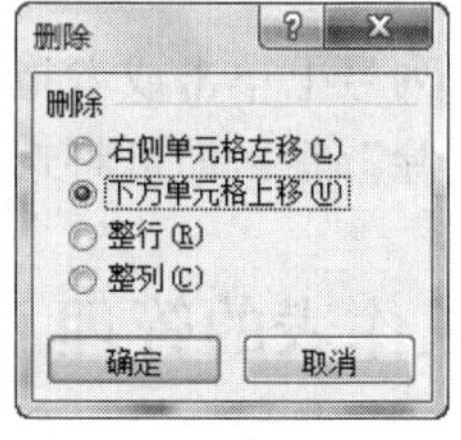


图 3.12 “删除”对话框

**2. 行、列的插入和删除**

(1) 插入行、列。单击需要插入新行所在位置的行号,将整行选定,然后在行号处右击,从快捷菜单中选择"插入"命令,即可插入一个新行,如图 3.13 所示。之前选定的行自动下移,成为新行的后面一行。

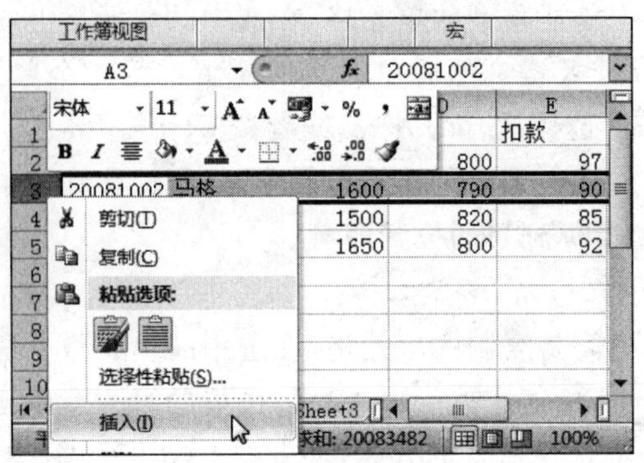

图 3.13　行的插入

插入新列的方式与行的插入相似,即单击需要插入新列所在位置的列号,将整列选定,然后在列号处右击,从快捷菜单中选择"插入"命令,即可插入一个新列。之前选定的列自动后移,成为新列的后面一列。

(2) 删除行、列。在行号上单击或者拖动鼠标,选中一行或者多行,然后在行号上右击,从快捷菜单中选择"删除"命令,即可将选定的行删除,如图 3.14 所示。

图 3.14　行的删除

同样,在列号上单击或者拖动鼠标,选中一列或者多列,然后在列号上右击,从快捷菜单中选择"删除"命令,即可将选定的列删除。

## 3.1.6　工作表的管理

**1. 设置行高和列宽**

(1) 行高的设置。有如下几种方式。

① 选中需要调整高度的行,再在"开始"选项卡的"单元格"组中单击"格式"按钮

格式▾，从扩展菜单中选择“行高”命令，在出现的“行高”对话框中输入高度的值并确定即可，如图 3.15 所示。

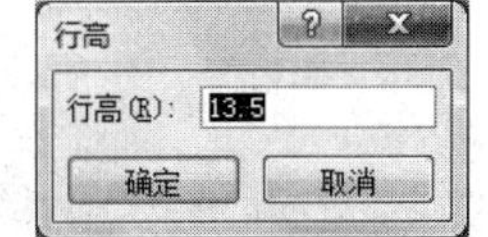


图 3.15 拖动鼠标改变行高

② 选中需要调整高度的行，再在“开始”选项卡的“单元格”组中单击“格式”按钮，从扩展菜单中选择“自动调整行高”命令，则行高会依据该行中文字的字体、字号等自动进行调整。

③ 将鼠标指向需要调整高度的行的行号下边框，拖动鼠标改变其行高，如图 3.16 所示。

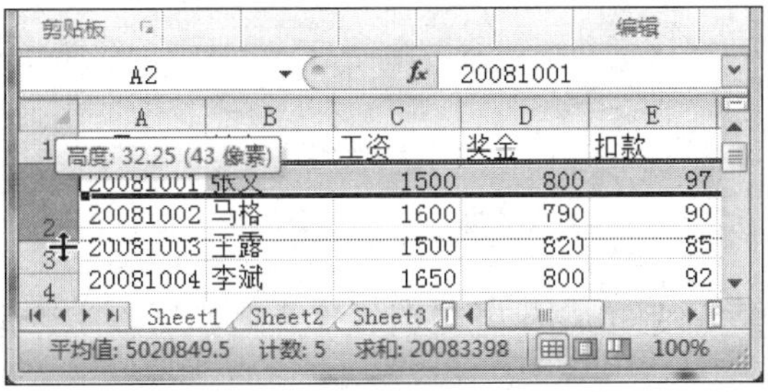

图 3.16 拖动鼠标改变行高

(2) 列宽的设置。设置列宽的方式与设置行高相似，也有如下几种。

① 选中需要调整宽度的列，再在“开始”选项卡的“单元格”组中单击“格式”按钮，从扩展菜单中选择“列宽”命令，在出现的“列宽”对话框中输入宽度的值并确定即可。

② 选中需要调整宽度的列，再在“开始”选项卡的“单元格”组中单击“格式”按钮，从扩展菜单中选择“自动调整列宽”命令，则列宽会依据该列中文字的字体、字号等自动进行调整。

③ 将鼠标指向需要调整宽度的列的列号右边框，拖动鼠标改变其列宽，如图 3.17 所示。

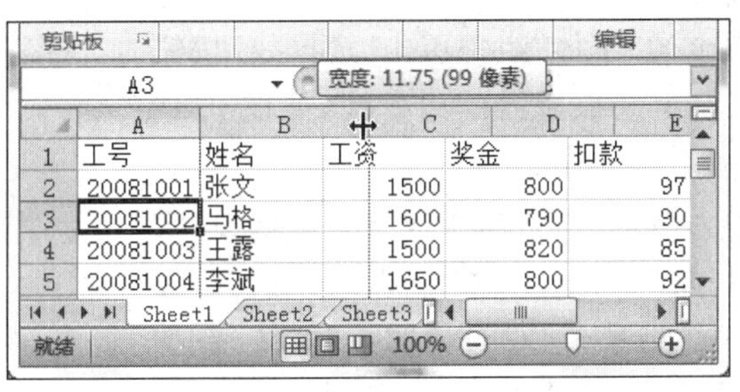


图 3.17 拖动鼠标改变列宽

**2. 单元格的合并及取消合并**

(1) 合并单元格。选中需要合并的若干连续单元格之后，可以用以下方式完成合并操作：

① 在“开始”选项卡的“对齐方式”组中单击“合并后居中”按钮 合并后居中，被选中的单元格会合并为一，并且自动居中。

② 在被选定的单元格上右击，从快捷菜单中选择“设置单元格格式”命令，出现“设置单元格格式”对话框。然后在对话框中打开“对齐”选项卡，将“合并单元格”复选框选中并确认即可，如图 3.18 所示。这种方式只会对单元格进行合并，不会自动居中。

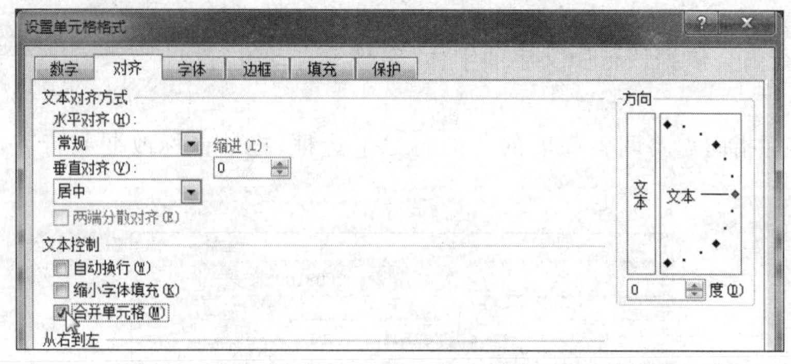

图 3.18　在对话框中合并单元格

(2) 取消合并单元格。取消合并单元格与合并单元格的操作相似，只是进行逆向的操作而已。

首先选中需要取消合并的单元格，然后选取下面的方式取消合并。

① 在“开始”选项卡的“对齐方式”组中单击“合并后居中”按钮。

② 在被选定的单元格上右击鼠标，从快捷菜单中选择“设置单元格格式”命令，出现“设置单元格格式”对话框。然后在对话框中打开“对齐”选项卡，将已被选中的“合并单元格”取消。

**3. 设置边框线**

工作表中的每个单元格都由围绕单元格的网格线标识，而这些网格线在打印时不会出现。若要打印出边框线，则需要手动设置。

首先选定需要设置边框线的一个或者多个单元格，然后选取下面的方式设置边框线。

(1) 在“开始”选项卡的“字体”组中单击“边框线”按钮的下拉箭头，然后从面板中选取所需的边框线，如图 3.19 所示。

(2) 在被选定的单元格上右击，从快捷菜单中选择“设置单元格格式”命令，出现“设置单元格格式”对话框。然后在对话框中打开“边框”选项卡，对边框的位置、线条、颜色等设置以后，单击“确定”按钮，如图 3.20 所示。

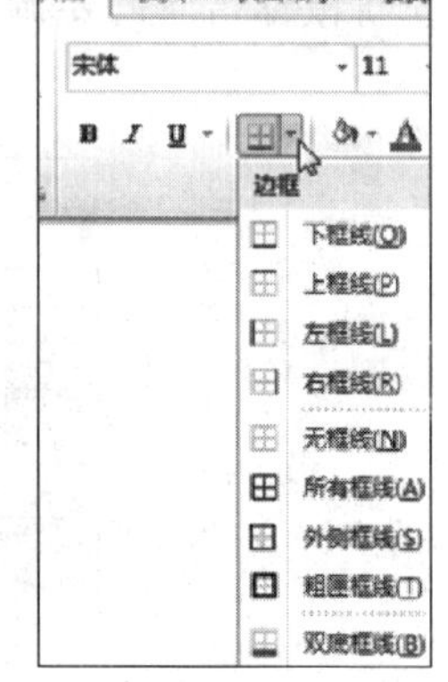

图 3.19　利用按钮设置边框线

**4. 设置数字的格式**

Excel 提供的数字格式有常规、数值、货币、会计专用、日期、时间、百分比、分数、科学记数、文本、自定义等，默认的数字格式是“常规”格式。用下面的方法可以设置数字为指定的格式：

选定需要设置数字格式的单元格，在被选定的单元格上右击，从快捷菜单中选择“设置单元格格式”命令，出现“设置单元格格式”对话框。然后在对话框中打开“数字”选项

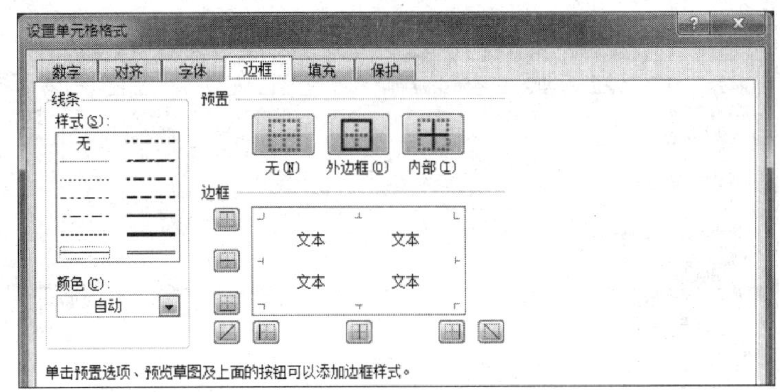


图 3.20　在对话框中设置边框线

卡,从中选择所需要的数字格式即可,如图 3.21 所示。

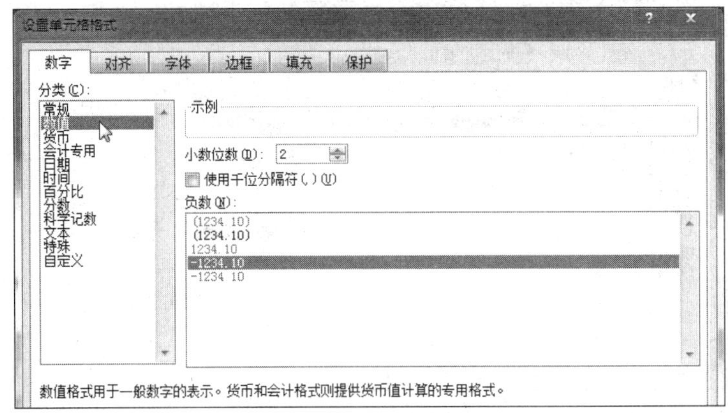


图 3.21　设置数字格式

**5. 设置数据的对齐方式**

Excel 会对单元格中的数据自动进行对齐：文本左对齐,数字右对齐。若要改变数据的对齐方式,参照以下步骤。

选定需要进行数据对齐设置的单元格,在被选定的单元格上右击,从快捷菜单中选择"设置单元格格式"命令,出现"设置单元格格式"对话框。然后在对话框中打开"对齐"选项卡,分别在"水平对齐"及"垂直对齐"区域选择所需的对齐方式,并可进一步在"方向"区域中为单元格中的内容设置一个角度进行显示,如图 3.22 所示。

**6. 设置字体、字号及颜色**

单元格中字体、字号及颜色的设置,与 Word 相似：选中需要设置的单元格以后,然后在"开始"选项卡的"字体"组中单击"字体"、"字号"以及"字体颜色"按钮进行相应的设置。

如果还要对字体进行更加详细的设置,如下划线、删除线、上标下标,可按如下步骤操作：在被选定的单元格上右击,从快捷菜单中选择"设置单元格格式"命令,出现"设置单元格格式"对话框。然后在对话框中打开"字体"选项卡,作出需要的设置即可,如图 3.23 所示。

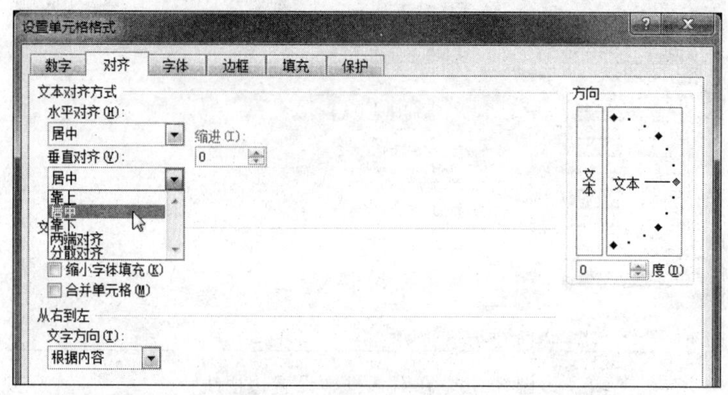

图 3.22　设置数据的对齐方式

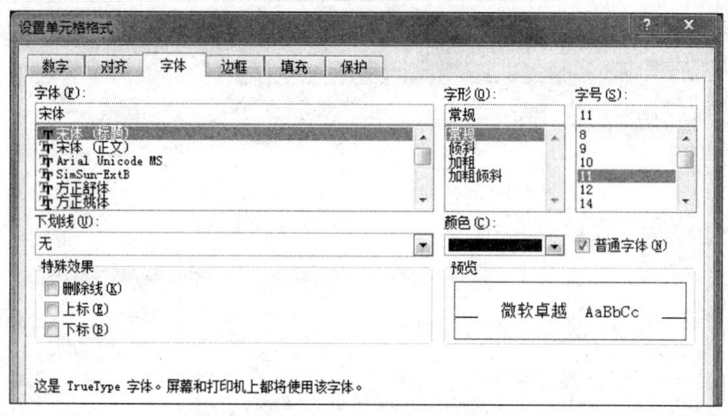

图 3.23　设置字体

**7. 设置单元格的颜色和图案**

选定需要进行设置的单元格，在被选定的单元格上右击，从快捷菜单中选择“设置单元格格式”命令，出现“设置单元格格式”对话框。然后在对话框中打开“填充”选项卡，按需选择相应的颜色或者图案，如图 3.24 所示。

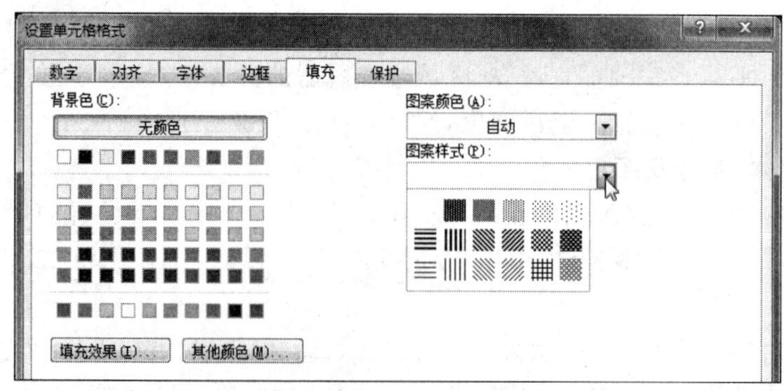

图 3.24　设置单元格的颜色和图案

**8. 条件格式**

单元格的格式依据单元格中数据的值而自动设定，这就是条件格式。条件格式的设置步骤如下。

(1) 选定需要设置条件格式的单元格，在“开始”选项卡的“样式”组中单击“条件格式”按钮，从扩展菜单中选择“新建规则”命令，出现“新建格式规则”对话框。

(2) “新建格式规则”对话框的操作。

① 在“选择规则类型”区域选中“只为包含以下内容的单元格设置格式”，如图 3.25 所示。

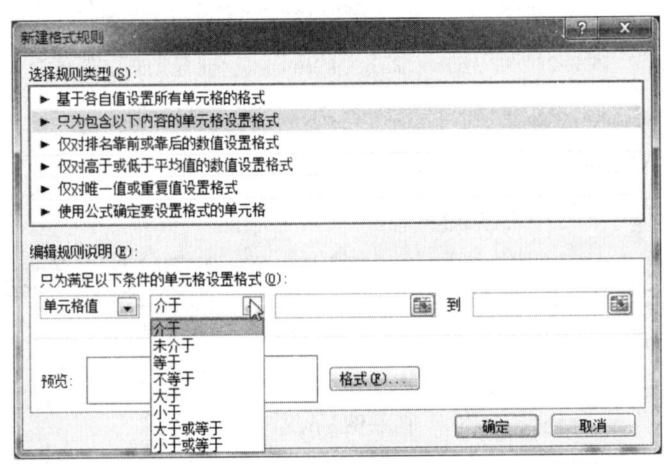


图 3.25 “新建格式规则”对话框

② 在“只为满足以下条件的单元格设置格式”栏中，单击中间的下拉列表框，从列表中选取“介于”、“未介于”等其中的一项；在右面的框中输入值。

③ 单击“格式”按钮，设定需要的格式。

④ 单击“确定”按钮完成操作。

经过上述操作以后，满足条件的单元格会自动显现出设定的格式。

**9. 清除格式**

选定需要清除格式的单元格，然后在“开始”选项卡的“编辑”组中单击“清除”按钮 清除，从扩展菜单中选择“清除格式”命令即可。

**10. 插入工作表**

在工作表标签上单击某个工作表将其选定(表示准备在此插入一张新工作表，而被选定的该工作表会自动后移，成为新工作表的后面一张工作表)，然后选取以下方法进行操作。

(1) 在“开始”选项卡的“单元格”组中单击“插入”按钮的下拉箭头，从扩展菜单中选择“插入工作表”命令。

(2) 在被选定的工作表标签上右击，从快捷菜单中选择“插入”命令，如图 3.26 所示。然后在出现的“插入”对话框中选择“工作表”，单击“确定”按钮完成操作。

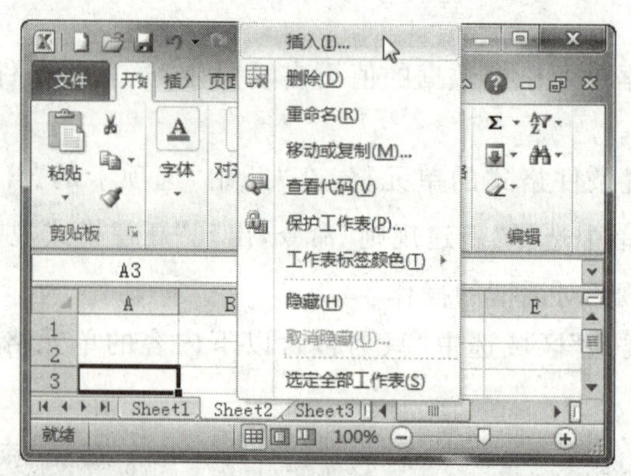


图 3.26　在工作表 Sheet1 和 Sheet2 之间插入新工作表

**11. 移动和复制工作表**

可以通过以下几种方式实现工作表的移动和复制。

(1) 使用菜单命令移动或复制工作表。单击需要移动或复制的工作表标签将其选定,在此工作表标签上右击,从快捷菜单中选择“移动或复制”命令,这时将打开移动或复制工作表对话框,如图 3.27 所示。

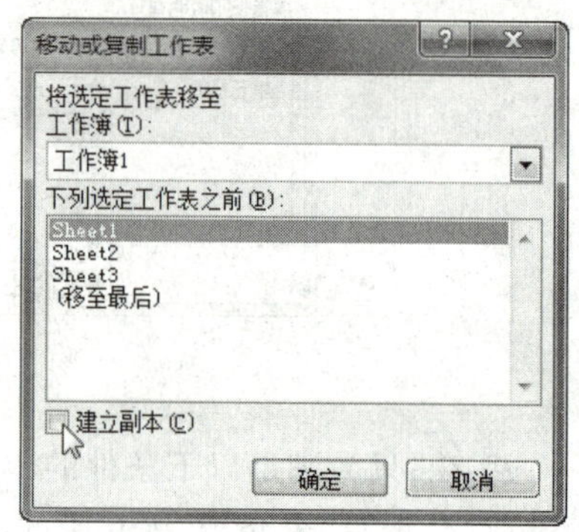


图 3.27　“移动或复制工作表”对话框

在对话框的“工作簿”下拉列表里进行选择,指定将工作表移动或复制到此工作簿中。然后在“下列选定工作表之前”的列表中选择,指定将工作表移动或复制到工作簿的具体位置。如果将“建立副本”选中,为工作表的复制操作,未选中则为移动操作。

(2) 使用鼠标拖动进行工作表的移动或复制。单击需要移动或复制的工作表标签将其选定,直接将所选标签拖到所需的位置,为工作表的移动操作。如果要复制工作表,则在按住 Ctrl 键的同时,拖动所选的标签到所需位置即可。

**12. 删除工作表**

删除不需要的工作表,可以选用以下方式实现。

(1) 单击需要删除的工作表标签将其选定,然后在“开始”选项卡的“单元格”组中单击“删除”按钮的下拉箭头,从扩展菜单中选择“删除工作表”命令。

(2) 单击需要删除的工作表标签将其选定,在此工作表标签上右击,从快捷菜单中选择“删除”命令。

**13. 重命名工作表**

为了更好地体现工作表中的内容,可以对工作表进行重新命名,其常用操作方式有如下 3 种。

(1) 双击需要重命名的工作表标签,使工作表名处于可编辑状态。输入适当的名字以后,按 Enter 键确定。

(2) 单击需要重命名的工作表标签将其选定,在此工作表标签上右击,从快捷菜单中选择“重命名”命令，输入新的工作表名并按 Enter 键确认。

(3) 单击需要重命名的工作表标签将其选定，然后在“开始”选项卡的“单元格”组中单击“格式”按钮，从扩展菜单中选择“重命名工作表”命令，更改为所需的工作表名即可。

## 3.2 Excel 公式和函数的应用

### 3.2.1 公式的使用

(1) 建立公式。单击需要建立公式的单元格，首先输入一个“=”，表示此单元格的内容为一个公式，而不是普通的文本，然后在等号的后面输入公式的内容。

(2) 修改公式。双击已经存在公式的单元格，使其处于可编辑状态，然后根据需要更改公式并按 Enter 键确认。

(3) 删除公式。选中需要删除公式的单元格，按 Delete 键即可。

(4) 复制公式。单击已经存在公式的单元格将其选定，按照前面所述方法进行复制，并在目的单元格进行粘贴。如果单元格中的内容为公式，拖动填充柄也可将公式复制到相邻单元格中，这种操作方式更加快速。经过操作以后，目的单元格的内容将是复制而来的公式，而不是被复制的单元格的值。复制而得到的公式有可能会发生改变，其原因在于单元格的引用方式不同。

### 3.2.2 单元格的引用

单元格的引用是在公式中指定单元格，从而在公式中提取有关单元格的值进行计算。单元格引用分为相对引用、绝对引用和混合引用 3 种。

**1. 相对引用**

相对引用的格式为“列号＋行号”，如 A3、C6，也就是单元格的普通引用方式。在复制公式时，相对引用会随目标单元格的地址而变化。

例如，如图 3.28 中 F2 单元格中有一公式“＝C2＋D2－E2”，是对张文的最后所得进行计算。复制 F2 单元格，然后在 F3 单元格中粘贴。由于列号没有改变，都为“F”，所以在 F3 单元格里的公式的列号也不改变；而行号发生了改变，从 2 变化为 3，其增量值为“1”，故 F3 单元格里的公式的所有行号都要加上这个增量值，所以最后复制出的公式为“＝C3＋D3－E3”，而这正好就是马格的最后所得。

**2. 绝对引用**

绝对引用的格式为“$＋列号＋$＋行号”，如$A$3、$C$6。与相对引用作比较，在复制公式时，绝对引用并不会随目标单元格的地址变化，而是一直保持对原单元格的引用。

例如，如图 3.29 所示，计算每个人的最后所得：工资＋奖金-扣款＋相同的补贴。在 F2 单元格中如果输入公式“＝C2＋D2－E2＋F8”，能正确地计算出张文的最后所得，但是

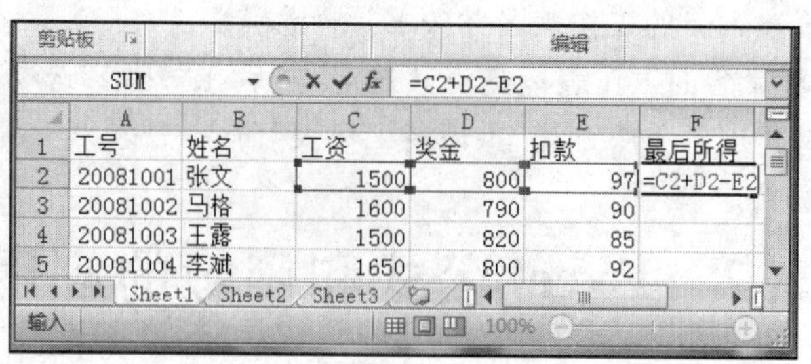


图 3.28　相对引用

这个公式不能被复制用于计算其他几个人的最后所得。以马格的最后所得为例，根据上面对于相对引用的介绍，当我们复制 F2 单元格并在 F3 单元格中粘贴后，F3 单元格中的公式为“＝C3＋D3－E3＋F9”，计算出一个错误的结果。

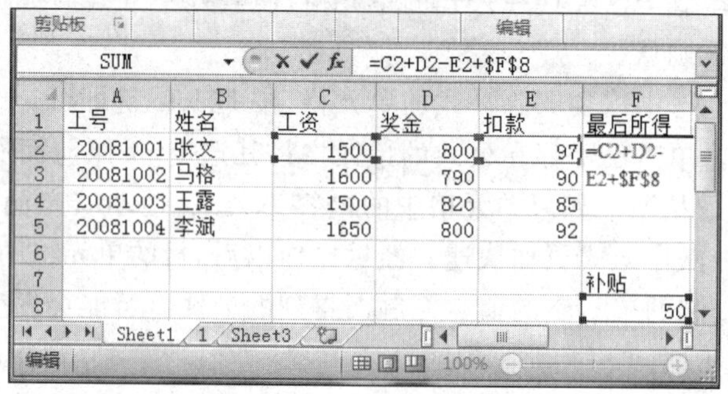


图 3.29　绝对引用

如果在粘贴以后也能正确地使用公式，必须保证对 50 元的补贴任何时候都不能被更改，这就需要对该单元格进行绝对引用。因此，F2 单元格的公式应为“＝C2＋D2－E2＋＄F＄8”，复制到 F3 单元格以后，公式为“＝C3＋D3－E3＋＄F＄8”，能正确地计算出马格的最后所得。

**3. 混合引用**

混合引用的格式为“＄＋列号＋行号”，或者“列号＋＄＋行号”，如＄A3、C＄6。

复制混合引用的公式到另一个单元格时，未用“＄”进行绝对表示的行或者列仍然可能会随着目的单元格位置不同而改变。

## 3.2.3　函数的使用

在 Excel 中提供了大量函数，用于一些常见的公式计算，例如求和、求平均数、求最大值、求最小值等。函数的使用，能够减小公式输入的工作量，降低公式出错的几率，并且能够使效率大幅提高。

**1. 函数的有关概念**

函数的一般形式为：

函数名([参数])

函数名是函数的名称，不同的函数具有不同的功能，函数名不可随意更改。

参数为可选项，如果具有参数，则它为函数的计算提供必需的数据。根据函数的不同，其参数也具有不同情况：有些函数没有参数，而有些函数带有参数；有些函数带有一个参数，而有些函数带有两个或者更多的参数。

在函数的参数中经常会用到对单元格的引用。引用的作用在于标识工作表上的单元格或单元格区域，并指明公式中所使用的数据的位置。通过引用可以在公式中使用工作表不同部分的数据，或在多个公式中使用同一单元格的数值。

单元格的引用方式如下。

(1) 对于单个单元格的引用，直接使用该单元格的名称即可。例如 F5，就是对 F5 这一个单元格的引用。

(2) 引用多个单元格。

① 使用区域运算符“:”引用连续范围单元格。例如“A1:C4”，表示引用以 A1 单元格为左上角、C4 单元格为右下角的 12 个连续单元格。

② 使用连接运算符“,”连接两个甚至更多的单元格或者区域引用。例如“A1,C4”，表示引用 A1 及 C4 两个单元格。再如“A1:C2,F3”，表示对从 A1 到 C2 的 6 个单元格以及 F3 单元格总共 7 个单元格的引用。

**2. 建立函数**

函数的使用方式与公式类似，建立函数主要有以下方式。

(1) 直接输入函数。单击需要建立函数的单元格将其选定，首先输入一个“=”，表示该单元格的内容是一个函数计算，然后在等号的后面输入函数名及有关参数。例如：“=SUM(A2:C4)”，表示在该单元格中计算从 A2 到 C4 连续单元格的总和。

(2) 通过“插入函数”对话框建立。

① 选定需要建立公式的单元格，然后在“公式”选项卡的“函数库”组中单击“插入函数”按钮 fx 插入函数，或者直接单击编辑栏左方的“插入函数”按钮 fx，出现“插入函数”对话框，如图 3.30 所示。

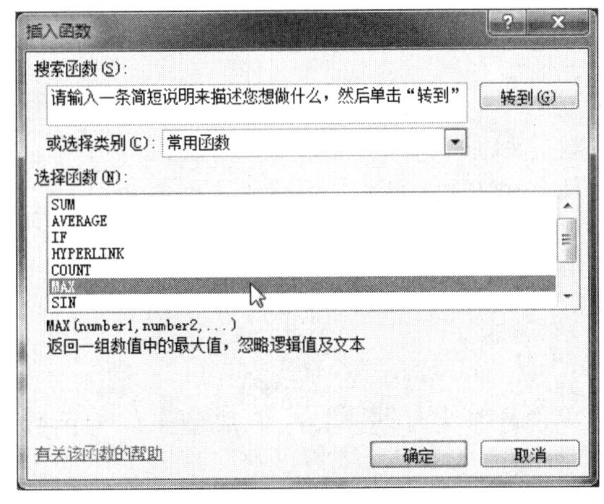


图 3.30 “插入函数”对话框

② 在对话框中，从“选择类别”栏的“常用函数”、“财务”、“日期与时间”等下拉列表项中选出需要的函数类别，并进一步在“选择函数”列表中选择需要使用的具体函数。选择完毕，单击“确定”按钮，即会出现“函数参数”对话框，如图 3.31 所示。

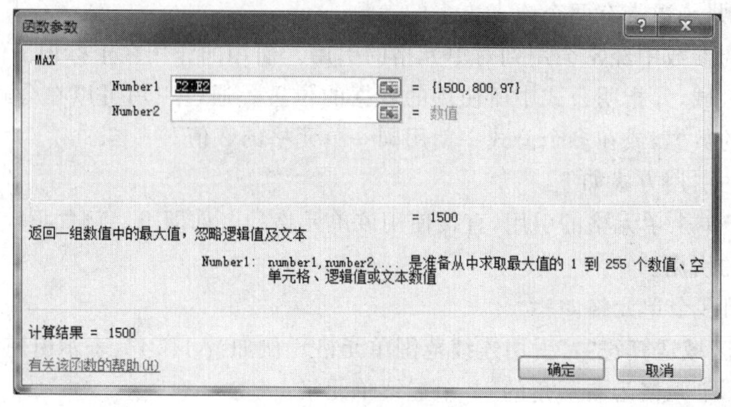


图 3.31 “函数参数”对话框

③ 最后，根据提示在“函数参数”对话框中填入此函数所需的相关参数并单击“确定”按钮完成函数的建立。

Excel 中提供了数量众多的函数。下面对几个常用的函数进行介绍，其中函数的参数可以是数值，也可以是对数值单元格的引用。

(1) AVERAGE 函数。

格式：

```
AVERAGE(参数 1,参数 2,…)
```

功能：计算所有参数的算术平均值。

例如 AVERAGE(B3:C6)，表示对从 B3 到 C6 的连续单元格求平均数。

(2) SUM 函数。

格式：

```
SUM(参数 1,参数 2,…)
```

功能：计算所有参数的和。

例如 SUM(B3,C6)，表示对 B3 和 C6 两个单元格求和。

(3) IF 函数。

格式：

```
IF(条件表达式,值 1,值 2)
```

功能：判断条件表达式是否为真，若为真，则取值 1 作为函数的值，否则以值 2 作为函数的值。

例如 IF(D5＞＝60,"及格","不及格")，表示对 D5 单元格的值进行判断，如果大于或等于 60，就在当前单元格中显示“及格”，否则显示“不及格”。

(4) MAX 函数。

格式：

```
MAX(参数 1,参数 2,…)
```

功能：计算所有参数的最大值。

例如 MAX(C5:E7,H9)，表示对从 C5 到 E7 的连续单元格以及 H9 单元格一共 10 个单元格计算最大值。

(5) MIN 函数。

格式：

```
MIN(参数 1,参数 2,…)
```

功能：计算所有参数的最小值。

例如 MIN(9,3,C2:E5)，表示在 9、3 这两个数值以及从 C2 到 E5 的连续单元格中计算最小值。

# 3.3 Excel 数据表管理

## 3.3.1 数据排序

在用 Excel 处理数据的时候，若需按照某一特定的顺序进行显示或者打印，就需要对数据进行排序处理。

排序可分为简单排序和多关键字排序两种，下面分别对其进行介绍。

**1. 简单排序**

若需要对某一列进行简单排序，首先在该列中单击任意一个单元格(注意不是将该列选中)，然后选用以下的方法进行操作。

(1) 在“开始”选项卡的“编辑”组中单击“排序和筛选”按钮，从扩展菜单中选择“升序”或“降序”命令。

(2) 在“数据”选项卡的“排序和筛选”组中单击“升序”按钮或“降序”按钮。

**2. 多关键字排序**

简单排序只适用于针对一列排序的情况，若需要依次对多列进行排序，则要使用多关键字排序。

示例：对如图 3.32 所示的表格排序，要求首先按照工资进行降序排列，再按照奖金作升序排列，其操作步骤如下。

(1) 根据需要选中要排序的所有数据，包括标题单元格(“工号”、“姓名”等所在的单元格)。

(2) 在“开始”选项卡的“编辑”组中单击“排序和筛选”按钮，从扩展菜单中选择“自定义排序”命令，也可直接在“数据”选项卡的“排序和筛选”组中单击“排序”按钮，出现

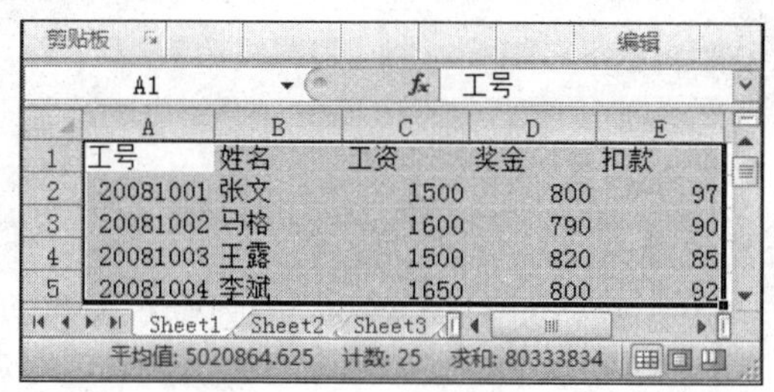

| | A | B | C | D | E |
|---|---|---|---|---|---|
| 1 | 工号 | 姓名 | 工资 | 奖金 | 扣款 |
| 2 | 20081001 | 张文 | 1500 | 800 | 97 |
| 3 | 20081002 | 马格 | 1600 | 790 | 90 |
| 4 | 20081003 | 王露 | 1500 | 820 | 85 |
| 5 | 20081004 | 李斌 | 1650 | 800 | 92 |



图 3.32　多关键字排序所用表格

“排序”对话框，如图 3.33 所示。

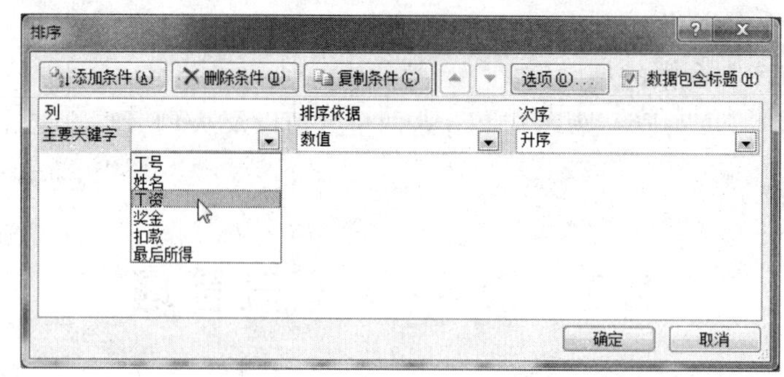


图 3.33　“排序”对话框

(3)“排序”对话框的操作。

① 勾选“数据包含标题”复选框，因为前面在选中排序数据的时候，已经包括了标题单元格在内。

如果之前没有选中标题单元格，那么此处应该取消“数据包含标题”复选框的选中状态。

② 在“主要关键字”的下拉列表中选择“工资”，将其作为第一排序依据。

③ 在“次序”的下拉列表中，选择题目要求的“降序”排序方式。

④ 单击“添加条件”按钮，在新出现的“次要关键字”下拉列表中选择“奖金”作为第二排序依据，在“次序”下拉列表中选择“升序”。

⑤ 单击“确定”按钮，完成排序工作。

从上述操作可以看出：即使有多人在主关键字“工资”上相同，还可以根据次要关键字“奖金”进行排序。当然，如果情况需要，还可以多次添加排序条件，指定更多的次要关键字并进行排序，这就是多关键字排序相对于简单排序的优点所在。

### 3.3.2　数据筛选

使用数据筛选，可以将不符合条件的数据隐藏起来，而只显示符合条件的数据。数据筛选分自动筛选和高级筛选两种。

### 1. 自动筛选

自动筛选把表格的所有数据都作为筛选对象，而且筛选的结果将在原位置显示。自动筛选的操作步骤如下。

(1) 在需要筛选的区域内单击任意一个单元格。

(2) 在“开始”选项卡的“编辑”组中单击“排序和筛选”按钮，从扩展菜单中选择“筛选”命令，或者直接在“数据”选项卡的“排序和筛选”组中单击“筛选”按钮，所有的标题单元格的右侧会出现一个下拉箭头，如图 3.34 所示。

图 3.34 “自动筛选”的下拉列表

(3) 若想要对某个项目进行筛选，就单击该项目标题的下拉箭头，然后选用以下方式继续。以“工资”筛选为例。

① 简单筛选。单击标题“工资”的下拉箭头，“1500、1600、1650”等 3 个在“工资”列中出现的值显示在下拉列表的下方，如图 3.34 所示。勾选需要的值并确认，就会筛选出工资与选中值相等的数据。

选中“1500”以后的筛选结果如图 3.35 所示。

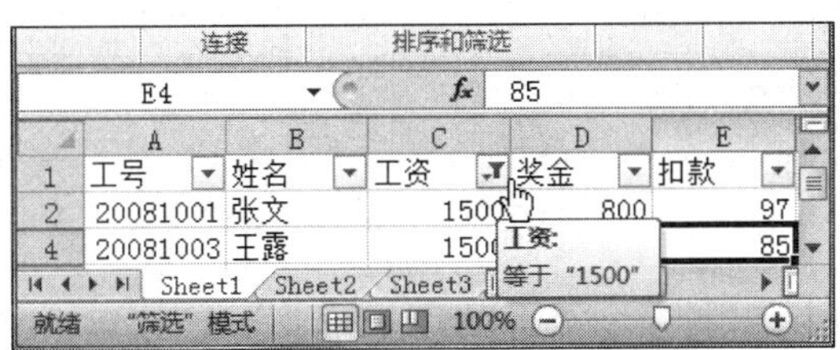


图 3.35 选中“1500”以后的筛选结果

② 自定义筛选。在自动筛选中,简单筛选并不常见,更多的时候需要自己设定条件进行筛选。

在图 3.34 所示的下拉列表中选择“数字筛选”|“自定义筛选”命令,出现“自定义自动筛选方式”对话框。在对话框中按照需要设定条件并单击“确定”按钮即可完成自定义筛选,如图 3.36 所示,该图中设置的条件为“工资在 1000 和 1600 之间”。

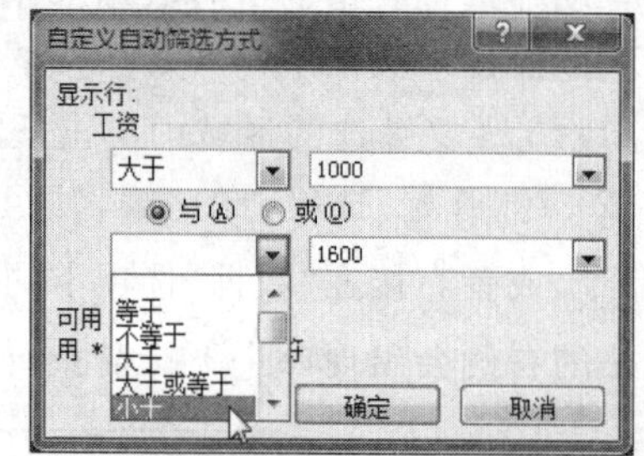


图 3.36 “自定义自动筛选方式”对话框

如果要恢复显示所有数据,而不退出筛选状态,可选用以下方式。

(1) 在“开始”选项卡的“编辑”组中单击“排序和筛选”按钮,从扩展菜单中选择“清除”命令。

(2) 在“数据”选项卡的“排序和筛选”组中单击“清除”按钮 清除 。

关闭自动筛选将显示全部数据,标题单元格右侧的下拉箭头同时消失。关闭自动筛选可采用以下任意一种方式:

(1) 在“开始”选项卡的“编辑”组中单击“排序和筛选”按钮,从扩展菜单中选择“筛选”命令。

(2) 在“数据”选项卡的“排序和筛选”组中单击“筛选”按钮。

**2. 高级筛选**

与自动筛选相比较,高级筛选可以用多个条件来筛选数据,可以设置需要筛选的数据区域,而且可以指定将筛选结果显示在原有区域或另一区域之中。

高级筛选的步骤如下。

(1) 将筛选所需的条件输入到表格中的一个空白区域中,即建立条件区域。

如图 3.37 所示的条件为“与”条件,表示“工资＞1500 并且奖金＜800”。而如果要表示“工资＞1500 或者奖金＜800”的“或”条件,则如图 3.38 所示。二者在输入上有所区别:将条件的位置错开进行输入,即为“或”条件。

连接　排序和筛选　数据工具

E7　fx 工资

| | A | B | C | D | E | F |
|---|---|---|---|---|---|---|
| 1 | 工号 | 姓名 | 工资 | 奖金 | 扣款 | |
| 2 | 20081001 | 张文 | 1500 | 800 | 97 | |
| 3 | 20081002 | 马格 | 1600 | 790 | 90 | |
| 4 | 20081003 | 王露 | 1500 | 820 | 85 | |
| 5 | 20081004 | 李斌 | 1650 | 800 | 92 | |
| 6 | | | | | | |
| 7 | | | | | 工资 | 奖金 |
| 8 | | | | | >1500 | <800 |

Sheet1　Sheet2　Sheet3

就绪　计数: 4　100%

图 3.37 高级筛选中的“与”条件设置

(2) 在“数据”选项卡的“排序和筛选”组中单击“高级”按钮 高级,出现“高级筛选”对话框,如图 3.39 所示。

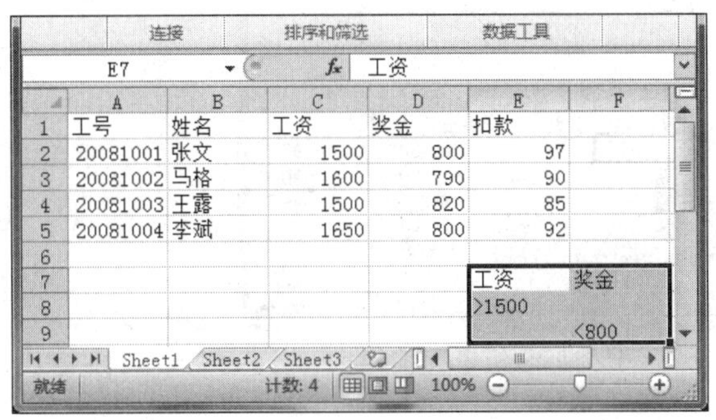


图 3.38 高级筛选中的“或”条件设置

图 3.39 “高级筛选”对话框

(3)“高级筛选”对话框的操作。

① “列表区域”是需要进行筛选的范围,既可以在框中输入该范围,也可以在表格中拖动鼠标进行选择。

以图 3.37 为例,如果对表格的所有数据进行筛选,则可在“列表区域”框中输入“$A$1:$E$5”,或者从 A1 单元格开始拖动鼠标直至 E5 单元格被选中,此时被选中的区域也会自动出现在“列表区域”框中。

② “条件区域”就是已经输入的筛选条件所在的位置,其操作方法与“列表区域”相同。

图 3.37 中的“条件区域”应该是“$E$7:$F$8”,而图 3.38 中的“条件区域”则是“$E$7:$F$9”。

③ “方式”中有两个选项,根据需要选择其一。

- “在原有区域显示筛选结果”:筛选之后,在原位置显示筛选结果,不满足筛选条件的数据行被隐藏起来。而且,对话框中的“复制到”为灰色不可用状态。
- “将筛选结果复制到其他位置”:筛选之后,筛选结果将在其他位置进行显示。而且,对话框中的“复制到”为可用状态。

④ 在“复制到”框中单击,然后在需要存放筛选结果的起始位置单击,也可在“复制到”框中输入该起始位置(之前选择的方式必须为“将筛选结果复制到其他位置”)。

如图 3.39 所示对话框中,存放筛选结果的起始位置为 I9 单元格。

⑤ 单击“确定”按钮,高级筛选操作完成。

## 3.3.3 数据分类汇总

分类汇总,就是依据一个类别,选取数据中的某些项目进行汇总并显示出来。

**1. 建立分类汇总**

示例:根据所在的车间汇总出平均工资及平均奖金,如图 3.40 所示。其操作步骤如下。

(1) 根据分类汇总的类别进行排序。

此例中,根据“车间”排序,升序降序皆可。

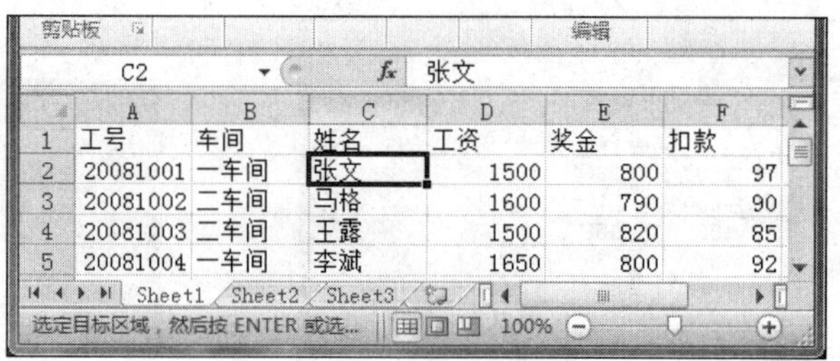

|  | A | B | C | D | E | F |
|---|---|---|---|---|---|---|
| 1 | 工号 | 车间 | 姓名 | 工资 | 奖金 | 扣款 |
| 2 | 20081001 | 一车间 | 张文 | 1500 | 800 | 97 |
| 3 | 20081002 | 二车间 | 马格 | 1600 | 790 | 90 |
| 4 | 20081003 | 二车间 | 王露 | 1500 | 820 | 85 |
| 5 | 20081004 | 一车间 | 李斌 | 1650 | 800 | 92 |

图 3.40　分类汇总例表

如果没有进行排序，就可能导致汇总的结果出错，这是很容易忽略的一点。

(2) 在“数据”选项卡的“分级显示”组中单击“分类汇总”按钮，出现“分类汇总”对话框，如图 3.41 所示。

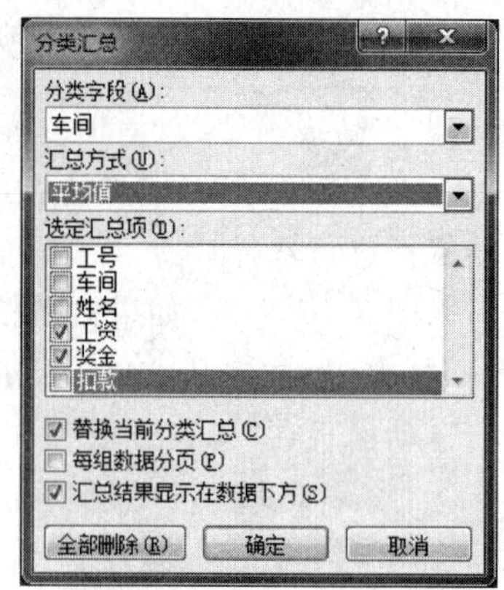


图 3.41　“分类汇总”对话框

(3)“分类汇总”对话框的操作。

① “分类字段”就是汇总时所依据的类别，此处应该从下拉列表框中选择“车间”。

② “汇总方式”表示对数据进行何种汇总，包括求和、计数、平均值、最大值、最小值等多种方式，依据题意在此选择“平均值”。

③ 在“选定汇总项”区域，将需要进行汇总的项目全部选中，此题应选中的汇总项为“工资”及“奖金”两项。

④ 单击“确定”按钮完成设置，生成分类汇总表(即分类汇总的结果)，如图 3.42 所示。

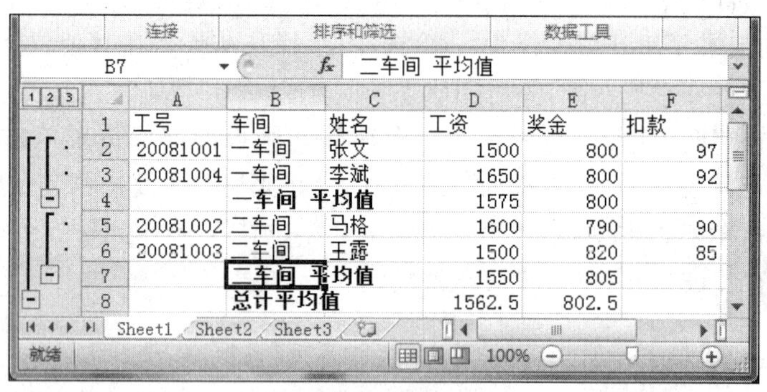

|  | A | B | C | D | E | F |
|---|---|---|---|---|---|---|
| 1 | 工号 | 车间 | 姓名 | 工资 | 奖金 | 扣款 |
| 2 | 20081001 | 一车间 | 张文 | 1500 | 800 | 97 |
| 3 | 20081004 | 一车间 | 李斌 | 1650 | 800 | 92 |
| 4 |  | **一车间 平均值** |  | 1575 | 800 |  |
| 5 | 20081002 | 二车间 | 马格 | 1600 | 790 | 90 |
| 6 | 20081003 | 二车间 | 王露 | 1500 | 820 | 85 |
| 7 |  | **二车间 平均值** |  | 1550 | 805 |  |
| 8 |  | **总计平均值** |  | 1562.5 | 802.5 |  |

图 3.42　分类汇总表

**2. 分级显示或打印**

在分类汇总表的左侧有一个新开辟的区域，即分级显示区。单击分级显示区上方的“1”、“2”、“3”或某一分类汇总左侧的“＋”、“－”按钮，可将指定部分的数据折叠或者展开，只显示或者打印需要的数据，这就是分级显示或打印。如图 3.43 所示，为全部折叠后只显示最终汇总结果的状态。

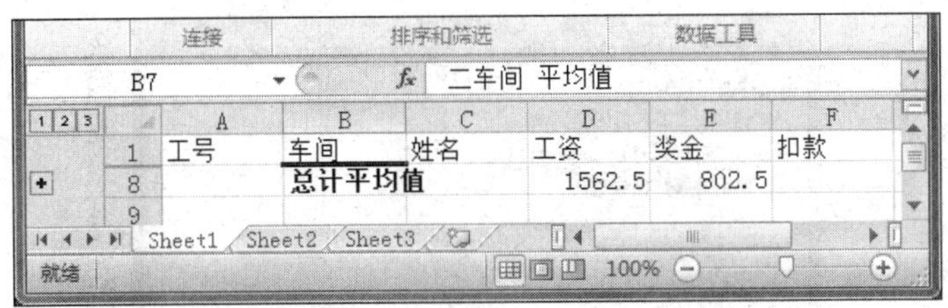


图 3.43　分级显示或打印

若要取消分级显示，只需在“数据”选项卡的“分级显示”组中单击“取消组合”按钮的下拉箭头，然后从扩展菜单中选择“清除分级显示”命令即可。

## 3.3.4　数据透视表

数据透视表是交互式报表，可快速合并和比较大量数据。数据透视表的行和列可以进行旋转，从而可以看到源数据的不同汇总，而且可显示感兴趣区域的明细数据。

例如，有销售数据列表如图 3.44 所示，对其创建数据透视表，按年份和季度统计各个销售人员的销售金额。步骤如下。

| | A | B | C | D | E | F | G | H |
|---|---|---|---|---|---|---|---|---|
| 22 | 地区 | 年份 | 季度 | 姓名 | 商品 | 单价 | 销售数量 | 销售金额 |
| 23 | 北京 | 2011 | 2 | 张文 | 洗衣机 | 2400 | 8 | 19200 |
| 24 | 北京 | 2012 | 4 | 张文 | 家庭影院 | 2900 | 6 | 17400 |
| 25 | 北京 | 2012 | 3 | 张文 | 计算机 | 3300 | 18 | 59400 |
| 26 | 北京 | 2012 | 3 | 马格 | 计算机 | 3300 | 16 | 52800 |
| 27 | 北京 | 2011 | 3 | 马格 | 微波炉 | 499 | 23 | 11477 |
| 28 | 北京 | 2012 | 4 | 马格 | 电暖器 | 269 | 43 | 11567 |
| 29 | 北京 | 2012 | 1 | 马格 | 家庭影院 | 2900 | 9 | 26100 |
| 30 | 重庆 | 2012 | 3 | 王露 | 家庭影院 | 2900 | 8 | 23200 |
| 31 | 重庆 | 2011 | 3 | 王露 | 计算机 | 3300 | 15 | 49500 |
| 32 | 北京 | 2012 | 4 | 李斌 | 计算机 | 3300 | 17 | 56100 |

图 3.44　销售数据列表

(1) 在销售数据表中，单击任意一个单元格。

(2) 在“插入”选项卡的“表”组中单击“数据透视表”按钮的下拉箭头，从扩展菜单中选择“数据透视表”命令，出现“创建数据透视表”对话框，如图 3.45 所示。

(3) “创建数据透视表”对话框的操作如下。

① 设置“请选择要分析的数据”区域。

- “选择一个表或区域”。创建数据透视表的数据来自当前工作簿中的工作表，或者是工作表的某一个区域。对所需的数据进行指定，既可以使用键盘输入起止范围，也可以通过拖动鼠标的方式选取需要的范围。
- “使用外部数据”。数据来自其他工作簿。

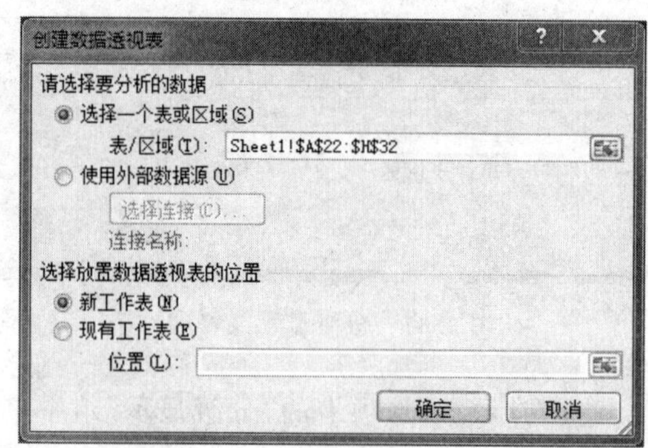

图 3.45 “创建数据透视表”对话框

② 设置“选择放置数据透视表的位置”区域。

- “新工作表”。将数据透视表放置在新工作表中,并以 A1 单元格为起始位置。
- “现有工作表”。将数据透视表放在现有工作表中,并可在“位置”框中指定某一单元格作为数据透视表的起始位置。

本例中保持对话框的所有选项不变,即针对所有销售数据创建数据透视表,并将其放置在新工作表中。

③ 单击“确定”按钮,在新工作表 Sheet 4 中出现“数据透视表字段列表”任务窗格及一张空白的数据透视表,如图 3.46 所示。

图 3.46 空白的数据透视表创建完成

(4)“数据透视表字段列表”任务窗格的操作如下。

① 在“选择要添加到报表的字段”区域,用鼠标拖动“姓名”到下方的“列标签”区

域中。

② 在“选择要添加到报表的字段”区域，先选中“年份”和“季度”复选框，然后将其拖动到下方的“行标签”区域中。

③ 在“选择要添加到报表的字段”区域，用鼠标拖动“销售金额”到下方的“数值”区域中。

进行以上操作时，在数据透视表中会即时体现出相应的变化。完成以后的数据透视表如图 3.47 所示。

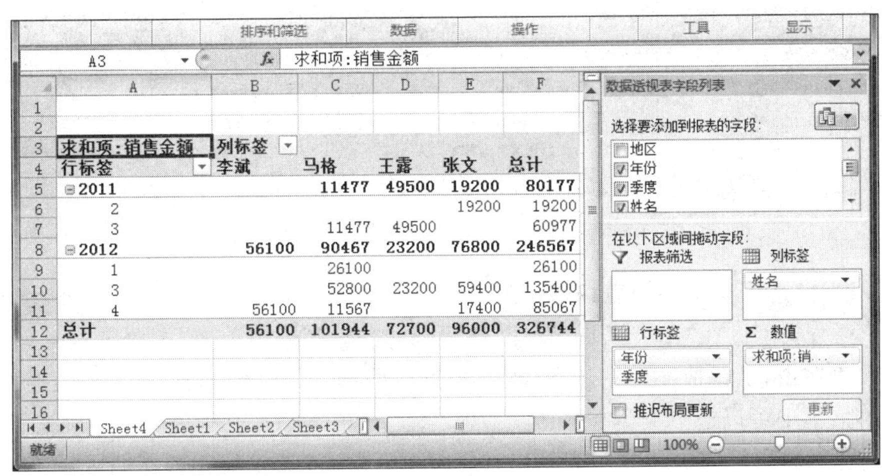

图 3.47 最终完成的数据透视表

# 3.4 Excel 的图表操作

## 3.4.1 建立图表

利用 Excel 的图表功能可以方便地将工作表转化为图表，即把抽象的数字转化为点线或面积，直观地反映数据之间的某种关系。图表的建立步骤如下。

(1) 将需要建立图表的数据区域选中。

(2) 在“插入”选项卡的“图表”命令组，单击所需图表类型的按钮，然后从出现的面板中选择具体的子图表类型，图表创建完成，如图 3.48 所示。

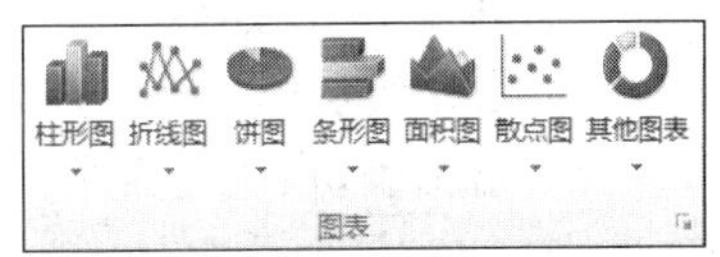


图 3.48 “图表”命令组

## 3.4.2 编辑图表

图表创建完成后，单击图表将其选中，在 Excel 窗口的顶端出现“图表工具|设计”、“图表工具|布局”和“图表工具|格式”3 个与图表相关的选项卡。在编辑图表时，“图表工具|设计”和“图表工具|布局”选项卡使用频繁，如图 3.49 和图 3.50 所示。

图 3.49 “图表工具|设计”选项卡

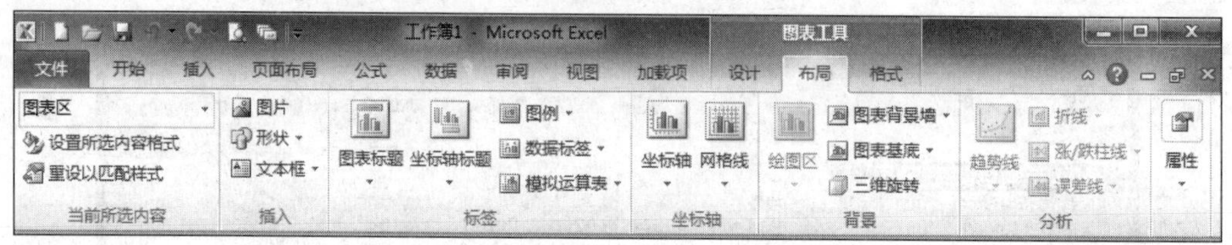


图 3.50 “图表工具|布局”选项卡

**1. “设计”选项卡中的图表编辑操作**

(1) 更改类型。在“图表工具|设计”选项卡的“模型”组中单击“更改图表类型”按钮，或者对图表右击，从快捷菜单中选择“更改图表类型”命令，都会出现“更改图表类型”对话框。在对话框中可以选择类型。

(2) 选择数据。如果建立图表时未选择数据区域，或者以前所选择的区域不正确，就需要对数据区域重新选择。步骤如下。

① 在“图表工具|设计”选项卡的“数据”组中单击“选择数据”按钮，出现“选择数据源”对话框，如图 3.51 所示。

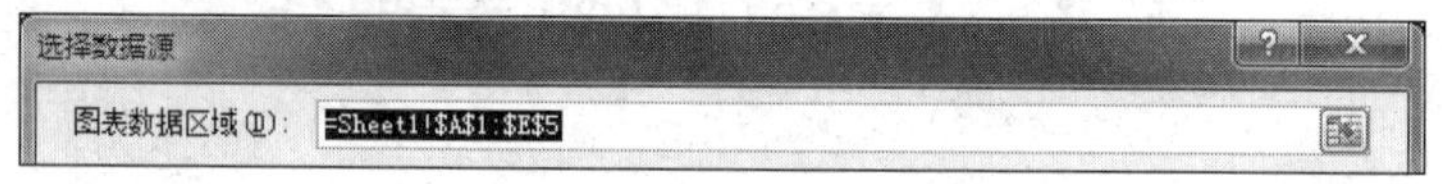


图 3.51 选择数据源

② 在“图表数据区域”框中，利用键盘输入或者鼠标拖动方式作出相应的设置即可。

(3) 删除及添加数据系列。图表建立之后，还可以对图表的数据系列进行删除和添加工作，使其显示不同的数据。

① 删除数据系列。首先在“图表工具|设计”选项卡的“数据”组中单击“选择数据”按钮，或者右击图表，从快捷菜单中选择“选择数据”命令，都会出现“选择数据源”对话框，如图 3.52 所示。

然后，在“选择数据源”对话框的“图例项(系列)”区域选中不需要的数据系列，然后单击“删除”按钮并确认即可。如图 3.52 所示为删除“奖金”系列的操作。

② 添加数据系列。

示例：添加之前删除掉的“奖金”系列。步骤如下。

首先在“图表工具|设计”选项卡的“数据”组中单击“选择数据”按钮，或者右击图表，从快捷菜单中选择“选择数据”命令，都会出现“选择数据源”对话框，如图 3.52 所示。

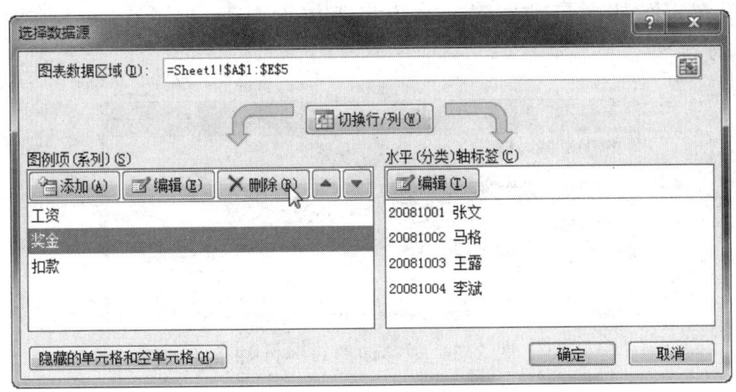


图 3.52　删除“奖金”系列

然后，在“选择数据源”对话框的“图例项(系列)”区域单击“添加”按钮，出现“编辑数据系列”对话框。

在如图 3.53 所示“编辑数据系列”对话框中的“系列名称”框中输入数据系列的名称；将“系列值”框中的内容删除，输入准备添加的系列的范围，或者直接在表格中用鼠标拖动的方式选出系列的范围；最后单击“确定”按钮完成数据系列的添加。

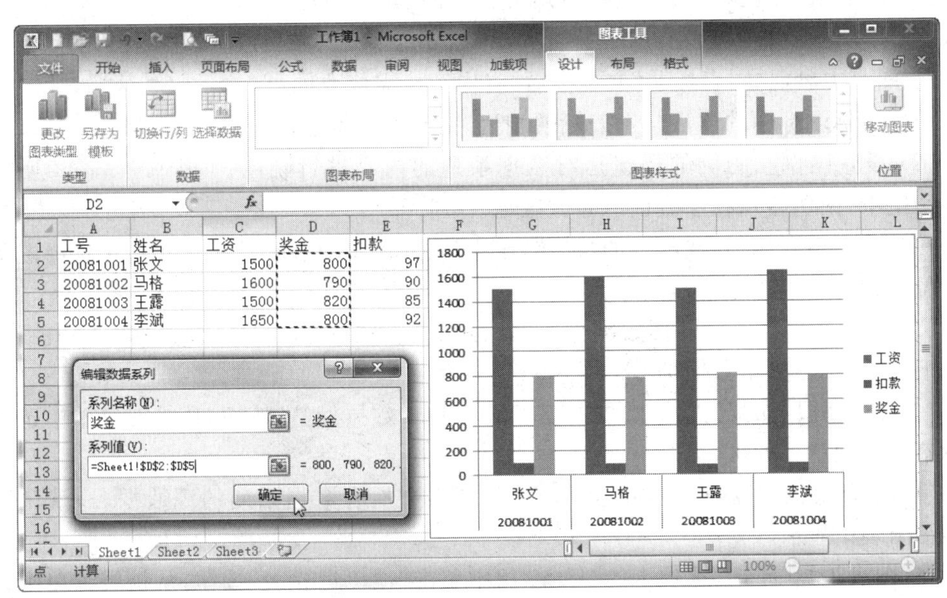


图 3.53　添加“奖金”系列

(4) 更改布局和样式。在“图表工具|设计”选项卡的“图表布局”和“图表样式”命令组中，根据需要单击相应的按钮即可。

(5) 改变位置。

① 将图表移至其他工作表。在“图表工具|设计”选项卡的“位置”组中单击“移动图表”按钮，出现“移动图表”对话框，如图 3.54 所示。

在“移动图表”对话框中选择图表移动到的目标位置即可。与放置数据透视表类似，既可选择“新工作表”，从而自动新建一个工作表放置图表；也可在“对象位于”框中指定某个现有工作表放置图表。

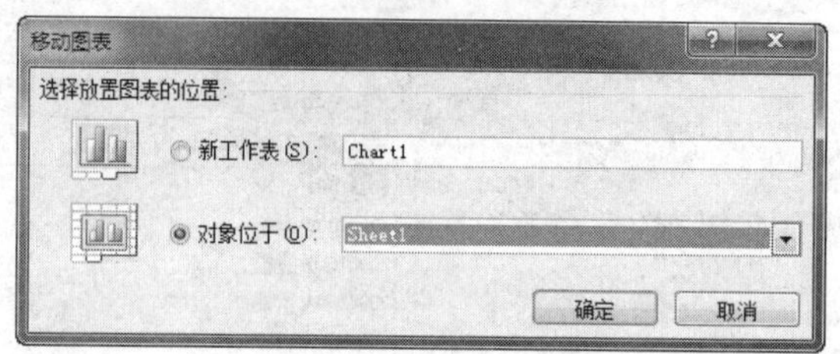


图 3.54 “移动图表”对话框

② 在当前工作表内调整位置：选中图表并拖动即可。

**2. “图表工具|布局”选项卡中的图表编辑操作**

(1) 设置图表标题和坐标轴标题。图表标题和坐标轴标题的用途是分别对图表和坐标轴的内容进行说明。默认情况下，图表中无图表标题和坐标轴标题。

设置图表标题的步骤如下。

① 在“图表工具|布局”选项卡的“标签”组中单击“图表标题”按钮，从扩展菜单中选择“居中覆盖标题”或者“图表上方”命令，如图 3.55 所示。

② 图表中出现“图表标题”文本框后，将内容按需修改即可。

无
不显示图表标题
居中覆盖标题
将居中标题覆盖在图表上，但不调整图表大小
图表上方
在图表区顶部显示标题，并调整图表大小
其他标题选项(M)...

图 3.55 “图表标题”扩展菜单

设置坐标轴标题的方法与图表标题相似，在此不再赘述。

(2) 设置图例。图例的用途是对数据系列的内容进行说明。默认情况下，图例显示在图表内的右方区域。

在“图表工具|布局”选项卡的“标签”组中单击“图例”按钮，从扩展菜单中选择图例的显示位置即可。

(3) 设置数据标签。使用数据标签，就是在图表的图形元素中显示其实际值。默认情况下，图表中不显示数据标签。

在“图表工具|布局”选项卡的“标签”组中单击“数据标签”按钮，从扩展菜单中选择数据标签的显示位置即可。

(4) 设置模拟运算表。模拟运算表就是图表中所有数据系列的源数据表，默认情况下不在图表中显示。

在“图表工具|布局”选项卡的“标签”组中单击“模拟运算表”按钮，从扩展菜单中选择模拟运算表的显示方式即可。

(5) 设置图表背景墙、图表基底和三维旋转。如果图表为三维图表的某个类型，可以在“图表工具|布局”选项卡的“背景”组中单击“图表背景墙”和“图表基底”按钮，使背景墙和基底显示在图表中。

另外，还可以在“图表工具|布局”选项卡中单击“三维旋转”按钮，在“设置图表区格式”对话框中对上下仰角、左右转角以及透视系数等进行调整，如图 3.56 所示。

**3. 图表的其他编辑操作**

(1) 缩放。将鼠标指向图表的四角或者边框，变为双向箭头时，按住鼠标左键并拖

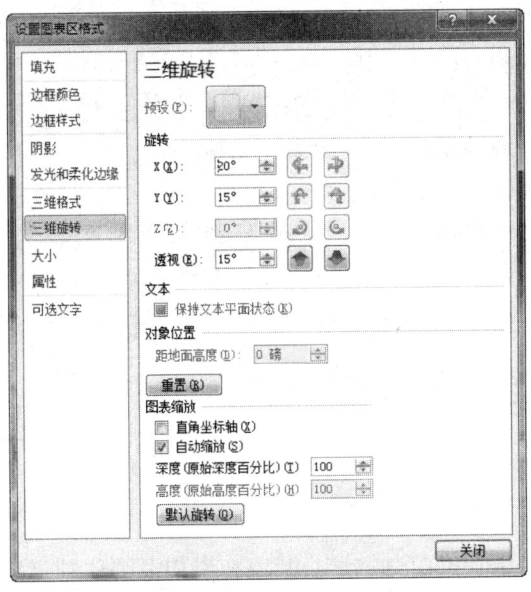


图 3.56　三维旋转

动，可将图表缩放为需要的大小。

（2）删除。选中图表后，按 Delete 键。

# 实验 1　工作表的创建、编辑和排版

**1. 实验目的**

（1）掌握新建 Excel 工作簿的不同方法。

（2）掌握数据的录入与编辑。

（3）掌握 Excel 工作表格式的设置。

**2. 实验内容**

（1）新建一个 Excel 工作簿，并在原有基础上新增一张工作表，将该工作表命名为“成绩”。

（2）在“成绩”工作表中录入数据，如表 3-1 所示。

**表 3-1　实验用表**

| 成绩表 | | | | |
|---|---|---|---|---|
| 学号 | 姓名 | 性别 | 英语 | 计算机 |
| | 何洋 | 女 | 75 | 68 |
| | 辛晴 | 女 | 79 | 70 |
| | 王宇 | 男 | 57 | 52 |
| | 张鹏 | 男 | 68 | 64 |
| 最高分 | | | | |
| 最低分 | | | | |

(1) 利用填充的方式，在“学号”列中依次填充 20120001～20120004 这 4 个学号。

(2) 交换“英语”列和“计算机”列。

(3) 设置标题单元格的格式为：华文彩云，36 号字，蓝色。

(4) 将各行的行高统一调整为 50 像素。

(5) 为“辛晴”增加批注为“专升本”。

(6) 在“英语”列之后增加“总分”、“平均分”和“总评”3 列。

(7) 使用条件格式，将及格的计算机成绩和英语成绩设置为绿色背景。

(8) 分别以 Excel 2010 实验 1. xlsx、Excel 2003 实验 1. xls 为名保存工作簿。

## 实验 2 公式与函数的使用

**1. 实验目的**

(1) 掌握公式的使用方法。

(2) 掌握单元格的相对引用、绝对引用、混合引用及公式的复制。

(3) 掌握函数的使用方法。

**2. 实验内容**

(1) 打开实验 1 所保存的工作簿 Excel 2010 实验 1. xlsx。

(2) 使用 MAX 和 MIN 函数分别计算两门功课的最高分和最低分。

(3) 使用 SUM 函数计算“何洋”同学的总分。

(4) 使用 AVERAGE 函数计算“何洋”同学的平均分。

(5) 使用 IF 函数对“何洋”同学给出总评，如果两门功课的平均分＞＝60，总评为“及格”，否则为“不及格”。

(6) 用复制公式的方式或者填充的方式计算其他几个同学的总分、平均分以及总评。

(7) 以 Excel 2010 实验 2. xlsx 为名保存工作簿。

(8) 在 S20 及 S21 单元格中分别输入“加分”和“5”，并依此重新计算各个学生的总分。

(9) 对两门功课的最高分、最低分以及各个学生的平均分、总评重新进行计算。

(10) 以 Excel 2010 实验 3. xlsx 为名保存工作簿。

## 实验 3 数据的管理及图表的使用

**1. 实验目的**

(1) 掌握数据的排序、筛选和分类汇总。

(2) 掌握图表的使用。

**2. 实验内容**

(1) 打开实验 2 所保存的工作簿 Excel 实验 3. xls。

(2) 对 4 个同学的记录按照计算机成绩从高到低排序。

(3) 使用自动筛选，筛选出计算机成绩高于 65 分的记录。

(4) 取消自动筛选，显示所有记录。

(5) 使用高级筛选，筛选出两门功课都未及格的学生。要求在筛选之后，原表中的数据依照原样显示。

(6) 分别汇总出男生、女生两门功课的总成绩。

(7) 对 4 个学生的记录建立簇状柱形图，图表的标题为"成绩图表"，将其放置在新的工作表"图表"之中。

(8) 修改建立好的图表：将图表类型改为三维簇状柱形图，图例改在底部显示，并显示图表所用的数据表。

(9) 将图表中的总分和平均分两个系列删除。

(10) 以 Excel 2010 实验 4.xlsx 为名保存工作簿。

# 第4章

# PowerPoint 2010 应用基础

## 4.1　PowerPoint 2010 简介

PowerPoint 是一款基于 Windows 环境下专门用来制作演示文稿的应用软件，也是 Microsoft Office 系列软件中的重要组成部分。使用 PowerPoint 可以制作集文字、图形、图像、声音以及视频等多媒体对象为一体的演示文稿，把信息以更轻松、更高效的方式表达出来。PowerPoint 2010 在继承以前版本的强大功能外，更以漂亮的界面和便捷的操作模式帮助用户制作图文并茂、声形兼备的多媒体演示文稿。在设计制作广告宣传、产品演示、教学课件的制作等方面，PowerPoint 都有着广泛的应用。

### 4.1.1　PowerPoint 2010 的新增功能

和以前版本相比，PowerPoint 2010 在继承了旧版本优秀特点的同时，将其工作环境及工具按钮都做了明显的调整，使它们在更加美观的前提下，更为直观和便捷。需要注意的是，PowerPoint 2010 还新增了如下诸多功能和特性：

(1) 面向结果的功能区；

(2) 取消任务窗格功能；

(3) 专业的图表和模型；

(4) 实用的 SmartArt 图形。

### 4.1.2　启动 PowerPoint 2010

当用户安装完 Office 2010 之后，PowerPoint 2010 也已成功安装到系统中，这时启动 PowerPoint 2010 就可以正常使用它来创建演示文稿了。常用的启动方法包括 3 种：常规启动、通过创建新文档启动和通过现有演示文稿启动。

(1) 常规启动。常规启动是在 Microsoft Windows 操作系统中最常用的启动方式，即通过“开始”菜单启动。选择“开始”|“程序”| Microsoft Office | Microsoft Office PowerPoint 2010 命令，即可启动程序，如图 4.1 所示。

图 4.1　PowerPoint 2010 的常规启动

(2) 通过创建新文档启动。成功安装 Microsoft Office 2010 之后，在桌面或者文件夹下的空白区域右击，将弹出如图所示的快捷菜单，此时选择“新建”|“Microsoft Office PowerPoint 演示文稿”命令，即可在桌面或者当前文件夹中创建一个名为“新建 Microsoft Office PowerPoint 演示文稿.ppt”的文件。此时该文件的文件名处于可修改状态，用户可以重命名该文件，然后双击文件图标，即可打开新建的 PowerPoint 2010 文件，如图 4.2 所示。

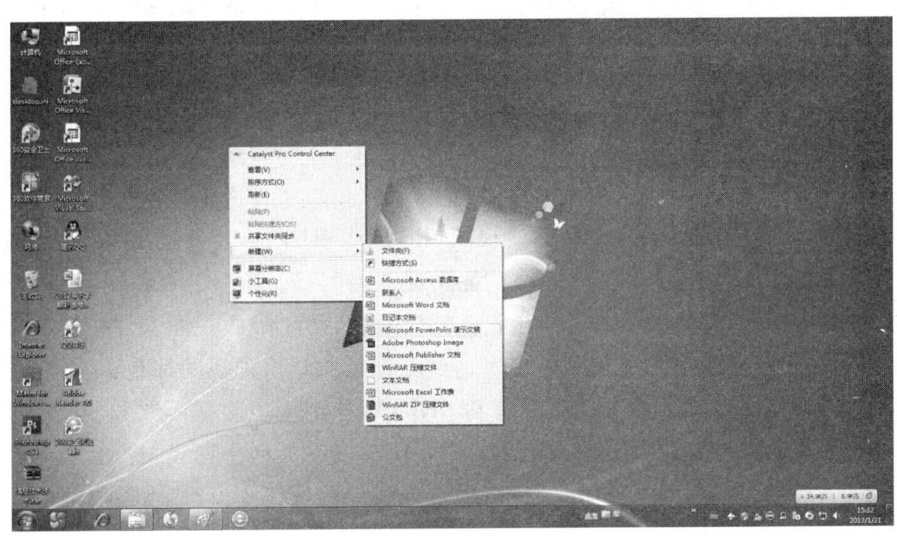

图 4.2　通过创建新文档启动

(3) 通过现有演示文稿启动：用户在创建并保存了 PowerPoint 演示文稿后，可以通过已有的演示文稿启动 PowerPoint。通过已有文稿启动可以分为两种方式：直接双击演示文稿图标和在“文档”中启动。

① 双击图标启动；

② 在“文档”中启动。

### 4.1.3 PowerPoint 2010 的界面组成

PowerPoint 2010 与以前版本相比，界面有了较大的改变，它使用选项卡替代了原有的菜单，使用各种选项区域替代了原有的菜单子命令和工具栏。本节将主要介绍 PowerPoint 2010 的工作界面及各种视图方式。

**1. 界面简介**

启动 PowerPoint 2010 应用程序后，用户将看到全新的工作界面，它不仅美观大方，而且各个工具按钮的摆放也更便于用户的操作，如图 4.3 所示为 PowerPoint 2010 的界面组成。

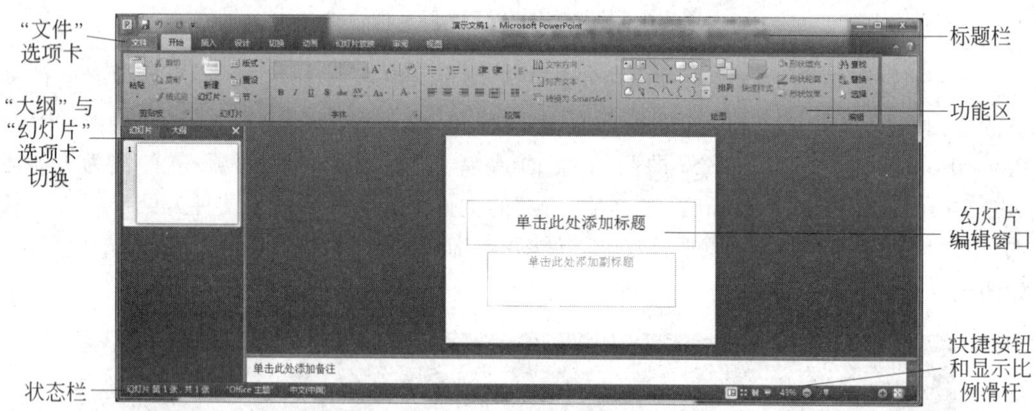


图 4.3 PowerPoint 2010 的界面组成

**2. 视图简介**

PowerPoint 2010 提供了“演示文稿视图”和“母版视图”两大类。在“演示文稿视图”中分为“普通视图”、“幻灯片浏览视图”、“备注页视图”、“阅读视图”4 种视图模式；在“母版视图”中分为“幻灯片母版视图”、“讲义母版视图”、“备注母版视图”3 种视图模式。使用户在不同的工作需求下都能得到一个舒适的工作环境。每种视图都包含有该视图下特定的工作区、功能区和其他工具。在各个视图中，用户都可以对演示文稿进行编辑和加工，同时这些改动都将反映到其他视图中。用户可以在功能区中选择“视图”选项卡，然后在“演示文稿视图”和“母版视图”选项区域中选择相应的按钮即可改变视图模式。

(1) 演示文稿视图。

① 普通视图。普通视图是主要的编辑视图，可用于撰写和设计演示文稿。普通视图有 4 个工作区域。

- “大纲”选项卡：此区域是开始撰写内容的理想场所；在这里可以捕获灵感，计划如何表述它们，并能移动幻灯片和文本。“大纲”选项卡以大纲形式显示幻灯片文本。
- “幻灯片”选项卡：在编辑时，以缩略图的形式在演示文稿中观看幻灯片。在这里还可以轻松地重新排列、添加或删除幻灯片。
- “幻灯片”编辑窗口：在此视图中显示当前幻灯片时，可以添加文本，插入图片、表格、SmartArt 图形、图表、图形对象、文本框、电影、声音、超链接和动画。
- “备注”窗格：在“幻灯片”窗格下的“备注”窗格中，可以键入要应用于当前幻灯片的备注。以后可以将备注打印出来并在放映演示文稿时进行参考。

② 幻灯片浏览视图。幻灯片浏览视图可查看缩图形式的幻灯片。通过此视图，在创建演示文稿以及准备打印演示文稿时，将可以轻松地对演示文稿的顺序进行排列和组织。

③ 备注页视图。“备注”页视图可以编辑、查看要应用于当前幻灯片的备注。

④ 阅读视图。阅读视图用于自己的计算机查看的演示文稿。如果要更改演示文稿，可随时从阅读视图切换至某个其他视图。

(2) 母版视图。母版视图包括幻灯片母版视图、讲义母版视图和备注母版视图。它们是存储有关演示文稿的信息的主要幻灯片，其中包括背景、颜色、字体、效果、占位符大小和位置。使用母版视图的一个主要优点在于，在幻灯片母版、备注母版或讲义母版上，可以对与演示文稿关联的每个幻灯片、备注页或讲义的样式进行全局更改。

# 4.2 演示文稿创建与制作

## 4.2.1 演示文稿创建

PowerPoint 的启动与 Word 和 Excel 相似。进入 PowerPoint 后在“文件”选项卡选择“新建”命令，出现“可用模板和主题”列表，如图 4.4 所示，可以从 6 种方式中选择一种创建演示文稿。

**1. 空演示文稿**

可操作的自由度大，能创建出具有个性特色的演示文稿，其操作方法如下。

(1) 在 PowerPoint 2010 中，在“文件”选项卡中选择“新建”命令。单击“空白演示文稿”图标，然后单击“创建”按钮，如图 4.5 所示。

空演示文稿由不带任何模板设计，但带有布局格式的空白幻灯片组成，是使用最多的建立演示文稿的方式。用户可以在空白的幻灯片上设计出具有鲜明个性的背景色彩、配色方案、文本格式和图片等对象，创建具有自己特色的演示文稿。接下来，根据需要进行背景设置、标题和内容输入、排版美化、设置动画等工作。

(2) 建立演示文稿的其他方法。PowerPoint 除了创建最简单的空演示文稿外，还可以根据自定义模板、现有内容和内置模板创建演示文稿。模板是一种以特殊格式保存的

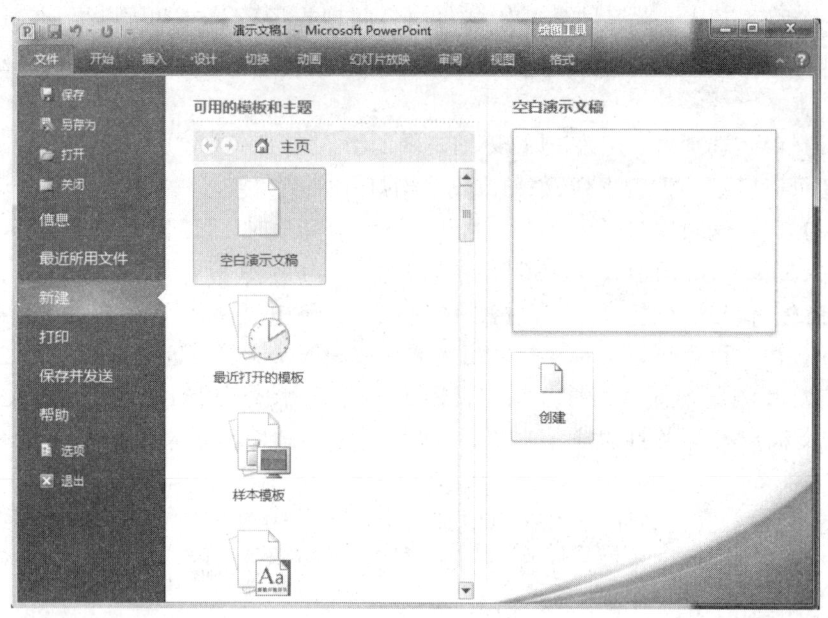


图 4.4 “新建演示文稿”

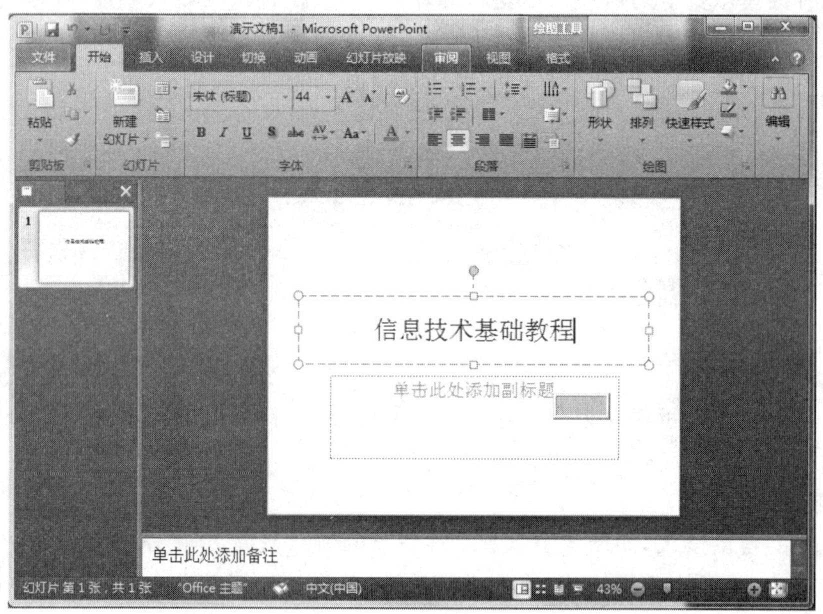


图 4.5 “空演示文稿”

演示文稿，一旦选择应用了一种模板后，幻灯片的背景图形、配色方案等就都已经确定了，所以套用模板可以提高创建演示文稿的效率。

样本模板是预先定义好的演示文稿的样式、风格。利用样本模板，可以在较短时间内创建出一个具有较好效果的演示文稿。

在“文件”选项卡中选择“新建”命令。单击“样本模板”图标，然后选择一种自己喜欢的模板，然后单击“新建”按钮，如图 4.6 所示。

图 4.6 “样本模板”创建演示文稿

接下来，根据需要进行内容输入、排版美化、设置动画等工作。

## 4.2.2 幻灯片的编辑

在 PowerPoint 中，幻灯片作为一种对象，可以对其进行编辑操作。主要的编辑操作包括添加新幻灯片、选择幻灯片、复制幻灯片、调整幻灯片顺序和删除幻灯片等。在对幻灯片的操作过程中，最为方便的视图模式是幻灯片浏览视图，小范围或少量的幻灯片操作也可以在普通视图模式下进行。

### 1. 添加新幻灯片

在启动 PowerPoint 2010 应用程序后，PowerPoint 会自动建立一张新的幻灯片，而随着制作过程的推进，需要在演示文稿中添加更多的幻灯片。要添加新幻灯片，可以按照下面的方法进行操作。

在“开始”选项卡的“幻灯片”组中单击“新建幻灯片”按钮，即可添加一张默认版式的幻灯片。当需要应用其他版式时，单击“新建幻灯片”右下方的下拉箭头，在打开的菜单中选择需要的版式即可，如图 4.7 所示。

### 2. 选择幻灯片

在 PowerPoint 中，用户可以一次选中一张或多张幻灯片，然后对选中的幻灯片进行操作。以下是在普通视图中选择幻灯片的方法。

(1) 选择一张幻灯片。无论是在普通视图还是在幻灯片浏览模式下，只需单击需要的幻灯片，即可选中该张幻灯片。

(2) 选择编号相连的多张幻灯片。首先单击起始编号的幻灯片，然后按住 Shift 键，单击结束编号的幻灯片，此时将有多张幻灯片被同时选中。

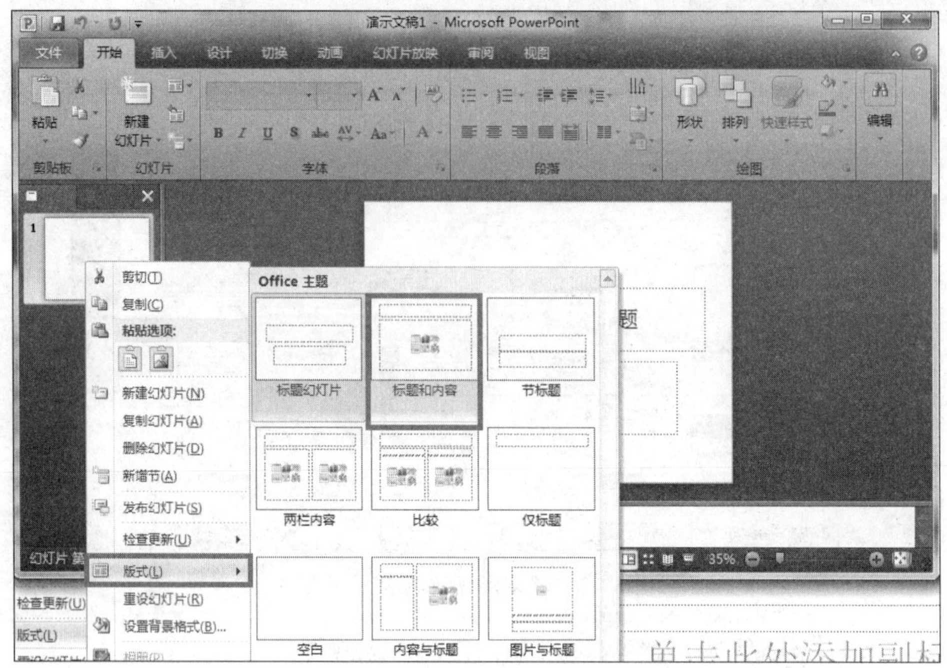


图 4.7 “添加新的幻灯片”

(3) 选择编号不相连的多张幻灯片。在按住 Ctrl 键的同时,依次单击需要选择的每张幻灯片,此时被单击的多张幻灯片同时选中。在按住 Ctrl 键的同时再次单击已被选中的幻灯片,则该幻灯片被取消选择。

**3. 复制幻灯片**

PowerPoint 支持以幻灯片为对象的复制操作。在制作演示文稿时,有时会需要两张内容基本相同的幻灯片。此时,可以利用幻灯片的复制功能,复制出一张相同的幻灯片,然后再对其进行适当的修改。复制幻灯片的基本方法如下。

(1) 选中需要复制的幻灯片,在“开始”选项卡的“剪贴板”组中单击“复制”按钮。

(2) 在需要插入幻灯片的位置单击,然后在“开始”选项卡的“剪贴板”组中单击“粘贴”按钮。

**4. 调整幻灯片顺序**

在制作演示文稿时,如果需要对幻灯片的顺序重新排列,就需要移动幻灯片。移动幻灯片可以用“剪切”和“粘贴”按钮来改变顺序,其操作步骤与使用“复制”和“粘贴”按钮相似,只是用“剪切”按钮来代替“复制”按钮。

在左窗格选中需要调整位置的幻灯片,在该幻灯片上按下鼠标左键不放,将其拖到相应的位置即可,如图 4.8 所示。

**5. 幻灯片的删除**

首先在左窗格选中需要进行删除的一张或者多张幻灯片,然后通过以下方式完成幻灯片的删除,如图 4.9 所示。

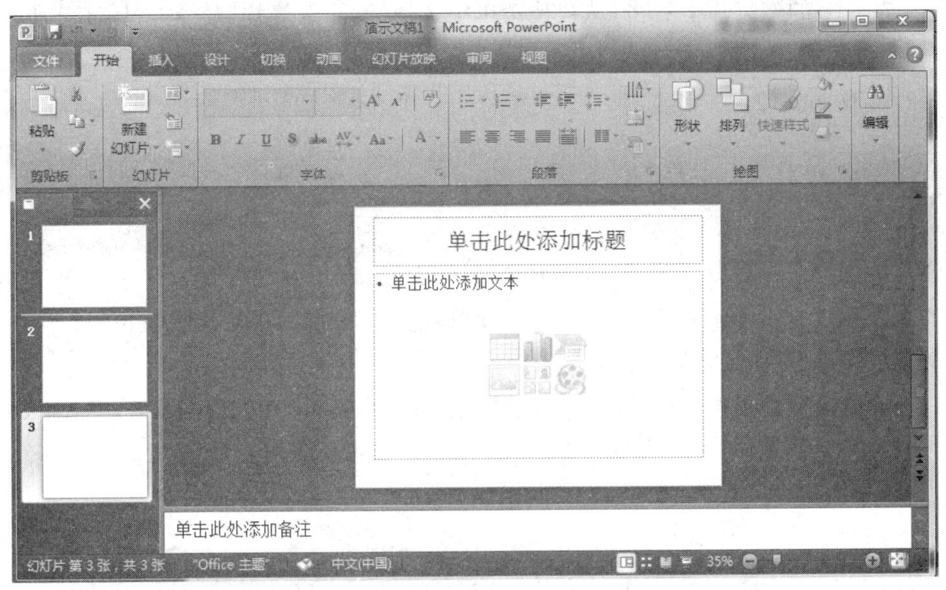


图 4.8 “调整幻灯片顺序”

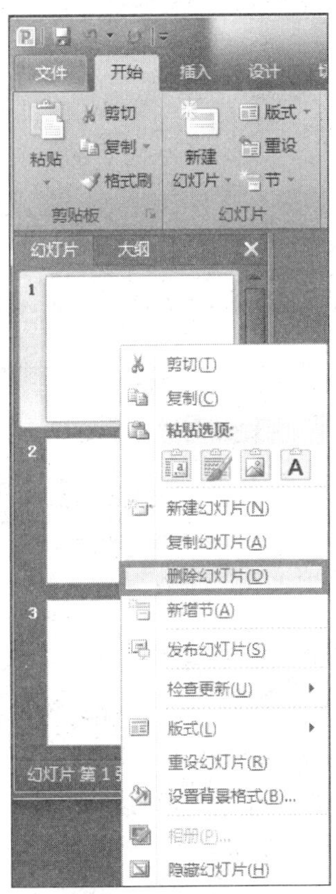


图 4.9 从快捷菜单中删除幻灯片

(1) 在选中的幻灯片上右击，从快捷菜单中选择“删除幻灯片”命令，如图 4.9 所示。

(2) 在“开始”选项卡的“编辑”组中单击“删除幻灯片”按钮。

(3) 按 Delete 键。

### 4.2.3 保存演示文稿

文件的保存是一种常规操作，在演示文稿的创建过程中及时保存工作成果，可以避免数据的意外丢失。在 PowerPoint 中保存演示文稿的方法和步骤与其他 Windows 应用程序相似。

(1) 常规保存。制作完成演示文稿之后，在“文件”选项卡中选择“保存为”命令，在弹出的“另存为”对话框中的“文件名”框中键入 PowerPoint 演示文稿的名称，选择号储存位置，然后单击“保存”按钮，如图 4.10 所示。

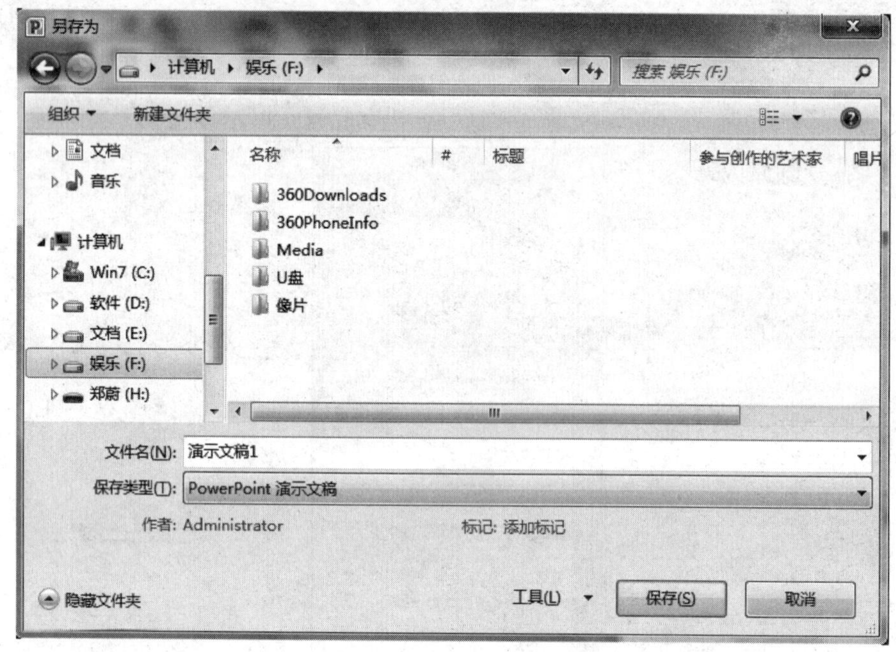


图 4.10 “另存为”对话框

默认情况下，PowerPoint 2010 将文件保存为 PowerPoint 演示文稿 (.pptx) 文件格式。因版本原因 PowerPoint 2003 是打不开的。若要以非.pptx 格式保存演示文稿，请单击“保存类型”列表，然后选择所需的文件格式，如图 4.11 所示。

(2) 加密保存。若要对保存的文稿加密，则选择“文件”选项卡，然后选择“另存为”命令，弹出“另存为”对话框，如图 4.12 所示。单击“工具”按钮，选择选项中的“常规选项”，弹出“常规选项”对话框，如图 4.13 所示，在其中即可设置保存密码。

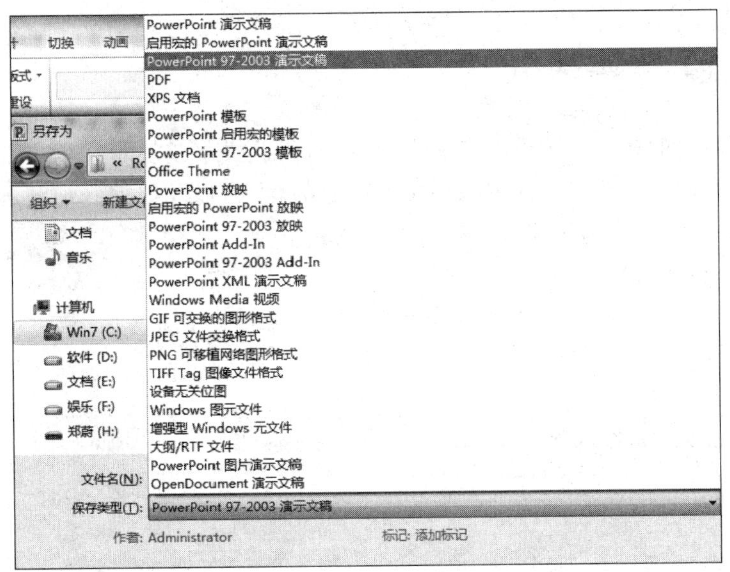


图 4.11 “保存类型”选项框

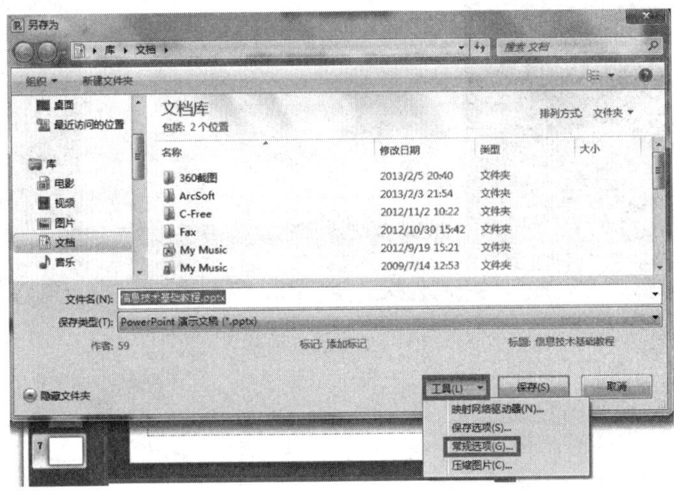


图 4.12 “另存为”对话框

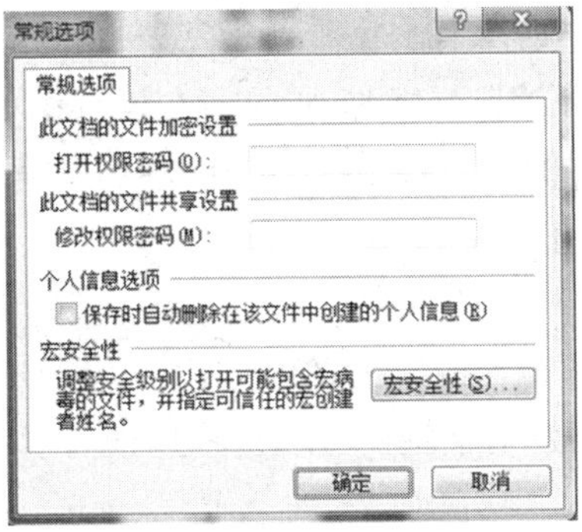

图 4.13 “常规选项”对话框

## 4.2.4 文本的基本操作

一个直观明了的演示文稿少不了文字的说明，因此文字是演示文稿中至关重要的组成部分。本节讲述如何在幻灯片中添加文本信息的输入，以及如何修饰演示文稿中的文字、设置文字的对齐方式和添加特殊符号的方法。

**1. 文本信息的输入**

在文本框内需要输入文本的地方进行单击，出现文本的插入点，就可以开始输入操作。输入完成后，单击文本框外任何位置即可，如图 4.14 所示。

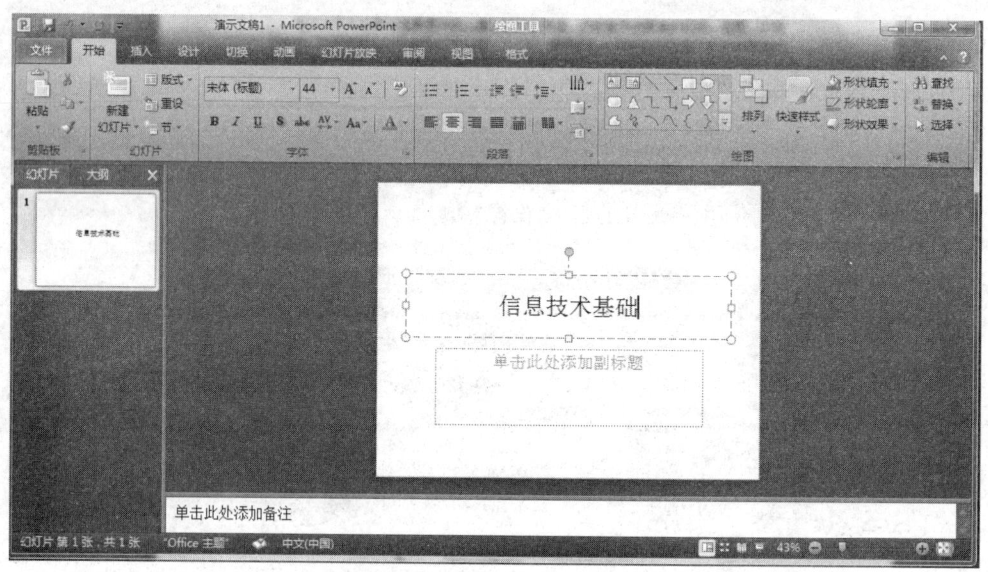


图 4.14 文本信息的输入

**2. 项目符号和编号的自动生成**

在输入一条文本信息后按 Enter 键，将会在下一行自动生成与上一个项目相同的项目符号或者相连续的项目编号，如图 4.15 所示。

**3. 重新指定项目符号和编号**

如果需要对整个文本框中的所有文字重新指定项目符号，首先将文本框文本框选中；而如果只是对某一行的项目符号进行修改，则只需在该行中单击。然后，在"绘图工具|格式"选项卡中单击或右侧的下拉箭头，选择"项目符号和编号"命令，在"项目符号和编号"对话框中进行相应的设置即可。

**4. 取消项目符号和编号**

首先选中取消项目符号和编号的文字，然后用以下两种方法完成操作：

(1) 单击"项目符号和编号"对话框的"项目符号"或者"编号"选项卡，然后选择"无"，使之成为空白状态。

(2) 在"开始"选项卡的"段落"组中单击"编号"按钮或者"项目符号"按钮。

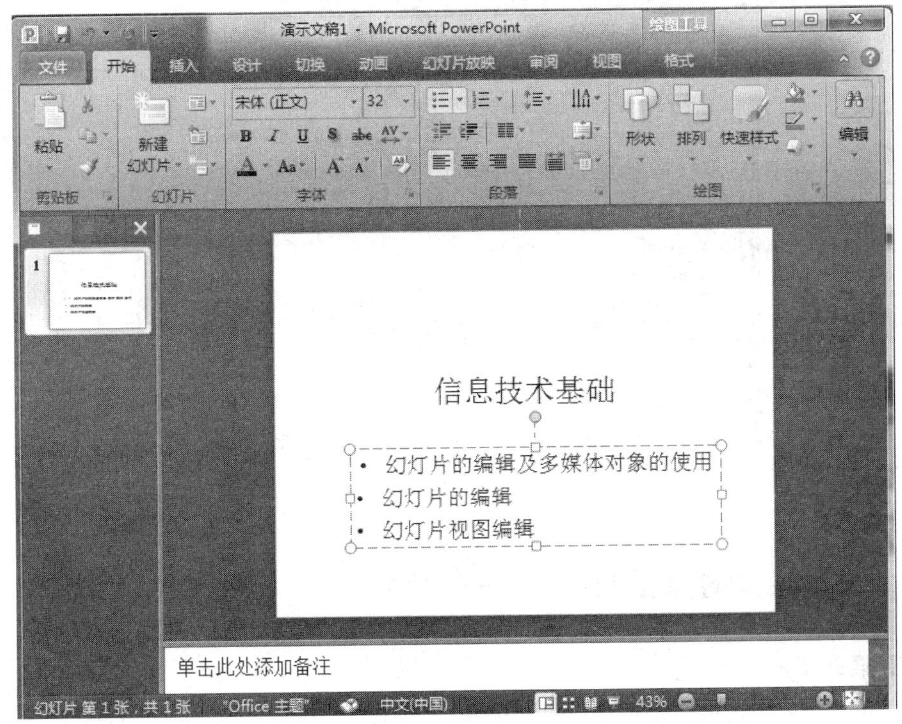


图 4.15　项目符号和编号的自动生成

**5. 调整段落间距**

选中需要调整段落间距的文本框或文本框中的段落，然后单击“开始”选项卡“段落”组右下角的按钮，出现“段落”对话框，如图 4.16 所示。在对话框中可以通过微调或直接输入的方式调整行间距以及段间距。

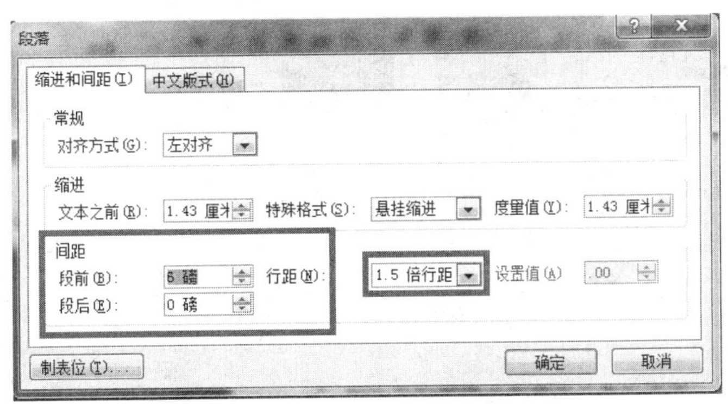


图 4.16　调整段落间距

**6. 文字的其他格式调整**

若需更改文字的字体、字号、颜色等，首先将相应的文字选中，然后单击“开始”选项卡“字体”命令组右下角的按钮，在“字体”对话框中进行相应的设置即可，如图 4.17 所示。

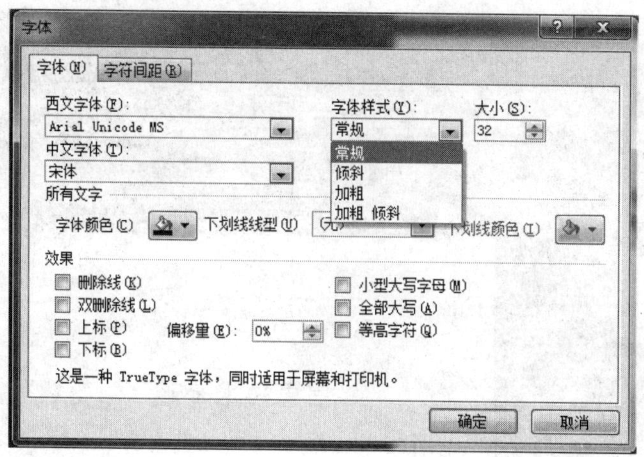


图 4.17 “字体”对话框

### 4.2.5 多媒体对象的使用

**1. 插入图片**

在“插入”选项卡的“图像”组中单击“图片”按钮，在弹出的“插入图片”对话框中选择所需的图片即可，如图 4.18 所示。

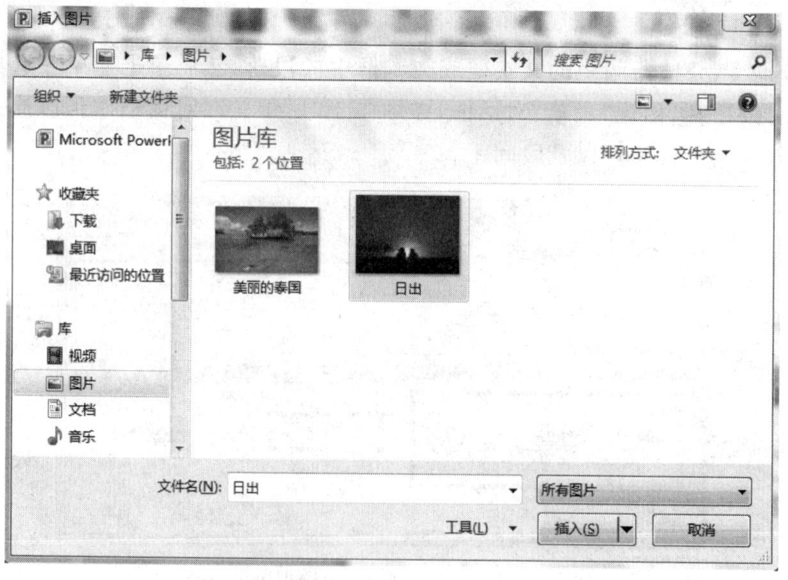


图 4.18 “插入图片”对话框

**2. 插入艺术字**

在“插入”选项卡的“文本”组中单击“艺术字”按钮，从面板中选择合适的艺术字样式，如图 4.19 所示。

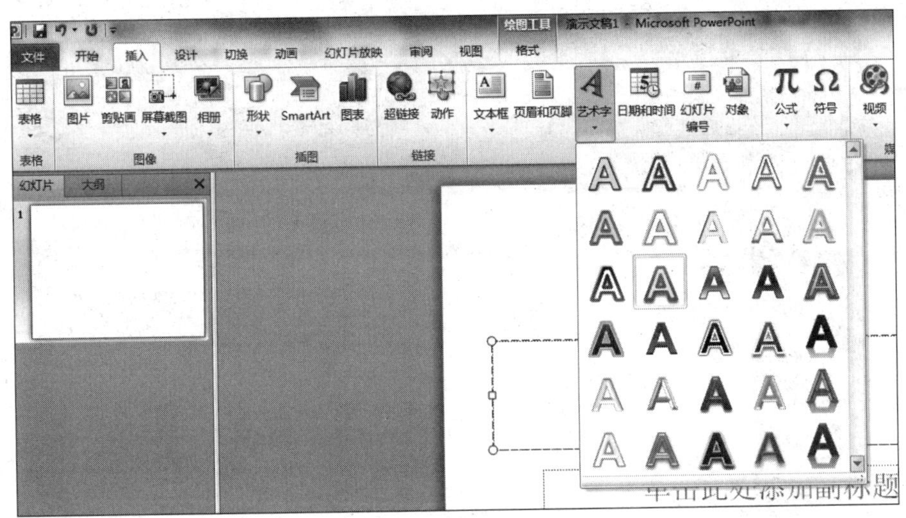


图 4.19　插入艺术字

**3. 插入 SmartArt 图形**

在“插入”选项卡的“插图”组中单击 SmartArt 按钮，打开“选择 SmartArt 图形”对话框，如图 4.20 所示。

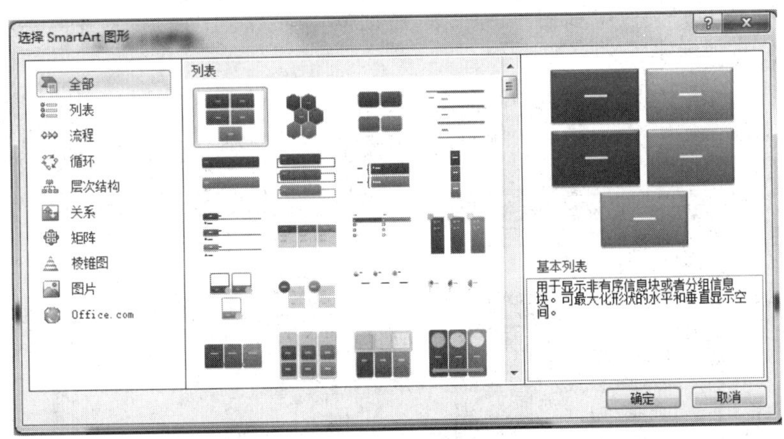


图 4.20　“选择 SmartArt 图形”对话框

用户可以根据自己的需要对插入的 SmartArt 图形进行进一步编辑，如添加、删除形状，设置形状的填充色、效果等。选中插入的 SmartArt 图形，功能区将显示“绘图工具|设计”和“绘图工具|格式”选项卡，通过选项卡中各个功能按钮的使用，可以制作出各种美观大方，用来表达演示文稿主题的图形。

**4. 插入影片和声音**

如图 4.21 所示，在“插入”选项卡的“媒体”组中单击“音频”或“视频”按钮，然后根据两种不同的情况进行选择。

如果待插入的“音频”或“视频“是系统自带的剪贴，就从菜单中选择“剪贴画音频”或

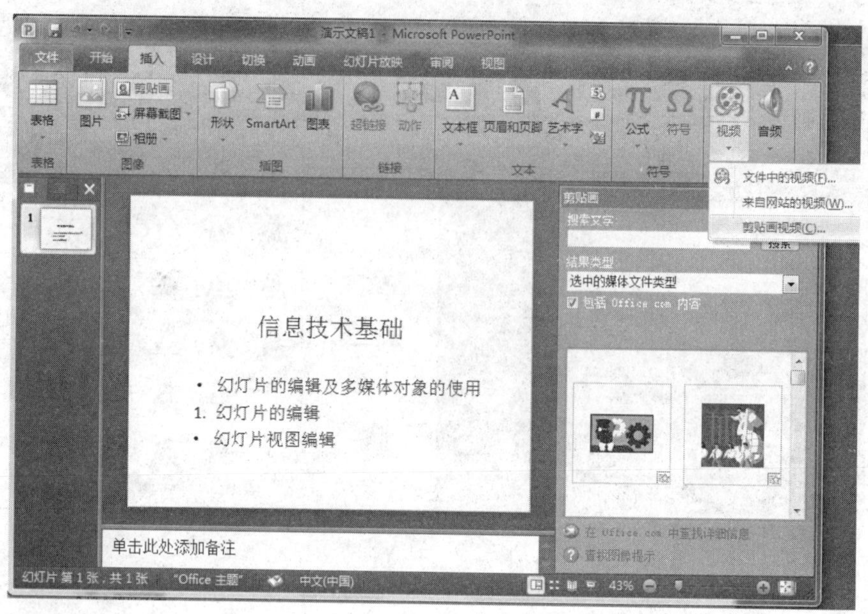


图 4.21　插入音频或视频

“剪贴画音频”命令。而如果所需要插入的影片和声音是外部文件，则应该在菜单中选择“文件中的音频”或“文件中的视频”命令。后续操作与插入图片相似，在此不再赘述。

**5. 插入数据图表**

在“插入”选项卡的“插图”组中单击“图表”按钮，弹出“插入图表”对话框，如图 4.22 所示。该对话框提供了 11 种图表类型，每种类型可以分别用来表示不同的数据关系。

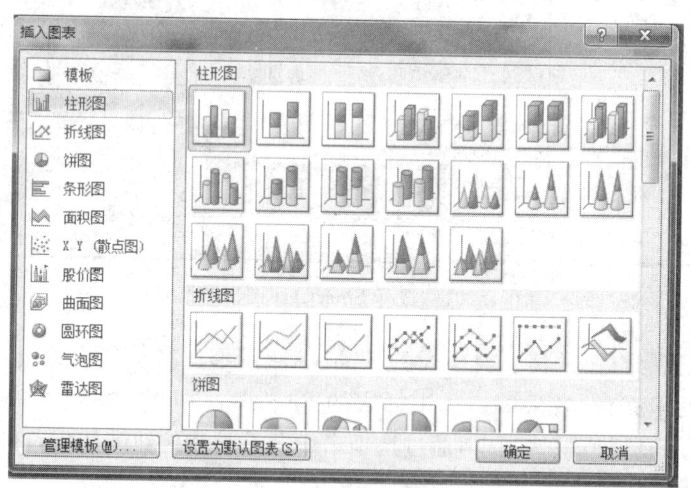


图 4.22　插入图表

**6. 创建相册**

欲将所有的相册的图片插入到幻灯片中，只需在“插入”选项卡的“图像”组中单击“相册”按钮，选择“新建相册”选项，如图 4.23 所示。

在弹出的“相册”对话框中单击“文件/磁盘”按钮，选择制作相册的图片，通过“相册中的图片”栏下边↑↓按钮调整图片顺序，如图 4.24 所示。

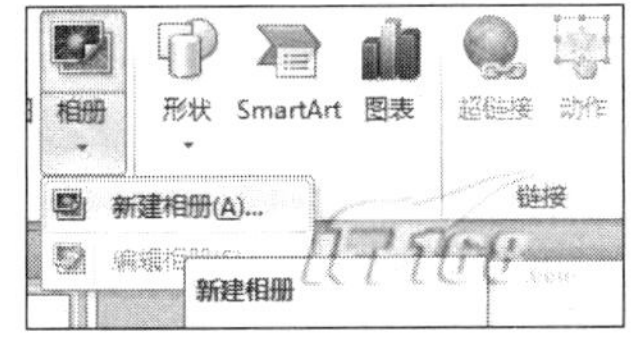


图 4.23 新建相册

图 4.24 调整图片顺序

在“相册”对话框中的“相册版式”栏中，单击“图片版式”下拉按钮中的设置为“1 张图片”，单击“创建”按钮；这时一个已经插入所有图片的幻灯片就产生了，所有的图片位置都设置为居中，这就可以节省设置的时间了，如图 4.25 所示。

图 4.25 设置相册版式

在“相册”对话框中的“相册版式”栏中，单击“相框形状”下拉按钮中的选择一种形状“圆角矩形”，单击“更新”按钮，这样就设计好了相框形状，如图 4.26 所示。

图 4.26　设置形状

# 4.3　演示文稿的效果设置

## 4.3.1　设置幻灯片的切换效果

幻灯片切换效果是指一张幻灯片如何从屏幕上消失，以及另一张幻灯片如何显示在屏幕上的方式。幻灯片切换方式可以是简单地以一个幻灯片代替另一个幻灯片，也可以创建一种特殊的效果，使幻灯片以不一样的方式出现在屏幕上。

**1. 设置切换效果**

用户既可以为一组幻灯片设置同一种切换方式，也可以为每张幻灯片设置不同的切换方式。选择"切换"菜单，会出来如图 4.27 所示的切换效果，选择一种切换方式即完成。

**2. 设置切换声音与速度**

选择幻灯片，在"切换"选项卡的"计时"组中单击"声音"按钮，在其下拉列表中选择相应的声音，如图 4.28 所示。

**3. 设置切换速度**

选择幻灯片，在"切换"选项卡的"计时"组中单击"持续时间"按钮，在其微调框中设置相应的持续时间，如图 4.29 所示。

图 4.27　切换效果

图 4.28　设置切换声音

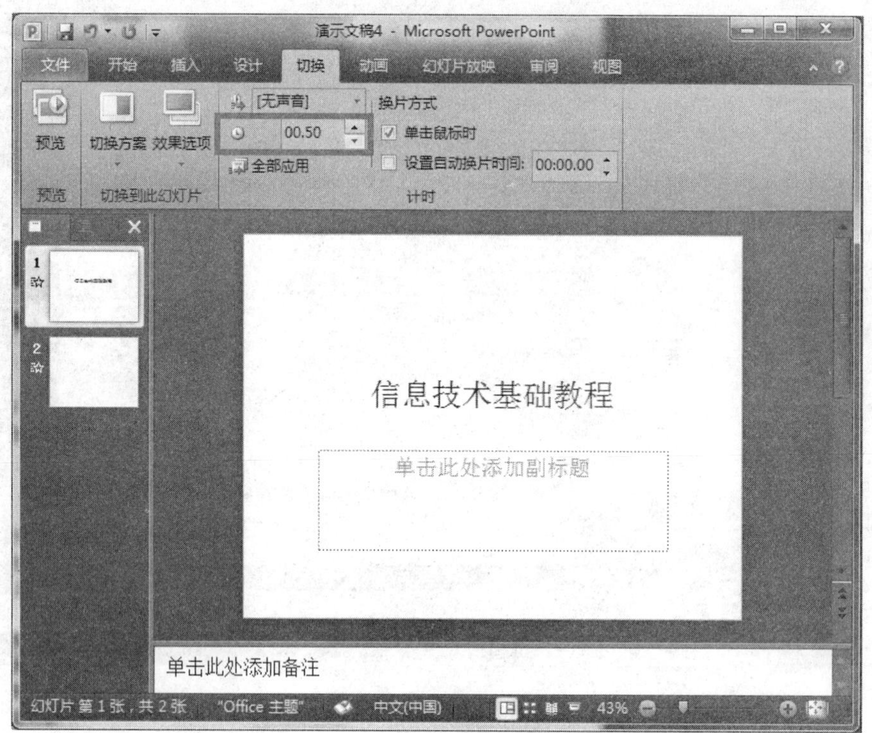


图 4.29 设置持续时间

### 4.3.2 自定义动画

在 PowerPoint 中，除了幻灯片切换动画外，还包括自定义动画。所谓自定义动画，是指为幻灯片内部各个对象设置的动画，它又可以分为项目动画和对象动画，其中项目动画是指为文本中的段落设置的动画，而对象动画是指为幻灯片中的其他各种对象，如图形、表格、SmartArt 图形等设置的动画。

**1. 制作进入式的动画效果**

单击“动画”选项卡“高级动画”组中的“添加动画”按钮，可以让文本或其他对象以多种动画效果进入放映屏幕，如图 4.30 所示。在添加动画效果之前，用户需要像设置其他对象属性时那样，首先选中对象。对于占位符或文本框来说，选择占位符、文本框，以及进入其文本编辑状态时，都可以为它们添加动画效果。

用户同样可以在动画效果面板中单击“更多进入效果”按钮，打开“添加进入效果”对话框，如图 4.31 所示，在其中可选择更多的进入式动画效果。

**2. 制作强调式的动画效果**

强调动画是为了突出幻灯片中的某部分内容而设置的放映时的特殊动画效果。添加强调动画的过程和添加进入效果大体相同，单击需要添加的强调效果的对象，然后在“动画”选项卡的“高级动画”组中单击“添加动画”按钮，选择“强调”选项组中的命令，即可为

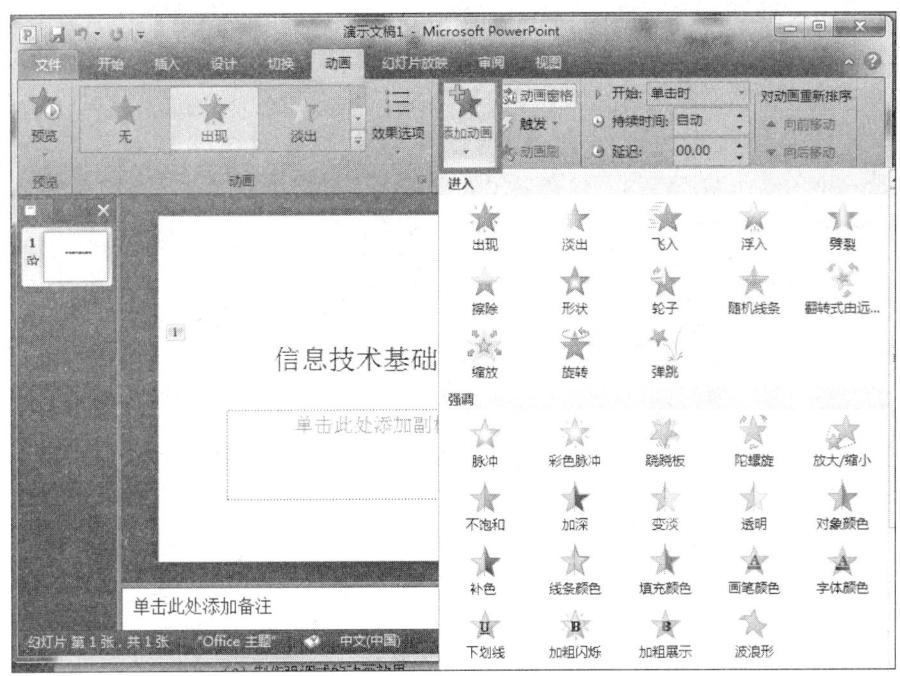


图 4.30　进入式的动画效果

幻灯片中的对象添加“强调”动画效果。用户同样可以在动画效果面板中单击“更多强调效果”按钮，打开“添加强调效果”对话框，如图 4.32 所示，添加更多强调动画效果。

图 4.31　“添加进入效果”对话框

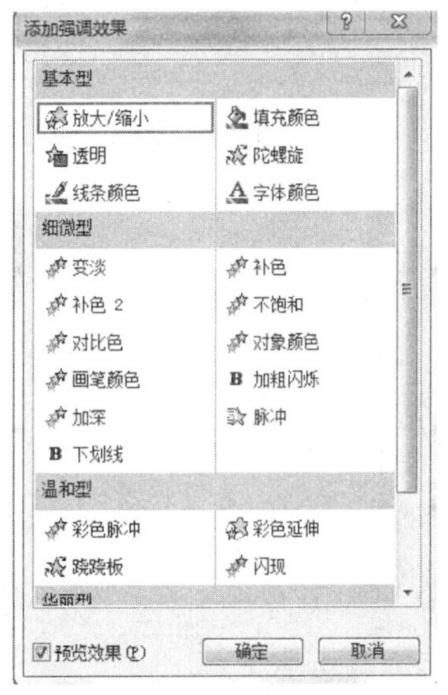


图 4.32　“添加强调效果”对话框

### 3. 制作退出式的动画效果

用户除了可以给幻灯片中的对象添加进入、强调动画效果外，还可以添加退出动画，如图 4.33 所示。退出动画可以设置幻灯片中的对象退出屏幕的效果。添加退出动画的过程和添加进入、强调动画效果的过程大体相同。

**4. 利用其他动作路径制作动画效果**

动作路径动画又称为路径动画，可以指定文本等对象沿预定的路径运动。PowerPoint 中的动作路径动画不仅提供了大量可供用户简单编辑的预设路径效果，还可以由用户自定义路径，进行更为个性化地编辑，如图 4.34 所示。

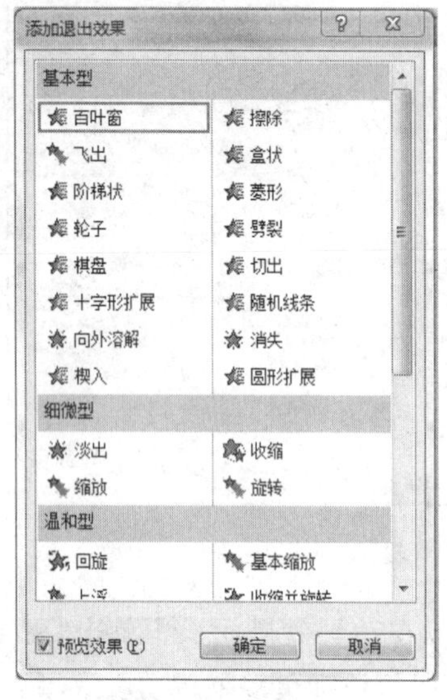


图 4.33 “添加退出效果”对话框

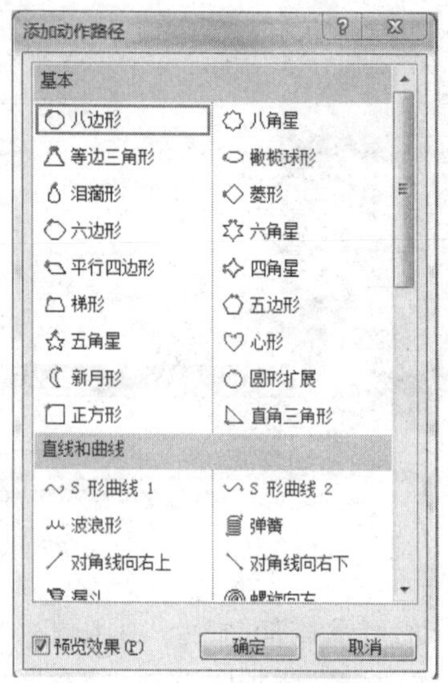


图 4.34 “添加动作路径”对话框

## 4.3.3 设置动画选项

当用户为对象添加了动画效果后，该对象就应用了默认的动画格式。这些动画格式主要包括动画开始运行的方式、变化方向、运行速度、延时方案、重复次数等。为对象重新设置动画选项可以在“动画”窗格中完成。

**1. 更改动画格式**

若要更改“动画效果”，选择“动画”窗格中单击“更多进入效果”按钮，打开“更改进入效果”对话框，如图 4.35 所示，重新选择动画效果即可。若要删除“动画效果”，选择“动画”窗格中单击“动画窗格”按钮，单击“删除”按钮，将当前动画效果删除，如图 4.36 所示。

**2. 调整动画播放序列**

在给幻灯片中的多个对象添加动画效果时，添加效果的顺序就是幻灯片放映时的播放次序。当幻灯片中的对象较多时，难免在添加效果时使动画次序产生错误，这时可以在动画效果添加完成后，再对其进行重新调整如图 4.37(a)和图 4.37(b)所示。

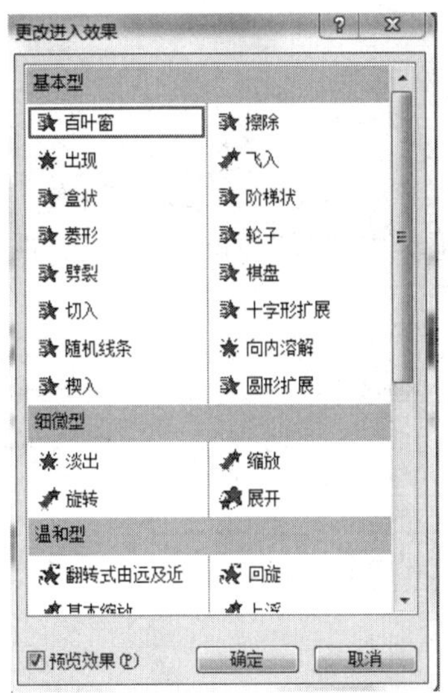


图 4.35 “更改进入效果”对话框

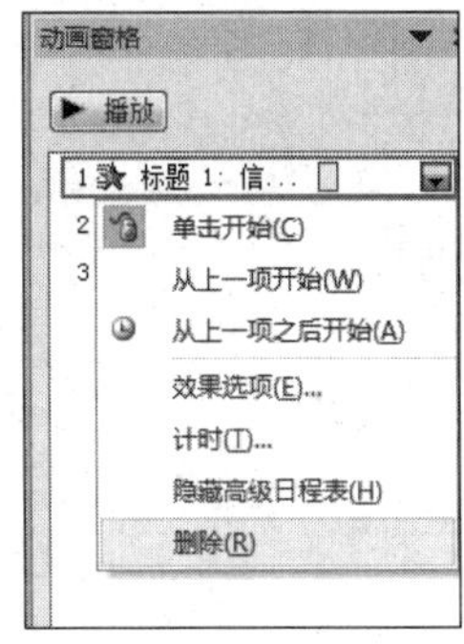


图 4.36 删除动画效果

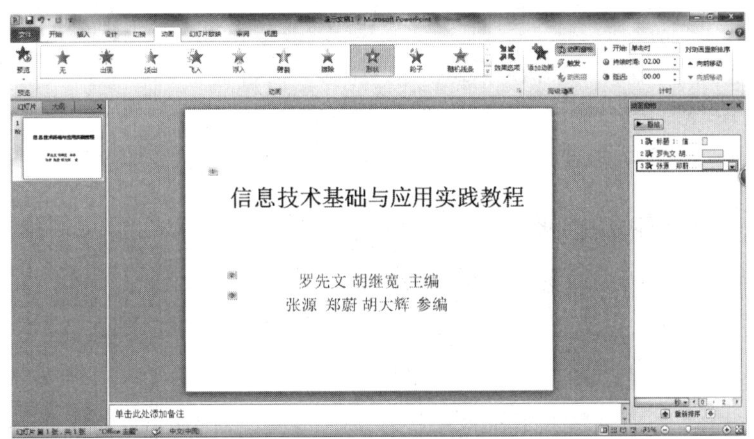


(a) 调整前

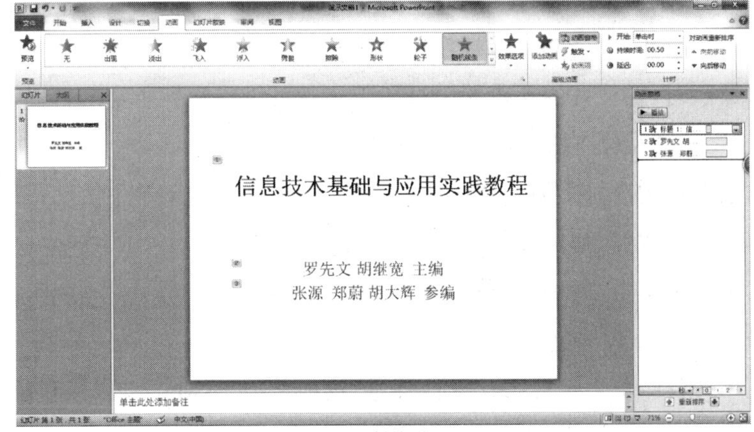


(b) 调整后

图 4.37 调整动画播放次序

### 4.3.4 设置超链接

**1. 为幻灯片中的对象设置超链接**

选中需要设置超链接的对象并右击，从快捷菜单中选择“超链接”，弹出“插入超链接”对话框，如图 4.38 所示。

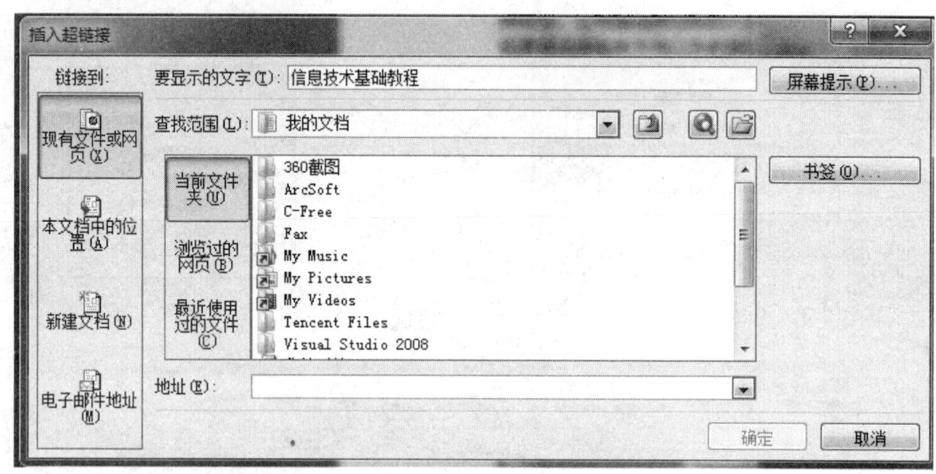


图 4.38 “插入超链接”对话框

其中，有“现有文件或网页”、“本文档中的位置”、“新建文档”和“电子邮件地址”4 种类型，应根据链接目标的不同从中进行选择。

如果要链接到本文件以外的其他文件，应选择“现有文件或网页”；“本文档中的位置”表示链接到本文件内部的某个位置；如果链接目标尚不存在，则需要选择“新建文档”，在建立文档之后进行链接；当链接目标是一个电子信箱时，就应选择“电子邮件地址”。

指定链接目标以后，单击“确定”按钮即可。

在幻灯片放映时，在建好的超链接上进行单击就可以跳转到指定的目标。

**2. 在幻灯片中插入动作按钮，并为其设置超链接**

在“插入”选项卡的“插图”组中单击“形状”按钮，选择下拉菜单中的动作按钮，并选择所需的某个具体动作按钮，如图 4.39 所示。

然后在幻灯片中单击，就可以将选定的动作按钮放置在幻灯片中，并且同时显示“动作设置”对话框，如图 4.40 所示。

在对话框中，选择“单击鼠标”或“鼠标移过”选项卡，然后对单击鼠标和鼠标移过所引起的动作进行设置即可。

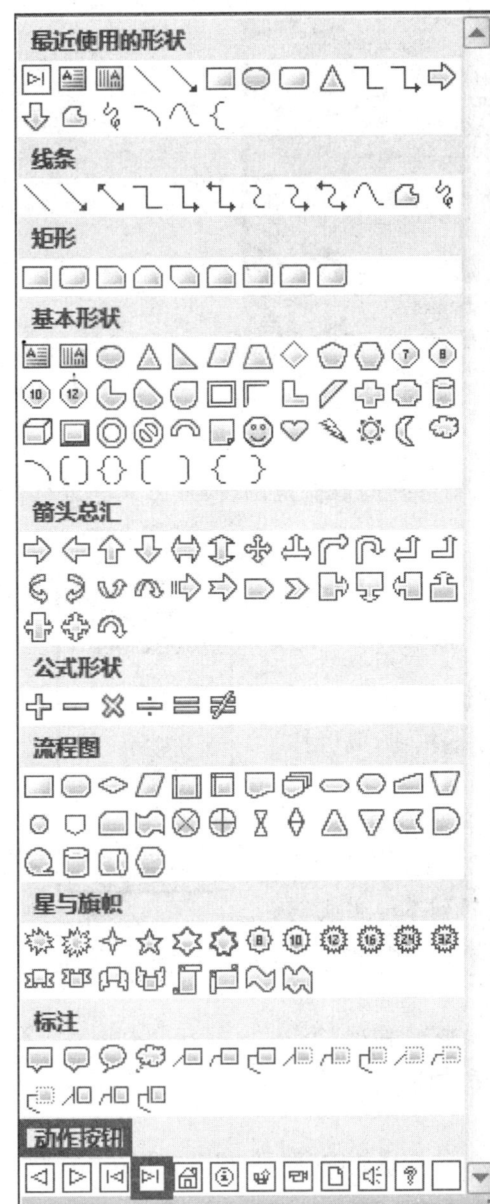


图 4.39　选择动作按钮

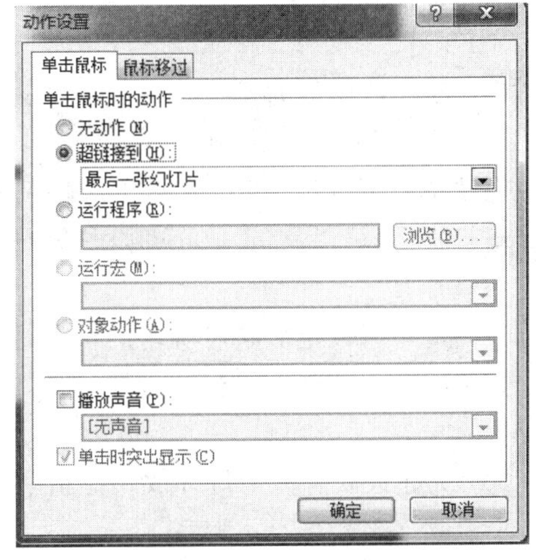


图 4.40　“动作设置”对话框

# 4.4　演示文稿的放映

**1. 设置放映方式**

在“幻灯片放映”选项卡的“设置”组中单击“设置幻灯片放映”按钮，弹出“设置放映方式”对话框，如图 4.41 所示。

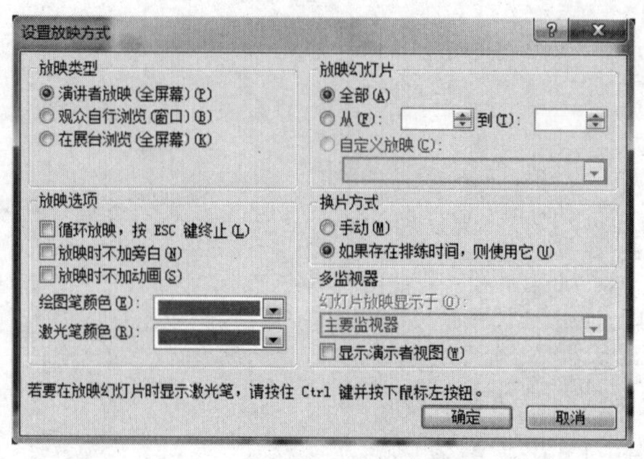

图 4.41　设置放映方式

对话框中，用户可以对放映类型、放映选项、幻灯片的放映范围、换片方式等进行设置，最后单击“确定”按钮。

**2. 放映的基本操作**

(1) 开始放映。

① 从头开始放映。在“幻灯片放映”选项卡的“开始放映幻灯片”组中单击“从头开始”按钮，或者直接按 F5 键。

② 从当前幻灯片开始放映。单击右下方的按钮，或者按 Shift+F5 键。

(2) 放映过程中的操作。在放映的过程之中右击，出现“幻灯片放映控制”快捷菜单，如图 4.42 所示。

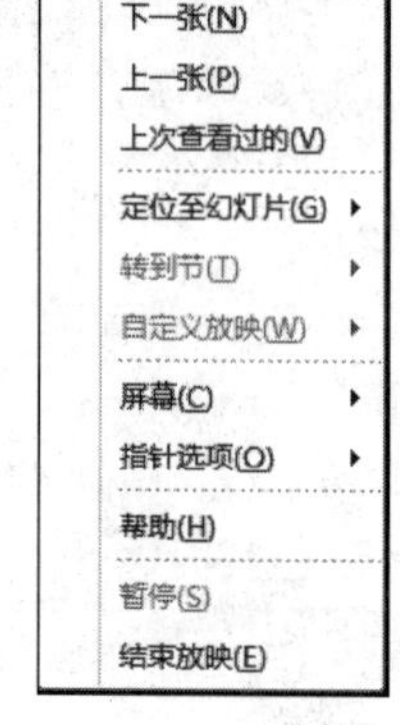

图 4.42　“幻灯片放映控制”菜单

在菜单中可以选择“下一张”或“上一张”跳转到下一张或上一张幻灯片，也可以从“定位至幻灯片”中进行选择后直接跳转到指定幻灯片。

“屏幕”中可设定放映时屏幕的状态，例如“黑屏”、“白屏”等。

如果要改变放映中鼠标的指针，则需要在“指针选项”中设置鼠标指针的样式、墨迹的颜色等。

(3) 终止放映。在幻灯片放映控制菜单中选择“结束放映”即可，或者直接按 Esc 键。

## 实验 1　PowerPoint 的使用

### 一、实验目的

(1) 掌握演示文稿和幻灯片的创建。

(2) 掌握幻灯片内部动画及幻灯片切换效果的设置。

(3) 掌握超链接的设置。

### 二、实验内容

将本书第 4 章的目录部分制作一份演示文稿，具体要求如下。

(1) 每一节制作一张幻灯片，章的标题为独立的一张幻灯片，即该演示文稿共 5 张幻灯片。

(2) 幻灯片中的所有文本前不要项目符号。

(3) 在章标题的幻灯片中，标题为章的标题，项目为各节的标题，并分别将其设置为可跳转到其他 4 张幻灯片的超链接。

(4) 在各节的幻灯片中，标题为节的标题，项目为各小节的标题(第 4.4 节只有节标题)。

(5) 在每张幻灯片中插入一个各不相同的剪贴画(自选)。

(6) 对全部幻灯片设置幻灯片内部的动画效果以及幻灯片的切换效果(效果自选)。

(7) 将该文档保存为名为“PowerPoint 应用基础”的 PPT 演示文稿。

## 实验 2 综合应用

**一、实验目的**

掌握 PowerPoint 综合应用能力。

**二、实验内容**

根据企业的发展需要，利用 Excel 等工具综合制作一个发展规划演示文稿。

# 第5章

# Internet 应用基础

## 5.1 Internet 接入及配置

目前接入 Internet 的方式主要有调制解调器(Modem)电话拨号接入、局域网接入和 ADSL 接入。

### 5.1.1 电话拨号接入

电话拨号接入 Internet 是家庭用户最早使用的一种接入方式,硬件要求包括一台计算机、一个调制解调器(Modem)和电话线。把调制解调器(Modem)硬件安装在计算机后,还要安装调制解调器(Modem)的驱动程序、设置调制解调器、创建拨号连接等。

**1. 调制解调器驱动程序的安装**

打开"控制面板",选择"打印机和其他硬件",然后通过"电话和调制解调器"和"添加硬件"两种方式安装。

(1) 通过"电话和调制解调器"选项安装。首先打开"控制面板"中的"电话和调制解调器"选项,单击"调制解调器"选项卡,选择"添加",出现"添加硬件向导",根据提示完成。

(2) 通过"添加硬件"安装。在"控制面板"中,选择"打印机和其他硬件",在信息区选择"添加硬件",出现添加硬件向导窗口,根据提示直至操作完成。

**2. 调制解调器的设置**

(1) 调制解调器属性设置。打开"控制面板"中的"电话和调制解调器"选项,单击"调制解调器"选项卡,选中安装好的调制解调器,单击"属性"按钮,弹出"调制解调器属性"对话框。在常规选项的"设备用法"列表中可以启用和停用设备;在"调制解调器"选项中可以设置扬声器音量和最大端口速度。

(2) 调制解调器的删除。打开"控制面板"中的"电话和调制解调器"选项,单击"调制解调器"选项卡,选中安装好的调制解调器,单击"删除"按钮,可以删除不用的调制解调器。

**3. 拨号连接的创建和启动**

打开"控制面板"下的"网络和 Internet",再打开其中的"网络和共享中心",在"更改网络设置"中,单击"设置新的连接或网络"项,出现"设置连接或网络"对话框,在对话框中选择"设置拨号连接",单击"下一步"按钮,选择调制解调器,单击"下一步"按钮,出现"创建拨号连接”对话框，输入 ISP 提供的电话号码和用户名及密码，最后给该拨号连接取一个名字，单击“创建”按钮，从而拨号连接创建成功，只要连接好电话线，单击刚才创建的连接图标，就会自动实现连接。

**4. 拨号连接的设置**

单击“开始”菜单，选择“连接到”选项，出现连接的网络图标，在其中选择拨号连接，右击，选择“属性”选项，出现“拨号连接属性”对话框。在“常规”选项中可以选择调制解调器，并从新设置拨号号码；在“选项”选项中可以设置重拨次数、间隔时间，并选择断线重拨；在“安全”选项中可以设置数据加密、身份验证等；在“网络”选项中可以选择不同的协议联网；在“共享”选项中可以设置一线多机上网。

### 5.1.2 局域网接入

**1. 网络适配器的安装**

在“控制面板”中，选择“打印机和其他硬件”，单击“添加硬件”，弹出添加硬件向导，按提示要求完成。

**2. TCP/IP 协议的添加**

(1) 更改本地连接的名字。和文件重命名一样。

(2) 禁用或启动连接。在“网络连接”窗口中，选中要禁用或启动的连接并右击，从弹出的快捷菜单中进行选择或直接从“文件”菜单中进行选择。

(3) 本地连接状态。双击本地连接或右击的从快捷菜单中选择状态，弹出本地连接状态窗口，可以查看本地连接的一些信息(持续时间、活动状态、IP 等)。

(4) 本地连接属性。右击“本地连接”从快捷菜单中选择“属性”命令，或直接从菜单中选择“文件”|“属性”命令，弹出“本地连接属性”窗口，可以在此窗口中设置“连接在通知区域显示图标”、添加协议、添加服务等。

**3. TCP/IP 协议属性的设置**

打开“本地连接属性”窗口，选“Internet 协议(TCP/IP)”，单击“属性”按钮，弹出“Internet 协议(TCP/IP)属性”窗口。

(1) IP 地址。可设为自动获得 IP 地址或输入 IP 地址。

(2) DNS 服务器地址。可设为自动获得 DNS 或输入 DNS 地址。

(3) 高级。可以添加修改删除 IP 地址和网关，可以添加、修改、删除 DNS，可以设置 NetBIOS 启动或禁止。

## 5.2 Internet Explorer 基本操作

### 5.2.1 网络 Internet Explorer 浏览器的启动

选择“开始”|Internet Explorer 命令或双击桌面上的 Internet Explorer 图标，即可打

开 Internet Explorer 浏览器，如图 5.1 所示。

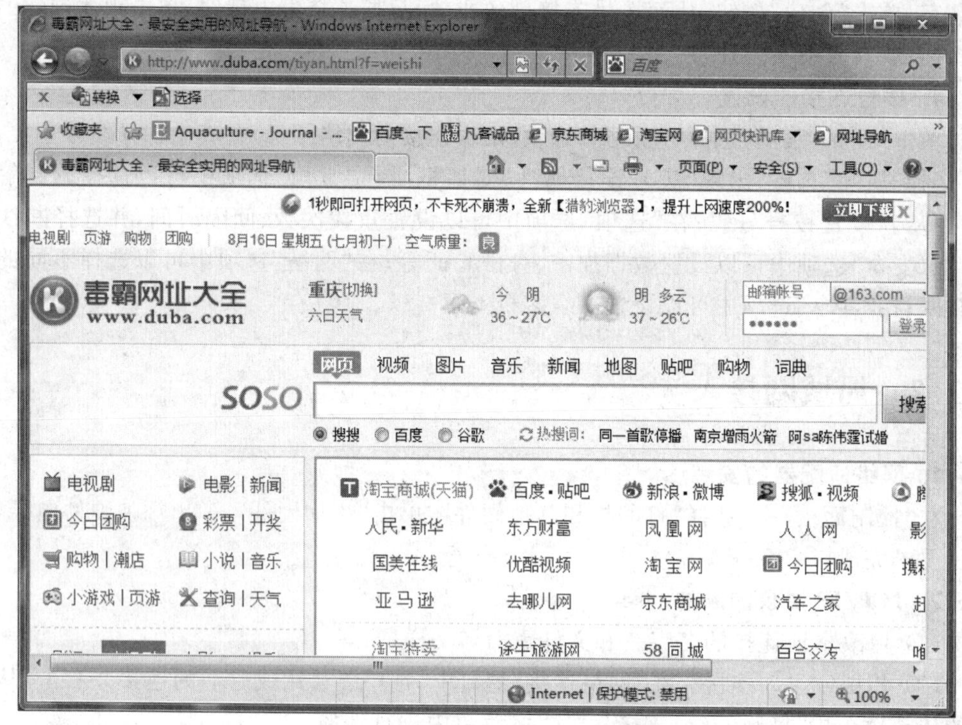


图 5.1　Internet Explorer 界面

## 5.2.2　Internet Explorer 浏览器的配置和使用

一般情况下，建立“连接”后，无须额外设置配置就可上网浏览。但是浏览器的默认配置并非适用于每一个用户，此时就需要对浏览器进行手工配置。

**1. 更改 Internet Explorer 浏览器起始主页**

主页就是指访问 WWW 站点的起始页，是 WWW 用户可以看见的第一信息界面。Internet Explorer 浏览器默认的主页是 Microsoft 公司的页面，用户可以把自己访问最频繁的一个站点设置为用户的主页。如此则每次启动 Internet Explorer 时，该主页就会首先被打开。其具体操作如下：打开 Internet Explorer 浏览器，在菜单栏中选择“工具”|“Internet 选项”命令，打开如图 5.2 所示的对话框。根据需要在其“主页”项的地址栏中填入主页地址，然后单击“确定”按钮完成操作。

通过“历史记录”，用户可以快速访问已查看过的网页。用户可以指定网页保存在历史记录中的天数，以及清除历史记录。具体操作为：在“历史记录”栏中选择“网页保存在历史记录中的天数”，根据需要在其文本框中输入所要保留的天数，如图 5.2 所示。

**2. 安全设置**

选择图 5.2 所示“Internet 选项”对话框中的“安全”选项卡，就会弹出如图 5.3 所示的对话框。首先在4个不同区域中，单击要设置的区域。在“该区域的安全级别”栏里，调节滑块所在位置，根据需要将该Internet区域的安全级别设为高、中、低。单击“确定”按钮完成设置。

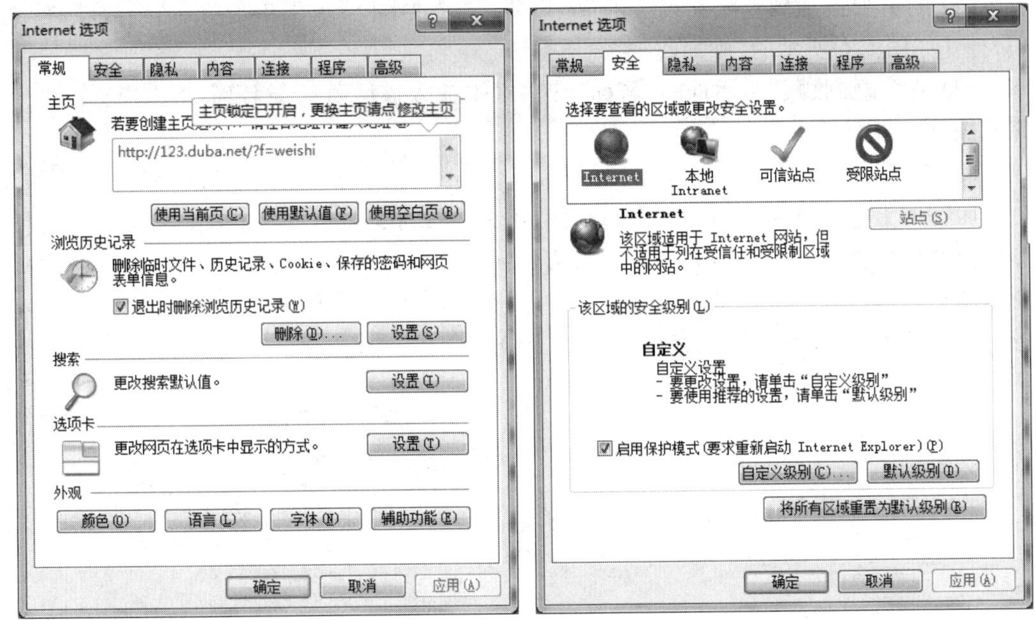


图5.2 “Internet选项”对话框　　　　图5.3 安全设置

### 3. 保存网页

如果要保存一个页面，选择“页面”|“另存为”命令，打开如图5.4所示的对话框。根据需要选择所要保存的路径及文件类型。

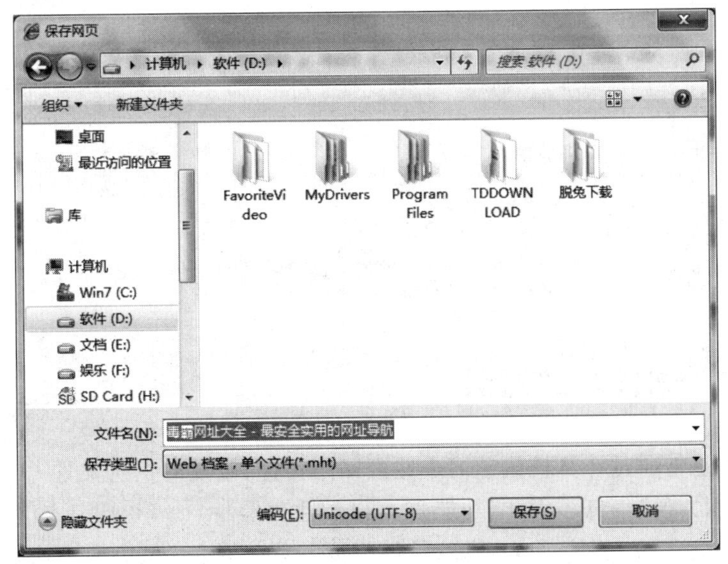


图5.4 “保存网页”对话框

**4. 使用收藏夹**

如果将网页添加到收藏夹中保存，则可通过收藏夹快速访问用户常用的 Web 页或站点（功能相似于链接栏）。具体操作如下。

(1) 打开要添加到收藏夹列表的 Web 页。在“收藏”菜单下单击“添加到收藏夹”选项，打开如图 5.5 所示的“添加收藏”对话框。

(2) 在“添加收藏”对话框的“名称”文本框中输入该网页的新名称，单击“确定”按钮完成操作。

**5. 下载文件**

因特网上除了有丰富的网页供浏览外，还有大量有工具程序、应用软件、图片音乐和影像资料等各种不同格式的文件可以下载(Download)。单击下载文件图标，出现图 5.6 所示图标，可以从确认框中选择“目标另存为”直接保存文件，也可以利用右键快捷菜单上的专用下载工具，如超级旋风、快车等软件下载。

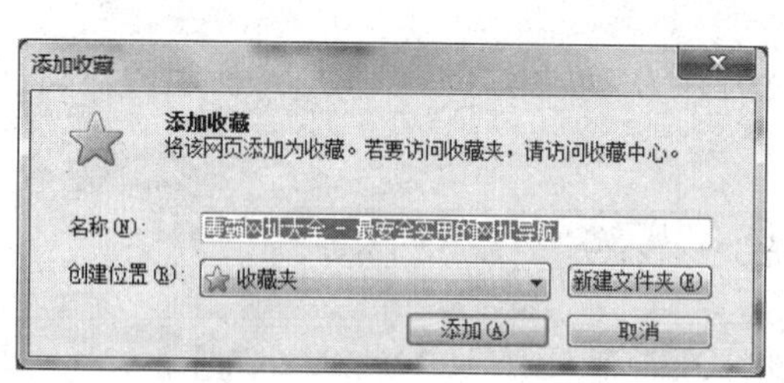


图 5.5 “添加收藏”对话框

图 5.6 下载快捷菜单

# 5.3 电子邮件操作

## 5.3.1 电子邮件基础知识

电子邮件是指通过计算机编制而成并经网络传递、收发的信息文件。它具有速度快、价格低廉、使用方便、信息多样化、功能强大和个性化等特点。主要完成信件的起草与编辑功能、信件发送功能、收信通知功能、信件收取与检索功能、退信说明功能、信件的管理功能、地址簿管理、电子邮件的安全功能。常用的专业电子邮件工具软件有 Outlook

Express、Foxmail 和 Hotmail 等。在 Windows 7 中，已经没有再集成 Outlook，它提供了 Windows Live Mail 软件包，可以进行邮件管理。

**1. 电子邮件服务器及协议**

SMTP 服务器和 POP 服务器就是 Internet 上的邮局，提供发送和接受邮件的服务。SMTP(Simple Mail Transfer Protocol)，简单邮件传输协议是大多数发送邮件服务器都遵循的协议。POP3(Post Office Protocol Version3，第 3 版的邮局协议)是接收邮件的协议。接收邮件的服务器被称为 POP3 服务器。每个 E-mail 地址的@后面的内容就是 POP3 服务器的域名。不同的邮箱 SMTP 和 POP3 地址不同，具体取决于服务器提供商。如搜狐邮箱的 Smtp 和 Pop3 为：smtp. sohu. com，Pop3：Pop3. sohu. com。

**2. E-mail 地址**

发送和接收邮件的服务器是全球范围内进行的。所以每个用户的电子邮箱必须有一个全球统一的地址格式。

E-mail 地址格式组成：username@rcswu. cq. cn。

第 1 个部分：用户名称 username。

第 2 个部分：取地址符号“@”(读作 at)。

第 3 个部分：电子邮箱所在的邮件服务器的名称(Mail Server Name)。

## 5.3.2 Windows Live Mail 设置

**1. 安装**

通过 Windows 7 提供的软件安装包 Windows Essentials 进行安装，启动后如图 5.7 所示，接着出现软件包选择界面，如图 5.8 所示。可根据需要进行选择，电子邮件应用要在 Mail 前勾选，进行后续安装即可。

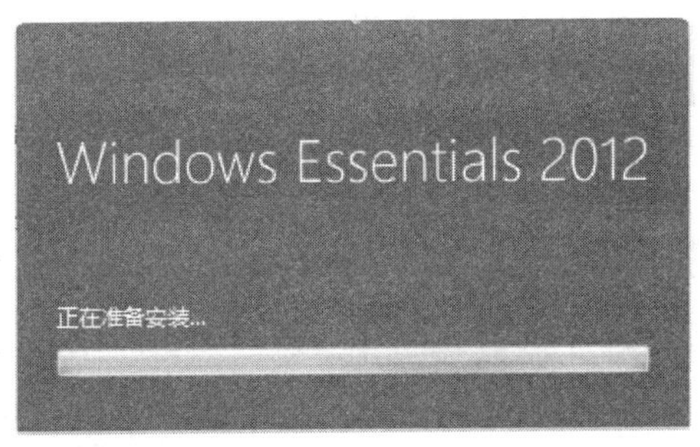


图 5.7 Essentials 软件包安装界面

**2。配置与应用**

启动 Windows Live Mail，初次启动会出现如图 5.9 所示的添加电子邮件界面，根据图 5.9 上的说明填写相关项目，单击“下一步”按钮，进入 Windows Live Mail 主界面，如图 5.10 所示。

(1) 设置电子邮箱账号。单击图 5.10 中的“登录”按钮，出现登录界面如图 5.11 所示，在其中添加已有的用户名和密码，单击“确定”按钮即可。

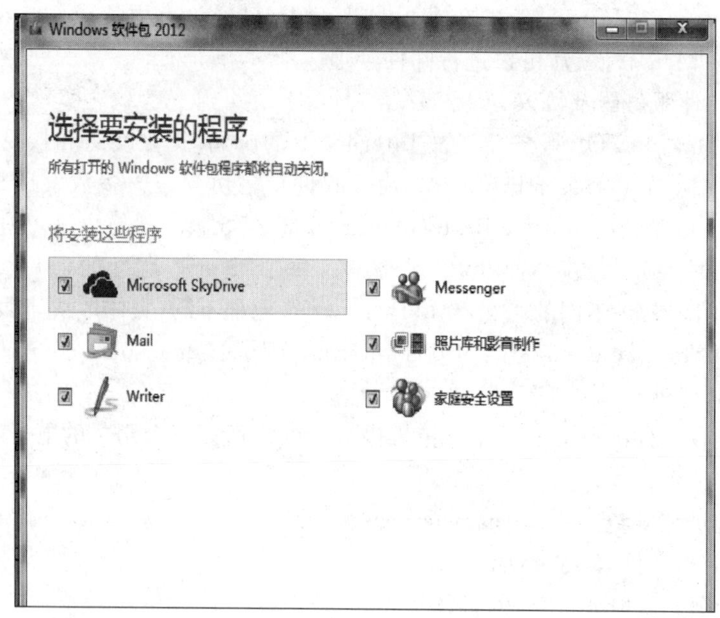


图 5.8 软件包选择界面

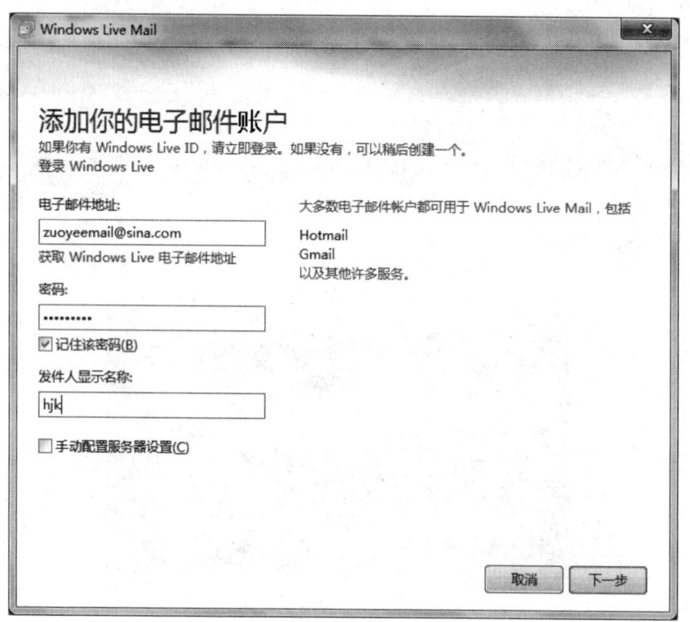


图 5.9 添加电子邮件界面

(2) 设置邮件服务器。在图 5.10 所示图形中，将鼠标放在选中邮箱上（图中 sina（zuoyeemail）），右击，从弹出的快捷菜单中选择“属性”命令，进入“属性”对话框，单击服务器，出现图 5.12 所示邮件服务器设置界面，输入接收邮件服务器和发送邮件服务器的域名，单击“确定”按钮，完成设置。

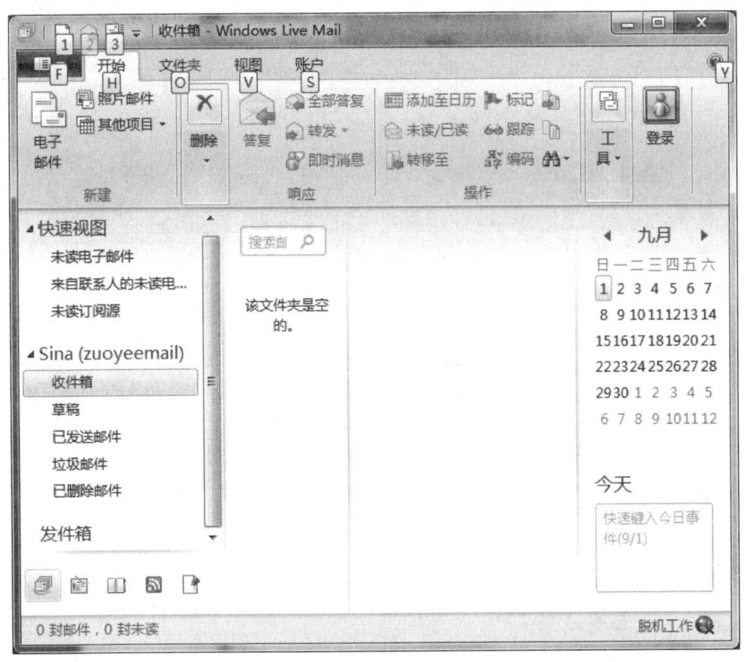


图 5.10　Windows Live Mail 主界面

图 5.11　登录界面

图 5.12　邮件服务器设置界面

(3) 收发邮件。每次启动 Windows Live Mail 后，接收和发送邮件都可以单击“发送/接收”图标，出现图 5.13 所示界面，即可实现邮件的收发。

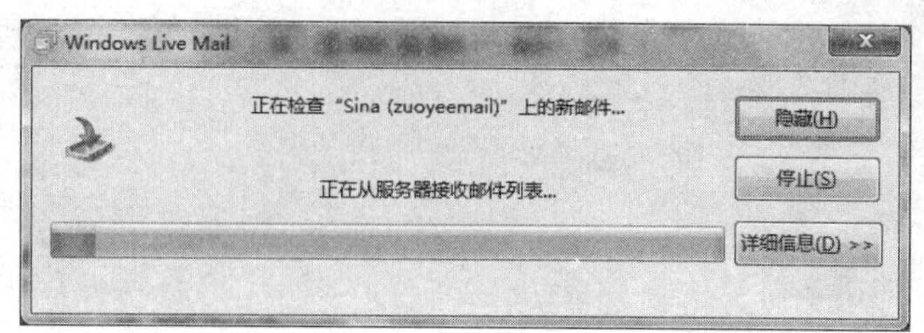


图 5.13　邮件发送与接收

### 5.3.3　免费电子邮箱的申请

(1) 进入"新浪"主页(http://www.sina.com),进入邮箱主页,单击立即注册按钮,出现如图 5.14 所示注册邮箱图面,输入计划的用户名、密码、验证码并单击"立即注册"按钮即可得到一个免费的新浪电子邮箱。

图 5.14　注册免费邮箱

(2) 进入免费邮箱,如图 5.15 所示。

### 5.3.4　电子邮件的收发

电子邮件的收发包括发送、接收阅读、回复和转发来信等操作。

**1. 书写和发送**

(1) 单击图 5.15 中的写信,出现如图 5.16 中的写信对话框。

(2) 在收件人栏里输入收信方电子邮箱地址。填写主题,并可添加附件,图 5.16 可以选择"上传附件"。附件可以是各种类型的文件,如文档文件、图形文件、程序文件,甚至音乐和影像文件等。附加的文件可任意多个。

(3) 在主题栏里要输入主题内容。

(4) 在正文框内输入邮件内容。

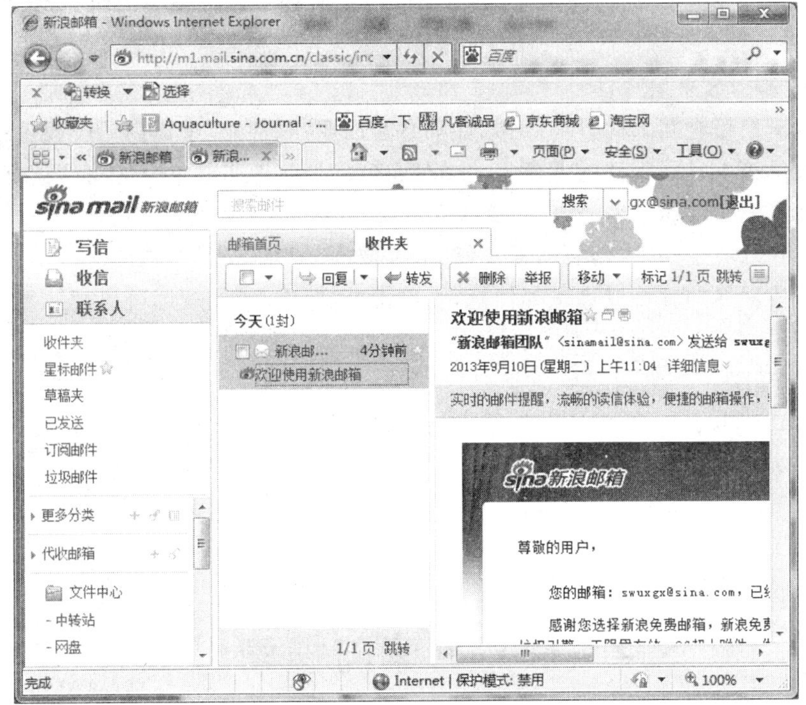


图 5.15　邮箱主界面

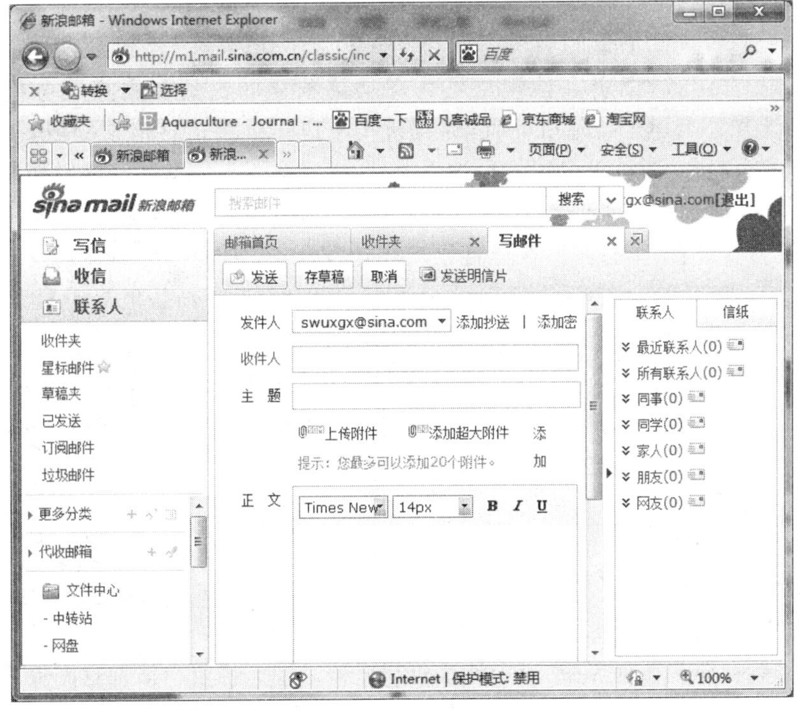


图 5.16　写邮件

(5) 单击“发送”按钮后，就可发出邮件，同时该邮件的副本会存入“已发送邮件”文件夹中，以备查看。

**2. 接收和阅读来信**

如果电子信箱有新邮件，所有新邮件都会存放在“收件箱”中，可打开“收件箱”逐一查阅来信。收件箱中显示邮件的发件人、主题和接收时间，双击邮件标题可阅读邮件。

**3. 回复电子邮件**

对于收到的电子邮件，需要回复发件人，可选择“回复作者”操作。

先打开要回复的邮件或选定邮件标题，单击“回复作者”按钮即可出现回复对话框，按提示操作即可。

**4. 转发邮件**

对于收到的电子邮件，需要转发给其他的人，可选择“转发邮件”操作。先打开要转发的邮件或选定邮件标题，单击“转发邮件”按钮，出现转发窗口。在主题框中已自动填好相应的内容，正文框显示来信。只需在地址框中输入要转发到的信箱地址，最后按“发送”按钮就可发送了，如有附件也同时发出。

# 5.4 信息检索与搜索引擎

## 5.4.1 信息检索

信息检索起源于图书馆的参考咨询和文摘索引工作，从19世纪下半叶首先开始发展，至20世纪40年代，索引和检索成已为图书馆独立的工具和用户服务项目。随着1946年世界上第一台电子计算机问世，计算机技术逐步走进信息检索领域，并与信息检索理论紧密结合起来；脱机批量情报检索系统、联机实时情报检索系统相继研制成功并商业化，20世纪60年代到80年代，在信息处理技术、通信技术、计算机和数据库技术的推动下，信息检索在教育、军事和商业等各领域高速发展，得到了广泛的应用。Dialog 国际联机情报检索系统是这一时期的信息检索领域的代表，至今仍是世界上最著名的系统之一。

信息检索(Information Retrieval)有广义和狭义之分。广义的信息检索全称为“信息存储与检索”，是指将信息按一定的方式组织和存储起来，并根据用户的需要找出有关信息的过程。狭义的信息检索为“信息存储与检索”的后半部分，通常称为“信息查找”或“信息搜索”，是指从信息集合中找出用户所需要的有关信息的过程。狭义的信息检索包括3个方面的含义：了解用户的信息需求、信息检索的技术或方法、满足信息用户的需求。

由信息检索原理可知，信息的存储是实现信息检索的基础。这里要存储的信息不仅包括原始文档数据，还包括图片、视频和音频等，首先要将这些原始信息进行计算机语言的转换，并将其存储在数据库中，否则无法进行机器识别。待用户根据意图输入查询请求后，检索系统根据用户的查询请求在数据库中搜索与查询相关的信息，通过一定的匹配机制计算出信息的相似度大小，并按从大到小的顺序将信息转换输出。

按存储的载体和实现查找的技术手段为标准划分：手工检索、机械检索、计算机检索；其中现在发展比较迅速的计算机检索是“网络信息检索”，也即网络信息搜索，是指互联网用户在网络终端，通过特定的网络搜索工具或是通过浏览的方式，查找并获取信息的行为。

网络信息检索一般指因特网检索，是通过网络接口软件，用户可以在一终端查询各地上网的信息资源。这一类检索系统都是基于互联网的分布式特点开发和应用的，即数据分布式存储，大量的数据可以分散存储在不同的服务器上；用户分布式检索，任何地方的终端用户都可以访问存储数据；数据分布式处理，任何数据都可以在网上的任何地方进行处理。

网络信息检索与联机信息检索最根本的不同在于网络信息检索是基于客户机/服务器的网络支撑环境的，客户机和服务器是同等关系，而联机检索系统的主机和用户终端是主从关系。在客户机/服务器模式下，一个服务器可以被多个客户访问，一个客户也可以访问多个服务器。因特网就是该系统的典型，网上的主机既可以作为用户的主机里的信息，又可以作为信息源被其他终端访问。

## 5.4.2 搜索引擎

**1. 概述**

因特网上有数以百万计的网站，而且不断有新的网站出现。它有无尽的信息资源供浏览查询。但要去找所需要的信息却如大海捞针一样难。搜索引擎(Search Engine)是帮助人们查询网上信息的服务网站，通常有目录检索服务和关键字检索服务两种搜索查询方式。

搜索引擎是指根据一定的策略、运用特定的计算机程序从互联网上搜集信息，在对信息进行组织和处理后，为用户提供检索服务，将用户检索相关的信息展示给用户的系统。搜索引擎包括全文索引、目录索引、元搜索引擎、垂直搜索引擎、集合式搜索引擎、门户搜索引擎与免费链接列表等。百度和谷歌等是搜索引擎的代表。

1990年，加拿大麦吉尔大学(University of McGill)计算机学院的师生开发出Archie。当时，万维网(World Wide Web)还没有出现，人们通过FTP来共享交流资源。Archie能定期搜集并分析FTP服务器上的文件名信息，提供查找分别在各个FTP主机中的文件。用户必须输入精确的文件名进行搜索，Archie告诉用户哪个FTP服务器能下载该文件。虽然Archie搜集的信息资源不是网页(HTML文件)，但和搜索引擎的基本工作方式是一样的：自动搜集信息资源、建立索引、提供检索服务。所以，Archie被公认为现代搜索引擎的鼻祖。

所有搜索引擎的祖先，是1990年由Montreal的McGill University的3名学生(Alan Emtage、Peter Deutsch、Bill Wheelan)发明的Archie(Archie FAQ)。Alan Emtage等想到了开发一个可以用文件名查找文件的系统，于是便有了Archie。Archie是第一个自动索引互联网上匿名FTP网站文件的程序，但它还不是真正的搜索引擎。Archie是一个可搜索的FTP文件名列表，用户必须输入精确的文件名搜索，然后Archie会告诉用户哪一个FTP地址可以下载该文件。由于Archie深受欢迎，受其启发，Nevada System Computing Services大学于1993年开发了一个Gopher（Gopher FAQ）搜索工具Veronica（Veronica FAQ）。Jughead是后来另一个Gopher搜索工具。

**2. 搜索引擎分类**

（1）全文索引。全文搜索引擎是广泛应用的主流搜索引擎，国外代表有Google，国内则有著名的百度。它们从互联网提取各个网站的信息（以网页文字为主），建立起数据库，并能检索与用户查询条件相匹配的记录，按一定的排列顺序返回结果。

根据搜索结果来源的不同，全文搜索引擎可分为两类，一类拥有自己的检索程序（Indexer），俗称"蜘蛛"（Spider）程序或"机器人"（Robot）程序，能自建网页数据库，搜索结果直接从自身的数据库中调用，上面提到的Google和百度就属于此类；另一类则是租用其他搜索引擎的数据库，并按自定的格式排列搜索结果，如Lycos搜索引擎在搜索引擎分类部分提到过全文搜索引擎从网站提取信息建立网页数据库的概念。搜索引擎的自动信息搜集功能分两种。一种是定期搜索，即每隔一段时间（比如Google一般是28天），搜索引擎主动派出"蜘蛛"程序，对一定IP地址范围内的互联网站进行检索，一旦发现新的网站，它会自动提取网站的信息和网址加入自己的数据库。另一种是提交网站搜索，即网站拥有者主动向搜索引擎提交网址，它在一定时间内（2天到数月不等）向特定网站派出"蜘蛛"程序，扫描网站并将有关信息存入数据库，以备用户查询。随着搜索引擎索引规则发生很大变化，主动提交网址并不保证网站能进入搜索引擎数据库，最好的办法是多获得一些外部链接，让搜索引擎有更多机会找到并自动将的网站收录。

当用户以关键词查找信息时，搜索引擎会在数据库中进行搜寻，如果找到与用户要求内容相符的网站，便采用特殊的算法（通常根据网页中关键词的匹配程度、出现的位置、频次、链接质量）计算出各网页的相关度及排名等级，然后根据关联度高低，按顺序将这些网页链接返回给用户。这种引擎的特点是搜全率比较高。

（2）目录索引。目录索引也称为分类检索，是因特网上最早提供WWW资源查询的服务，主要通过搜集和整理因特网的资源，根据搜索到网页的内容，将其网址分配到相关分类主题目录的不同层次的类目之下，形成像图书馆目录一样的分类树状结构索引。目录索引无须输入任何文字，只要根据网站提供的主题分类目录，层层单击进入，便可查到所需的网络信息资源。

虽然有搜索功能，但严格意义上不能称为真正的搜索引擎，只是按目录分类的网站链接列表而已。用户完全可以按照分类目录找到所需要的信息，不依靠关键词（Keywords）进行查询。目录索引中最具代表性的莫过于大名鼎鼎的Yahoo!、新浪、搜狐（搜狗）分类目录搜索。与全文搜索引擎相比，目录索引有许多不同之处。

首先，搜索引擎属于自动网站检索，而目录索引则完全依赖手工操作。用户提交网站后，目录编辑人员会亲自浏览你的网站，然后根据一套自定的评判标准甚至编辑人员的主观印象，决定是否接纳你的网站。

其次，搜索引擎收录网站时，只要网站本身没有违反有关的规则，一般都能登录成功。而目录索引对网站的要求则高得多，有时即使登录多次也不一定成功。尤其像Yahoo!这样的超级索引，登录更是困难。

此外，在登录搜索引擎时，一般不用考虑网站的分类问题，而登录目录索引时则必须将网站放在一个最合适的目录(Directory)。

最后，搜索引擎中各网站的有关信息都是从用户网页中自动提取的，所以用户的角度看，人们拥有更多的自主权；而目录索引则要求必须手工另外填写网站信息，而且还有各种各样的限制。更有甚者，如果工作人员认为所提交网站的目录、网站信息不合适，并可以随时对其进行调整，当然事先是不会协商的。

搜索引擎与目录索引有相互融合渗透的趋势。原来一些纯粹的全文搜索引擎现在也提供目录搜索，如 Google 就借用 Open Directory 目录提供分类查询。而像 Yahoo！这些老牌目录索引则通过与 Google 等搜索引擎合作扩大搜索范围。在默认搜索模式下，一些目录类搜索引擎首先返回的是自己目录中匹配的网站，如中国的搜狐、新浪、网易等；而另外一些则默认的是网页搜索，如 Yahoo！。这种引擎的特点是找的准确率比较高。

(3) 元搜索引擎。元搜索引擎(META Search Engine)接受用户查询请求后，同时在多个搜索引擎上搜索，并将结果返回给用户。著名的元搜索引擎有 InfoSpace、Dogpile、Vivisimo 等，中文元搜索引擎中具代表性的是搜星搜索引擎。在搜索结果排列方面，有的直接按来源排列搜索结果，如 Dogpile；有的则按自定的规则将结果重新排列组合，如 Vivisimo。

(4) 垂直搜索引擎。垂直搜索引擎为 2006 年后逐步兴起的一类搜索引擎。不同于通用的网页搜索引擎，垂直搜索专注于特定的搜索领域和搜索需求(例如：机票搜索、旅游搜索、生活搜索、小说搜索、视频搜索等等)，在其特定的搜索领域有更好的用户体验。相比通用搜索动辄数千台检索服务器，垂直搜索需要的硬件成本低、用户需求特定、查询的方式多样。

(5) 集合式搜索引擎。该搜索引擎类似元搜索引擎，区别在于它并非同时调用多个搜索引擎进行搜索，而是由用户从提供的若干搜索引擎中选择，如 HotBot 在 2002 年底推出的搜索引擎。

(6) 门户搜索引擎。AOLSearch、MSNSearch 等门户搜索引擎虽然提供搜索服务，但自身既没有分类目录也没有网页数据库，其搜索结果完全来自其他搜索引擎。

**3. 搜索引擎的发展**

(1) 智能检索。智能检索利用分词词典、同义词典，同音词典改善检索效果，进一步还可在知识层面或者说概念层面上辅助查询，通过主题词典、上下位词典、相关同级词典检索处理形成一个知识体系或概念网络，给予用户智能知识提示，最终帮助用户获得最佳的检索效果。

下面举例说明。

① 查询“计算机”，与“电脑”相关的信息也能检索出来。

② 可以进一步缩小查询范围至“微机”、“服务器”或扩大查询至“信息技术”或查询相关的“电子技术”、“软件”、“计算机应用”等范畴。

③ 还包括歧义信息和检索处理，如“苹果”，究竟是指水果还是计算机品牌，“华人”与“中华人民共和国”的区分，将通过歧义知识描述库、全文索引、用户检索上下文分析以及用户相关性反馈等技术结合处理，高效、准确地反馈给用户最需要的信息。

(2) 个性化搜索引擎。个性化趋势是搜索引擎的一个未来发展的重要特征和必然趋势之一。一种方式通过搜索引擎的社区化产品(即对注册用户提供服务)的方式来组织个人信息,然后在搜索引擎基础信息库的检索中引入个人因素进行分析,获得针对个人不同的搜索结果。自2004年10月Yahoo! 推出Myweb测试版,同年11月就推出个性化功能,到2005年Goog Sesearch History基本上都沿着一条路子走,分析特定用户的搜索需求限定的范围,然后按照用户需求范围扩展到互联网上其他的同类网站给出最相关的结果。另外一种是针对大众化的,Google个性化搜索引擎,或者Yahoo MindSet,或者前台聚类的Vivisimo。但是无论其中的哪一种实现方式,即Google的主动选择搜索范围,还是Yahoo!,Vivisimo在结果中重新组织自己需要的信息,都是一种实验或者创想,短期内无法成为主流的搜索引擎应用产品。

(3) 网格技术(Great Global Grid)。由于没有统一的信息组织标准对网络信息资源进行加工处理,难以对无序的网络信息资源进行检索、交接和共享乃至深层次的开发利用,形成信息孤岛。网格技术就是要消除信息孤岛实现互联网上所有资源的全面连通。

**4. 搜索引擎的功能**

搜索引擎是网站建设中针对“用户使用网站的便利性”所提供的必要功能,同时也是“研究网站用户行为的一个有效工具”。高效的站内检索可以让用户快速准确地找到目标信息,从而更有效地促进产品/服务的销售,

而且通过对网站访问者搜索行为的深度分析,对于进一步制定更为有效的网络营销策略具有重要价值。

(1) 从网络营销的环境看,搜索引擎营销的环境发展为网络营销的推动起到举足轻重的作用。

(2) 从效果营销看,很多公司之所以可以应用网络营销是利用了搜索引擎营销。

(3) 就完整型电子商务概念组成部分来看,网络营销是其中最重要的组成部分,是向终端客户传递信息的重要环节。

在搜索引擎发展早期,多是作为技术提供商为其他网站提供搜索服务,网站付钱给搜索引擎。后来,随着2001年互联网泡沫的破灭,大多转向为竞价排名方式。

搜索引擎的主流商务模式(百度的竞价排名、Google的AdWords)都是在搜索结果页面放置广告,通过用户的点击数向广告主收费。这种模式最早是比尔·格罗斯(Bill Gross)提出的。他于1998年6月创立GoTo公司(后于2001年9月更名为Overture),实施这种模式,取得了很大的成功,并且申请了专利。这种模式有两个特点,一是点击付费(Pay Per Click),用户不点击则广告主不用付费。二是竞价排序,根据广告主的付费多少排列结果。2001年10月,Google推出AdWords,也采用点击付费和竞价的方式。2002年,Overture起诉Google侵犯了其专利。2004年8月,和Yahoo!(Yahoo!于2003年7月收购Overture)达成和解,向后者支付了270万普通股(约3亿美元)作为和解费。

AdSense是Google于2003年推出的一种新的广告方式。AdSense使各种规模的第三方网页发布者进入Google庞大的广告商网络。Google在这些第三方网页放置跟网页

内容相关的广告，当浏览者单击这些广告时，网页发布者能获得收入。AdSense 在 blogger 中很受欢迎。同时，Google 武断地删除一些账号，引起部分人的不满。类似的广告方式，其他搜索引擎也先后推出。雅虎的广告方式是 YPN（Yahoo Publisher Network），YPN 除了可以在网页上显示与内容相关的广告以外，还可以通过在 RSS 订阅中来显示广告。微软的广告计划叫 AdCenter。百度也推出了主题推广。

**5. 搜索引擎的组成**

搜索引擎一般由搜索器、索引器、检索器和用户接口 4 个部分组成：

(1) 搜索器。其功能是在互联网中漫游，发现和搜集信息。

(2) 索引器。其功能是理解搜索器所搜索到的信息，从中抽取出索引项，用于表示文档以及生成文档库的索引表。

(3) 检索器。其功能是根据用户的查询在索引库中快速检索文档，进行相关度评价，对将要输出的结果排序，并能按用户的查询需求合理反馈信息。

(4) 用户接口。其作用是接纳用户查询、显示查询结果、提供个性化查询项。

**6. 搜索技巧**

(1) 简单查询。在搜索引擎中输入关键词，然后单击“搜索”按钮就行了，系统很快会返回查询结果，这是最简单的查询方法，使用方便，但是查询的结果却不准确，可能包含着许多无用的信息。

(2) 双引号(" ")。给要查询的关键词加上双引号(半角，以下要加的其他符号同此)，可以实现精确的查询，这种方法要求查询结果要精确匹配，不包括演变形式。例如在搜索引擎的文字框中输入“电传”，它就会返回网页中有“电传”这个关键字的网址，而不会返回诸如“电话传真”之类网页。

(3) 使用加号(＋)。在关键词的前面使用加号，也就等于告诉搜索引擎该单词必须出现在搜索结果中的网页上，例如，在搜索引擎中输入“＋电脑＋电话＋传真”就表示要查找的内容必须要同时包含“电脑、电话、传真”这 3 个关键词。

(4) 使用减号(－)。在关键词的前面使用减号，也就意味着在查询结果中不能出现该关键词，例如，在搜索引擎中输入“电视台－中央电视台”，它就表示最后的查询结果中一定不包含“中央电视台”。

(5) 通配符(＊和?)。通配符包括星号(＊)和问号(?)，前者表示匹配的数量不受限制，后者匹配的字符数要受到限制，主要用在英文搜索引擎中。例如输入“computer＊”，就可以找到“computer、computers、computerised、computerized”等单词，而输入“comp? ter”，则只能找到“computer、compater、competer”等单词。

(6) 使用布尔检索。所谓布尔检索，是指通过标准的布尔逻辑关系来表达关键词与关键词之间逻辑关系的一种查询方法，这种查询方法允许我们输入多个关键词，各个关键词之间的关系可以用逻辑关系词来表示。

① and。它称为逻辑“与”，用 and 进行连接，表示它所连接的两个词必须同时出现在查询结果中，例如，输入“computer and book”，它要求查询结果中必须同时包含 computer 和 book。

② or。它称为逻辑“或”，它表示所连接的两个关键词中任意一个出现在查询结果中就可以，例如，输入“computer or book”，就要求查询结果中可以只有 computer，或只有 book，或同时包含 computer 和 book。

③ not。它称为逻辑“非”，它表示所连接的两个关键词中应从第一个关键词概念中排除第二个关键词，例如输入“automobile not car”，就要求查询的结果中包含 automobile（汽车），但同时不能包含 car（小汽车）。

④ near。它表示两个关键词之间的词距不能超过 n 个单词。

在实际的使用过程中，可以将各种逻辑关系综合运用，灵活搭配，以便进行更加复杂的查询。

(7) 使用元词检索。大多数搜索引擎都支持“元词”(metawords)功能，依据这类功能用户把元词放在关键词的前面，这样就可以告诉搜索引擎你想要检索的内容具有哪些明确的特征。例如，在搜索引擎中输入“title：清华大学”，就可以查到网页标题中带有清华大学的网页。在键入的关键词后加上“domainrg”，就可以查到所有以 org 为后缀的网站。

其他元词还包括 image（用于检索图片），link（用于检索链接到某个选定网站的页面），URL（用于检索地址中带有某个关键词的网页）。

(8) 区分大小写。这是检索英文信息时要注意的一个问题，许多英文搜索引擎可以让用户选择是否要求区分关键词的大小写，这一功能对查询专有名词有很大的帮助。例如，Web 专指万维网或环球网，而 web 则表示生活中一般的蜘蛛网。

(9) 细化搜索条件。例如要查找有关计算机冒险游戏方面的资料，输入 game 是无济于事的。computer game 范围就小一些，当然最好是敲入 computer adventure game，返回的结果会精确得多。此外一些功能词汇和太常用的名词，如对英文中的“and”、“how”、“what”、“web”、“homepage”和中文中的“的”、“地”、“和”等搜索引擎是不支持的。这些词被称为停用词(Stop Words)或过滤词(Filter Words)，在搜索时这些词都将被搜索引擎忽略。

(10) 搜索逻辑命令。搜索引擎基本上都支持附加逻辑命令查询，常用的是“＋”号和“－”号，或与之相对应的布尔(Boolean)逻辑命令 AND、OR 和 NOT。用好这些命令符号可以大幅提高搜索精度。

(11) 精确匹配搜索。除利用前面提到的逻辑命令来缩小查询范围外，还可使用引号（" "，注意为英文字符。虽然一些搜索引擎已支持中文标点符号，但顾及到其他引擎，最好养成使用英文字符的习惯）来进行精确匹配查询（也称短语搜索）。

(12) 特殊搜索命令。

① 标题搜索。多数搜索引擎都支持针对网页标题的搜索，命令是“title：”，在进行标题搜索时，前面提到的逻辑符号和精确匹配原则同样适用。

② 网站搜索。此外还可以针对网站进行搜索，命令是“site：”(Google)、“host：”(AltaVista)、“url：”(Infoseek)或“domain：”(HotBot)。

③ 链接搜索。在 Google 和 AltaVista 中，用户均可通过“link：”命令来查找某网站的外部导入链接(inbound links)。其他一些引擎也有同样的功能，只不过命令格式稍有区别。可以用这个命令来查看是谁以及有多少网站与它做了链接。

# 实验1　Internet Explorer 的使用

**一、实验目的**

1. 了解 Internet Explorer 的功能、特点及相关概念。

2. 掌握使用 Internet Explorer 浏览网页、搜索信息、下载软件、Internet Explorer 选项的设置。

**二、实验内容**

1. 浏览网页。

2. 使用收藏夹。

3. 保存与打印网页。

4. Internet Explorer 的设置。

# 实验2　Windows Live Mail 的配置与使用

**一、实验目的**

1. 了解电子邮件的相关概念。

2. 掌握添加账户、收发电子邮件和软件设置。

**二、实验内容**

1. 新建账户。

2. 账户设置。

3. 发送新邮件。

4. 接收和管理邮件。

# 第6章

# Access 应用基础

## 6.1　Access 2010 概述

Access 2010 是 Microsoft 公司最新推出的 2010 年推出 Access 版本，是微软办公软件包 Office 2010 的一部分，目前最新的版本是 Access 2012。作为一种新型的关系型数据库，它能够帮助用户处理各种海量的信息，不仅能存储数据，更重要的是能够对数据进行分析和处理，使用户将精力聚焦于各种有用的数据。

### 6.1.1　Microsoft Access 2010 简介

Access 2010 是 Office 2010 系列办公软件中的产品之一，是微软公司出品的优秀的桌面数据库管理和开发工具。Microsoft 公司将汉化的 Access 2010 中文版加入 Office 2010 中文版套装软件中，使得 Access 在中国得到了广泛的应用。

Access 2010 提供了表生成器、查询生成器、宏生成器、报表设计器等许多可视化的操作工具，以及数据库向导、表向导、查询向导、窗体向导、报表向导等多种向导，可以使用户很方便地构建一个功能完善的数据库系统。Access 还为开发者提供了 Visual Basic for Application(VBA)编程功能，使高级用户可以开发功能更加完善的数据库系统。

Access 2010 还可以通过 ODBC 与 Oracle、Sybase、FoxPro 等其他数据库相连，实现数据的交换和共享。并且，作为 Office 办公软件包中的一员，Access 还可以与 Word、Outlook Express、Excel 等其他软件进行数据的交互和共享。

### 6.1.2　Access 2010 的启动与退出

**1. Access 2010 启动**

选择“开始”|“程序”|Microsoft Office|“Microsoft Access 2010”命令，即可打开 Access 2010，如图 6.1 所示。

**提示：**在通过“开始”菜单启动 Access 2010 以后，系统首先会显示“可用模板”面板，这是 Access 2010 界面上的第一个变化。新版本的 Access 2010 采用了和 Access 2007 扩展名相同的数据库格式，扩展名为.accdb。而原来的各个 Access 版本都是采用扩展名为.mdb 的数据库格式。

图 6.1　启动过程

**2. 退出 Access 2010**

当结束数据库操作时，为防止数据库数据丢失需要先关闭打开的数据库，再关闭 Access 窗口。

退出 Access 2010 的方法有以下几种。

(1) 单击“文件”选项卡，选择“退出 Access”按钮。

(2) 双击窗口左上角的控制目标。

(3) 单击标题栏右侧的“关闭”按钮。

(4) 按 Alt+Space 键，在弹出的快捷菜单中选择“关闭”命令。

(5) 在任务栏中 Access 2010 程序按钮上右击，在弹出的快捷菜单中选择“关闭”命令。

(6) 按 Alt+F4 键。

(7) 依次按 Alt、F 和 X 键。

**提示：**在打开另一个数据库的同时，Access 2010 将自动关闭当前的数据库。

### 6.1.3　Access 2010 的窗口

启动 Access 2010 时，首先会出现全新的 Access 标识，然后创建空白数据库，打开其系统主窗口，如图 6.2 所示。

Access 系统主窗口由以下部分组成：标题栏、功能区以及快速访问工具栏。

(1) 标题栏：主要包括 Access 2010 标题，“最大化”、“最小化”及“关闭”按钮，如图 6.2 所示。

(2) 功能区：在 Access 2010 的功能区中单击某个选项卡即可显示相应的面板。在面板中有许多自动适应窗口大小的命令组，提供了常用的命令按钮，如图 6.3 所示。

(3) 快速访问工具栏：快速访问工具栏位于窗口的左上角，其中包括“保存”按钮、“撤销”按钮和“恢复”按钮等。

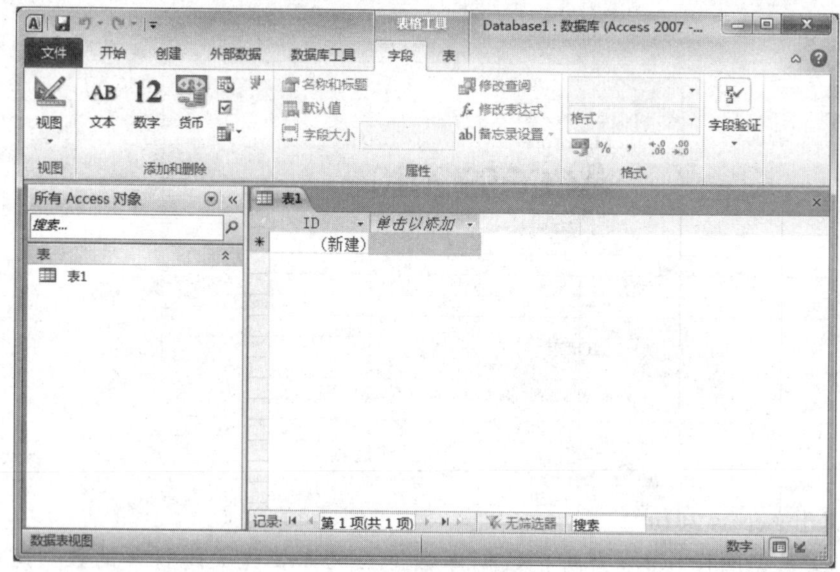


图 6.2　系统主窗口

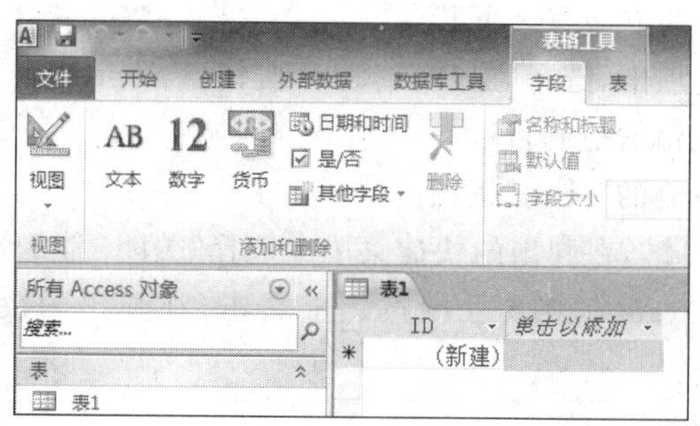


图 6.3　功能区

# 6.2　Access 2010 基本操作

## 6.2.1　创建数据库

**1. 创建一个空白数据库**

(1) 启动 Access 2010 程序，并进入 Backstage 视图，然后在左侧导航窗格中单击“新建”选项，接着在中间窗格中单击“空数据库”选项，如图 6.4 所示。

(2) 在右侧窗格中的“文件名”文本框中输入新建文件的名称，再单击“创建”图标按钮，如图 6.5 所示。

**提示**：若要改变新建数据库文件的位置，可以单击“文件名”文本框右侧的文件夹图标，如图 6.6 所示。弹出“文件新建数据库”对话框，选择文件的存放位置，接着在“文件名”文本框中输入文件名称，再单击“确定”按钮即可。

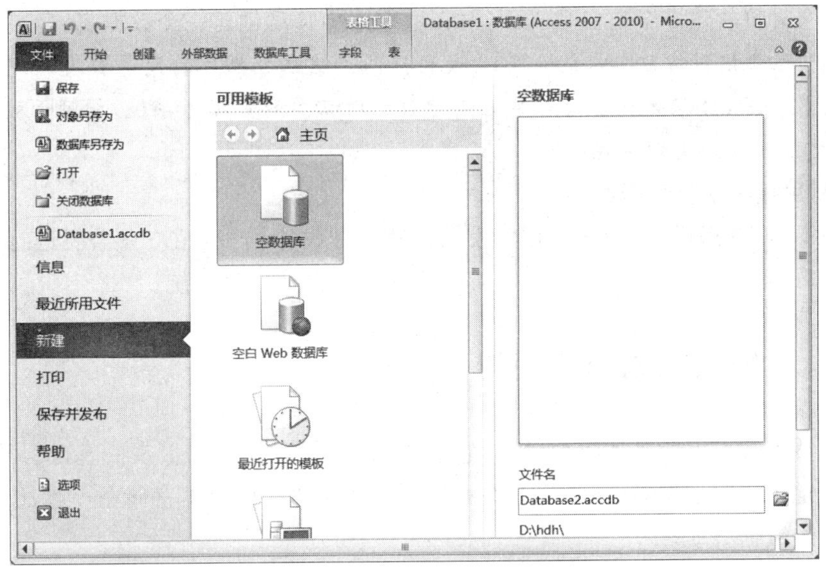


图 6.4　创建空数据库

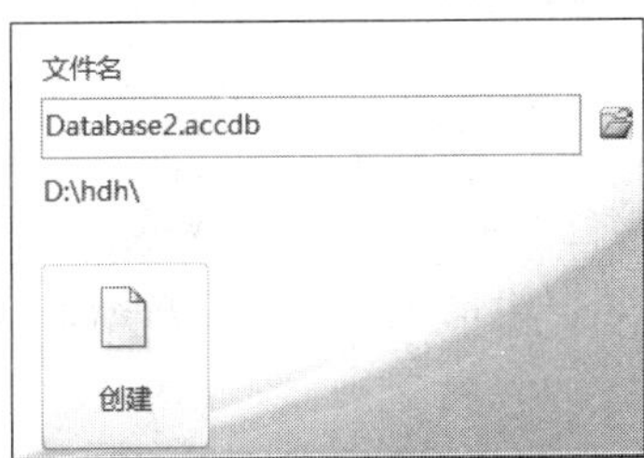


图 6.5　“创建”按钮

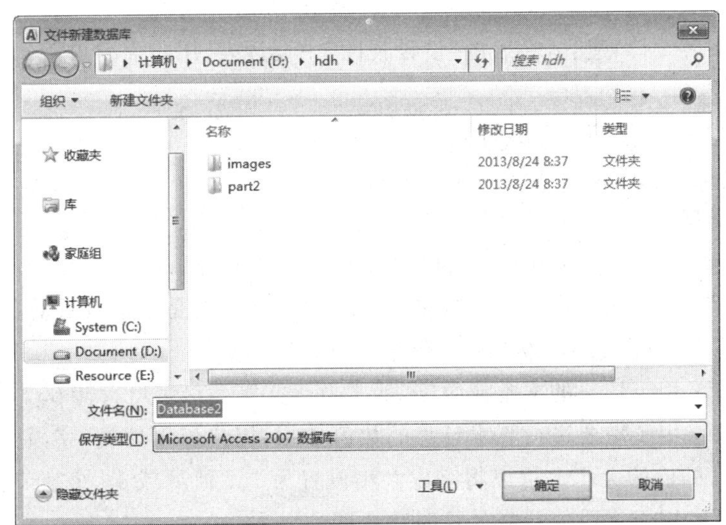


图 6.6　“文件新建数据库”对话框

(3) 这时将新建一个空白数据库，并在数据库中自动创建一个数据表。

**提示**：运用这种方法，Access 2010 大大提高了建立数据库的简易程度。运用这种方法建立的数据库，可以更加有针对性地设计自己所需要的数据库系统，相对于被动地用模板而言，增强了使用者的主动性。

**2. 利用模板创建数据库**

Access 2010 提供了 12 个数据库模板。使用数据库模板，用户只需要进行一些简单操作，就可以创建一个包含了表、查询等数据库对象的数据库系统。

### 6.2.2 数据表的创建与使用

表是整个数据库的基本单位，同时它也是所有查询、窗体和报表的基础。简单来说，表就是特定主题的数据集合，它将具有相同性质或相关联的数据存储在一起，以行和列的形式来记录数据。

**1. 创建新的数据表**

选择“创建”选项卡，可以看到“表”组中列出了用户可以用来创建数据表的方法，如图 6.7 所示。

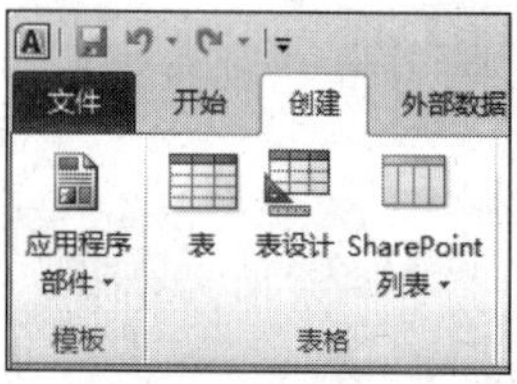

建立数据表的方式有 6 种。

(1) 和 Excel 表一样，直接在数据表中输入数据。Access 2010 会自动识别存储在该数据表中的数据类型，并据此设置表的字段属性。

(2) 通过“表”模板，运用 Access 内置的表模板来建立。



图 6.7 创建表

(3) 通过“SharePoint 列表”，在 SharePoint 网站建立一个列表，再在本地建立一个新表，并将其连接到 SharePoint 列表中。

(4) 通过“表设计”建立，在表的“设计视图”中设计表，用户需要设置每个字段的各种属性。

(5) 通过“字段”模板建立设计表。

(6) 通过从外部数据导入建立表。

**2. 数据类型**

(1) 基本类型。Access 2010 中的基本数据类型有以下几种。

- “文本”：用于文字或文字和数字的组合，如住址；或是不需要计算的数字，如电话号码。该类型最多可以存储 255 个字符。
- “备注”：用于较长的文本或数字，如文章正文等。最多可存储 65 535 个字符。
- “数字”：用于需要进行算术计算的数值数据，用户可以使用“字段大小”属性来设置包含的值的大小。可以将字段大小设置为 1、2、4、8 或 16 个字节。
- “货币”：用于货币值并在计算时禁止四舍五入。
- “是/否”：即布尔类型，用于字段只包含两个可能值中的一个，在 Access 中，使用“.1”表示所有“是”值，使用“0”表示所有“否”值。

• “OLE 对象”：用于存储来自于 Office 或各种应用程序的图像、文档、图形和其他对象。
• “日期/时间”：用于日期和时间格式的字段。
• “计算字段”：计算的结果。计算时必须引用同一张表中的其他字段。可以使用表达式生成器创建计算。
• “超链接”：用于超链接，可以是 UNC 路径或 URL 网址。
• “附件”：任何受支持的文件类型，Access 2010 创建的 ACCDB 格式的文件是一种新的类型，它可以将图像、电子表格文件、文档、图表等各种文件附加到数据库记录中。
• “查阅”：显示从表或查询中检索到的一组值，或显示创建字段时指定的一组值。查阅向导将会启动，可以创建查阅字段。查阅字段的数据类型是“文本”或“数字”，具体取决于在该向导中所做出的选择。

**提示**：创建表有多种不同的方法。用户可以根据自己的习惯和工作的难易程度选择合适的创建方法。通过直接输入、“表模板”和表的“设计视图”是最常用的创建表的方法。

对于字段该选择哪一种数据类型，可由下面几点来确定：

• 存储在表格中的数据内容。比如设置为“数字”类型，则无法输入文本。
• 存储内容的大小。如果要存储的是一篇文章的正文，那么设置成“文本”类型显然是不合适的，因为它只能存储 255 个字符，约 120 个汉字。
• 存储内容的用途。如果存储的数据要进行统计计算，则必然要设置为“数字”或“货币”。
• 其他。比如要存储图像、图表等，则要用到“OLE 对象”或“附件”。

(2) 数字类型。Access 2010 中数据的数字类型有以下几种。

• “常规”：存储时没有明确进行其他格式设置的数字。
• “货币”：用于应用 Windows 区域设置中指定的货币符号和格式。
• “欧元”：用于对数值数据应用欧元符号(€)，但对其他数据使用 Windows 区域设置中指定的货币格式。
• “固定”：用于显示数字，使用两个小数位，但不使用千位数分隔符。如果字段中的值包含两个以上的小数位，则 Access 会对该数字进行四舍五入。
• “标准”：用于显示数字，使用千位数分隔符和两个小数位。如果字段中的值包含两个以上的小数位，则 Access 会将该数字四舍五入为两个小数位。
• “百分比”：用于以百分比的形式显示数字，使用两个小数位和一个尾随百分号。如果基础值包含四个以上的小数位，则 Access 会对该值进行四舍五入。
• “科学计数”：用于使用科学(指数)记数法来显示数字。

(3) 日期和时间类型。Access 2010 中提供了以下几种日期和时间类型的数据。

• “短日期”：显示短格式的日期。具体取决于读者所在区域的日期和时间设置，如美国的短日期格式为 3/14/2012。
• “中日期”：显示中等格式的日期，如美国的中日期格式为 14. Mar. 01。
• “长日期”：显示长格式的日期。具体取决于读者所在区域的日期和时间设置，如美国的长日期格式为 Wednesday，March 14,2012。

- “时间(上午/下午)”：仅使用 12 小时制显示时间，该格式会随着所在区域的日期和时间设置的变化而变化。
- “中时间”：显示的时间带“上午”或“下午”字样。
- “时间(24 小时)”：仅使用 24 小时制显示时间，该格式会随着所在区域的日期和时间设置的变化而变化。

(4) 是/否类型。Access 2010 中提供了以下几种是/否类型的数据。

- “复选框”：显示一个复选框。
- “是/否”：(默认格式)用于将 0 显示为“否”，并将任何非零值显示为“是”。
- “真/假”：用于将 0 显示为“假”，并将任何非零值显示为“真”。
- “开/关”：(默认格式)用于将 0 显示为“关”，并将任何非零值显示为“开”。

(5) 快速入门类型。Access 2010 中提供了以下几种快速入门类型的数据。

- “地址”：包含完整邮政地址的字段。
- “电话”：包含住宅电话、手机号码和办公电话的字段。
- “优先级”：包含“低”、“中”、“高”优先级选项的下拉列表框。
- “状态”：包含“未开始”、“正在进行”、“已完成”和“已取消”选项的下拉列表框。
- “OLE 对象”：用于存储来自 Office 或各种应用程序的图像、文档、图形和其他对象。

**3. 使用表设计创建数据表**

使用表的“设计视图”来创建表主要是设置表的各种字段的属性。而它创建的仅仅是表的结构，各种数据记录还需要在“数据表视图”中输入。通常都是使用“设计视图”来创建表。下面将以创建一个“学生信息表”为例，说明使用表的“设计视图”创建数据表的操作步骤。

(1) 打开数据库 Database1. accdb。

(2) 单击“创建”选项卡“表格”组中的“表设计”按钮，进入表的设计视图，如图 6.8 所示。

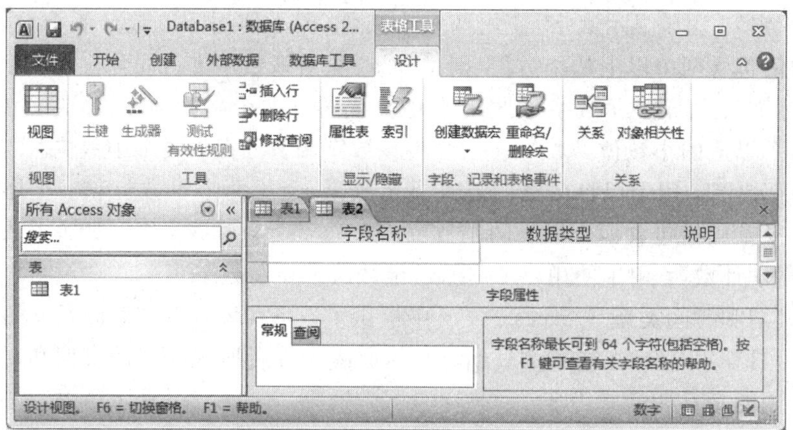


图 6.8 表的设计视图

(3) 在“字段名称”栏中输入字段名“学号”，在“数据类型”下拉列表框中选择该字段的类型为“文本”，在“说明”栏中的输入为选择性的，也可以不输入，如图 6.9 所示。

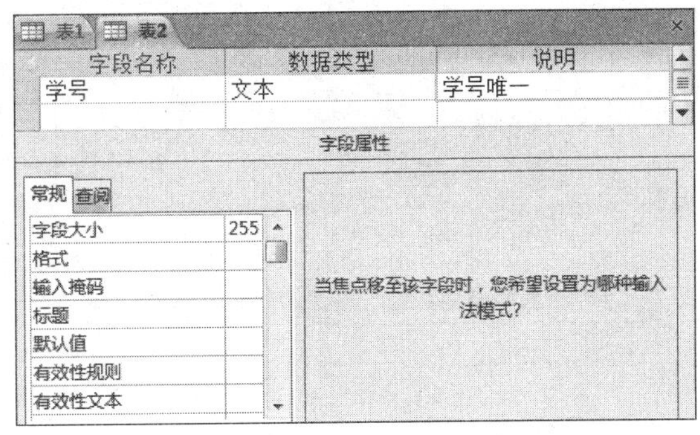


图 6.9　字段设置

(4) 用同样的方法，输入其他字段的名称，并设置其相应的数据类型，如图 6.10 所示。

(5) 单击“保存”按钮，弹出“另存为”对话框，在“表名称”中输入表名“学生信息表”，单击“确定”按钮保存表，如图 6.11 所示。

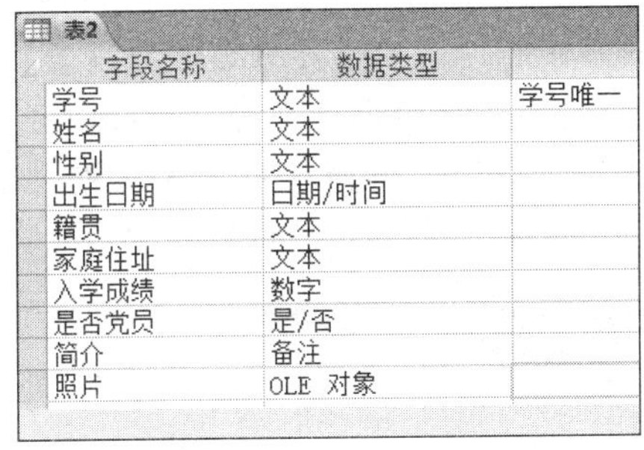

表2

| 字段名称 | 数据类型 | |
|---|---|---|
| 学号 | 文本 | 学号唯一 |
| 姓名 | 文本 | |
| 性别 | 文本 | |
| 出生日期 | 日期/时间 | |
| 籍贯 | 文本 | |
| 家庭住址 | 文本 | |
| 入学成绩 | 数字 | |
| 是否党员 | 是/否 | |
| 简介 | 备注 | |
| 照片 | OLE 对象 | |

图 6.10　字段类型设置

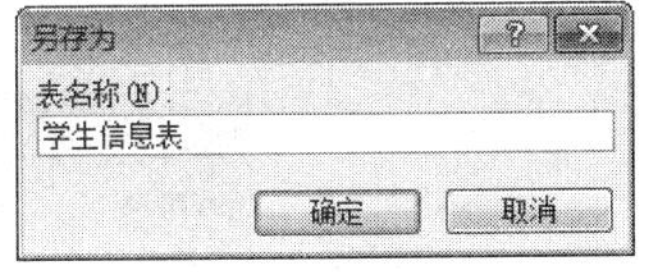


图 6.11　保存表

(6) 这时弹出对话框提示尚未定义主键，单击“否”按钮，暂时不设定主键。

(7) 在“表格工具|设计”选项卡的“视图”组中单击“视图”按钮，选择“数据表视图”命令，如图 6.12 所示。在各字段中输入表的数据即可。

学生信息表

| 学号 | 姓名 | 性别 | 出生日期 | 籍贯 | 家庭住址 | 入学成绩 | 是否党员 | 简介 | 照片 |
|---|---|---|---|---|---|---|---|---|---|
| 2013010101 | 张红 | 女 | 1994/2/25 | 山东济南 | 山东省济南市天桥区北园大街 | 526 | ☐ | | 画笔图片 |
| 2013010102 | 宋鹏程 | 男 | 1993/8/16 | 北京 | 北京市丰台区六里桥 | 490 | ☑ | | |
| 2013010103 | 王刚 | 男 | 1995/1/9 | 重庆 | 重庆市沙坪坝区小龙坎 | 531 | ☐ | | |
| 2013010201 | 李思思 | 女 | 1994/5/12 | 广东广州 | 广东省广州市珠海区南州路 | 507 | ☑ | | |
| 2013010202 | 魏敏 | 女 | 1993/11/6 | 湖南长沙 | 湖南省长沙市开福区太阳山路 | 493 | ☑ | | |
| 2013020101 | 王媛媛 | 女 | 1994/7/7 | 重庆 | 重庆江北区观音桥 | 499 | ☐ | | |
| 2013020102 | 陈悦 | 男 | 1994/10/22 | 四川成都 | 四川省成都市金牛区人民北路 | 518 | ☐ | | |

图 6.12　学生信息表

用同样的方法建立数据表“学生成绩表”，如图 6.13 所示。

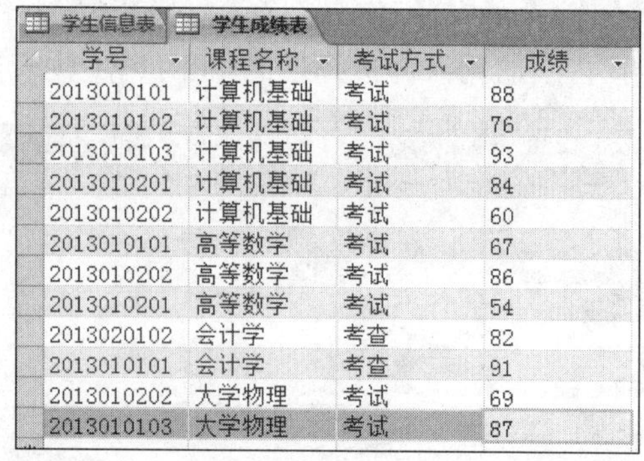

学生信息表 | 学生成绩表

| 学号 | 课程名称 | 考试方式 | 成绩 |
| --- | --- | --- | --- |
| 2013010101 | 计算机基础 | 考试 | 88 |
| 2013010102 | 计算机基础 | 考试 | 76 |
| 2013010103 | 计算机基础 | 考试 | 93 |
| 2013010201 | 计算机基础 | 考试 | 84 |
| 2013010202 | 计算机基础 | 考试 | 60 |
| 2013010101 | 高等数学 | 考试 | 67 |
| 2013010202 | 高等数学 | 考试 | 86 |
| 2013010201 | 高等数学 | 考试 | 54 |
| 2013020102 | 会计学 | 考查 | 82 |
| 2013010101 | 会计学 | 考查 | 91 |
| 2013010202 | 大学物理 | 考试 | 69 |
| 2013010103 | 大学物理 | 考试 | 87 |

图 6.13　学生信息表

## 6.2.3　修改数据表结构

**1. 利用设计视图更改表的结构**

运用“设计视图”更改表的结构和用“设计视图”创建表的原理是一样的，两者的不同之处在于在运用“设计视图”更改表的结构之前，系统已经创建了字段，仅需要对字段进行添加或删除操作。

首先，打开数据表所在数据库，在左边的导航窗格中双击需要修改的数据表。然后在“开始”选项卡的“视图”组中单击“设计视图”按钮，进入表的设计视图。最后，在此实现对字段的添加、删除和修改等操作，也可以对“字段属性”进行设置。操作界面如图 6.14 所示。

学生信息表 | 学生成绩表

| 字段名称 | 数据类型 | |
| --- | --- | --- |
| 学号 | 文本 | 学号唯一 |
| 姓名 | 文本 | |
| 性别 | 文本 | |
| 出生日期 | 日期/时间 | |
| 籍贯 | 文本 | |

常规 | 查阅

| | |
| --- | --- |
| 字段大小 | 255 |
| 格式 | |
| 输入掩码 | |
| 标题 | |
| 默认值 | |
| 有效性规则 | |
| 有效性文本 | |
| 必需 | 是 |
| 允许空字符串 | 否 |
| 索引 | 有(无重复) |

图 6.14　修改表结构

**2. 设置数据的有效性规则**

系统数据的“有效性规则”对输入的数据进行检查，如果录入了无效的数据，系统将立即给予提示，提醒用户更正，以减少系统的错误。例如，在“有效性规则”属性中输入

“＞100 And＜1000”会强制用户输入100～1000之间的值。“有效性规则”往往与“有效性文本”配合使用，当输入的数据违反了“有效性规则”时，则给出“有效性文本”规定的提示文字。“入学成绩”字段的有效性设置，如图6.15所示。

| 常规 | 查阅 |
|---|---|
| 字段大小 | 长整型 |
| 格式 | 常规数字 |
| 小数位数 | 0 |
| 输入掩码 | |
| 标题 | 入学成绩 |
| 默认值 | |
| 有效性规则 | >=0 And <=750 |
| 有效性文本 | 对不起，成绩必须在0~750之间！ |
| 必需 | 否 |
| 索引 | 无 |
| 智能标记 | |
| 文本对齐 | 常规 |

图6.15　有效性规则

**3. 设置数据表主键**

主键是表中的一个字段或字段集，它为Access 2010中的每一条记录提供了一个唯一的标识符。它是为提高Access在查询、窗体和报表中的快速查找能力而设计的。设定主键的目的，就在于能够保证表中的记录能够被唯一地被识别。

首先，将数据表打开并进入其“设计视图”，选择要作为主键的一个字段或者多个字段，例如将“学生信息表”中的“学号”选中。然后，在“表格工具|设计”选项卡的“工具”组中单击“主键”按钮，或者右击鼠标，在弹出的快捷菜单中选择“主键”命令，为数据表定义主键，如图6.16所示。

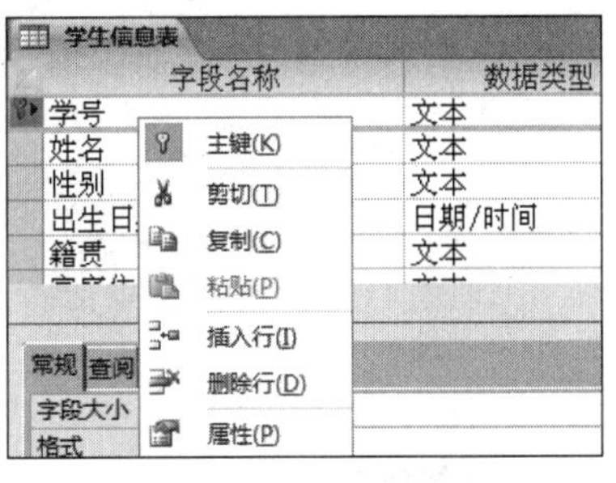


图6.16　设置主键

如果要更改主键，可以先删除现有主键，再重新指定新的主键。删除主键的方法与设置的方法相同，在“设计视图”中选择已建的主键字段，在“表格工具|设计”选项卡的“工具”组中单击“主键”按钮，即可删除。

删除的主键必须没有参与任何“表关系”，如果要删除的主键和某个表建立了表关系，Access 2010会警告必须先删除该关系。

## 6.2.4　建立表之间的关系

**1. 表间关系**

建立表间关系，能将不同表中的相关数据联系起来，为建立查询、创建窗体或报表打下良好基础。表关系是数据库中非常重要的一部分，甚至可以说，表关系就是Access作为关系型数据库的根本。表间的3种联系：一对一、一对多和多对多。表间的关系一般都定义成一对多的关系，一端表作为主表，如“学生信息表”，多端表作为相关表，如“学生成绩表”。关系是通过两个表间的公有字段建立的，如“学号”字段，一般，主表的主关键字是另一个表的字段，从而形成一对多的关系。

**2. 建立表间联系步骤**

(1) 在“数据库窗口”中，在“数据库工具”选项卡的“显示/隐藏”组中单击“关系”按钮，出现“显示表”对话框。

(2) 在“表”选项卡中，选定要创建关系的表，单击“添加”按钮，将“学生信息表”和“学生成绩表”添加到关系窗口中，如图 6.17 所示。

(3) 关闭“显示表”对话框。

(4) 在关系窗口中，选定主表(学生信息表)中起关联作用的“学号”字段，按住左键拖到相关表(学生成绩表)对应字段“学号”的上方，松开鼠标，弹出“编辑关系”对话框，如图 6.18 所示。

(5) 选择是否“实施参照完整性”，单击“创建”按钮，在“学生信息表”和“学生成绩表”之间出现一线条，表示两表建立了关系，如图 6.19 所示。

图 6.17 添加表

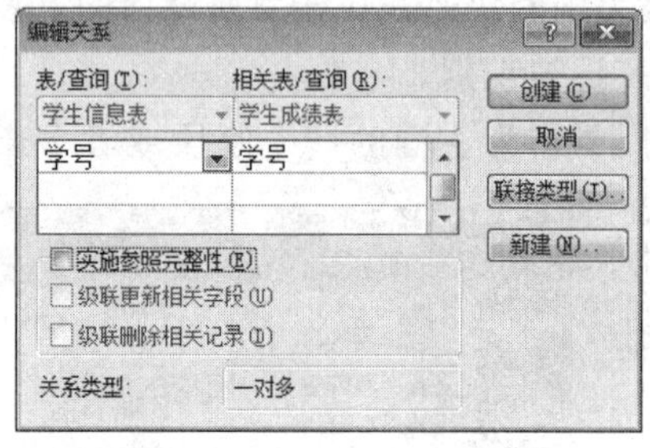


图 6.18 “编辑关系”对话框

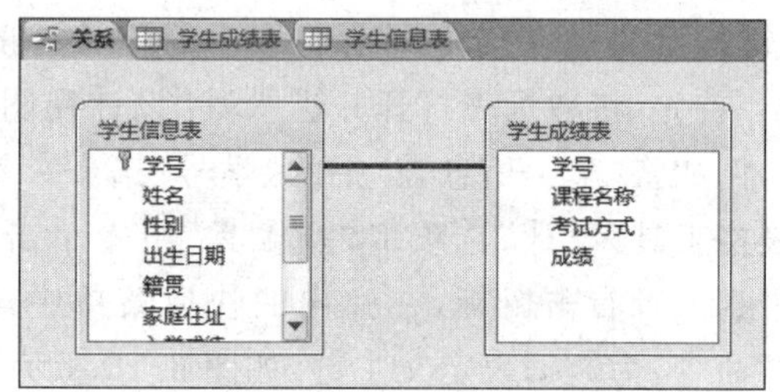


图 6.19 表之间的关系

(6) 保存数据库。

**3. 删除关系**

(1) 在“数据库工具”选项卡的“关系”组中单击“关系”按钮，打开“关系”窗口。

(2) 单击要删除的关系线段，使之变成粗线。

(3) 按 Delete 键，在弹出的对话框中单击“是”按钮，即可删除。

# 6.3 查询设计

## 6.3.1 查询概述

**1. 什么是查询**

查询就是依据一定的查询条件，对数据库中的数据信息进行查找。它与表一样，都是数据库的对象。它允许用户依据准则或查询条件抽取表中的记录与字段。Access 2010

中的查询可以对一个数据库中的一个或多个表中存储的数据信息进行查找、统计、计算、排序等。有多种设计查询的方法,用户可以通过查询设计器或查询设计向导来设计查询。

**2. 查询的种类**

Access 2010 提供多种查询方式,查询方式可分为选择查询、汇总查询、交叉表查询、重复项查询、不匹配查询.动作查询、SQL 特定查询以及多表之间进行的关系查询。这些查询方式总结起来有 4 类:选择查询、特殊用途查询、操作查询和 SQL 专用查询。

## 6.3.2 选择查询

**1. 使用查询向导创建查询**

(1) 打开数据库窗口,在"创建"选项卡的"查询"组中单击"查询向导"按钮,弹出"新建查询"对话框,如图 6.20 所示。

(2) 选择"简单查询向导"选项,单击"确定"按钮,打开"简单查询向导"对话框,如图 6.21 所示。

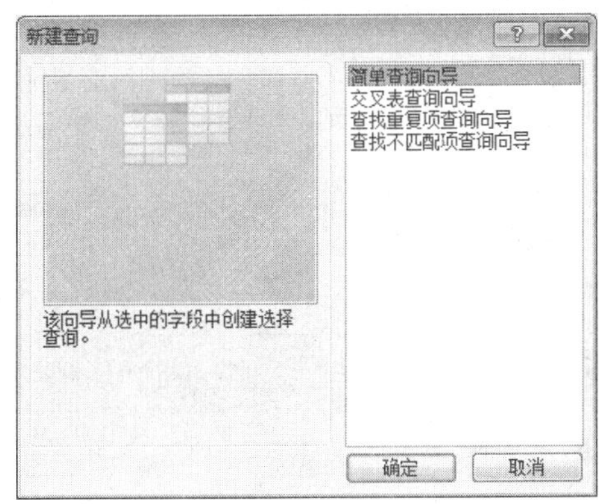


图 6.20 "新建查询"对话框

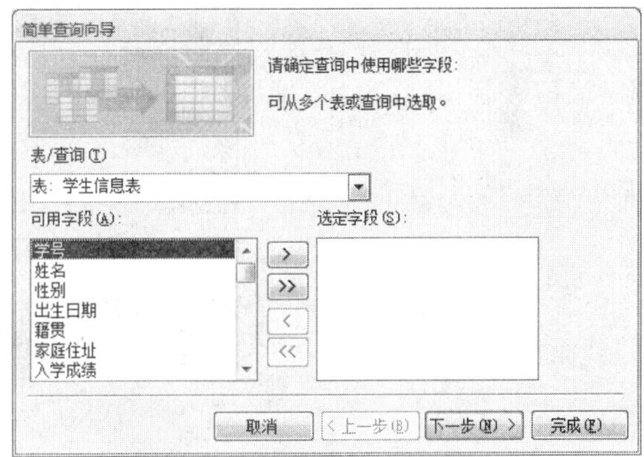


图 6.21 "简单查询向导"对话框

(3) 将"可用字段"中要查询的字段添加到"选定字段"中,如图 6.22 所示。

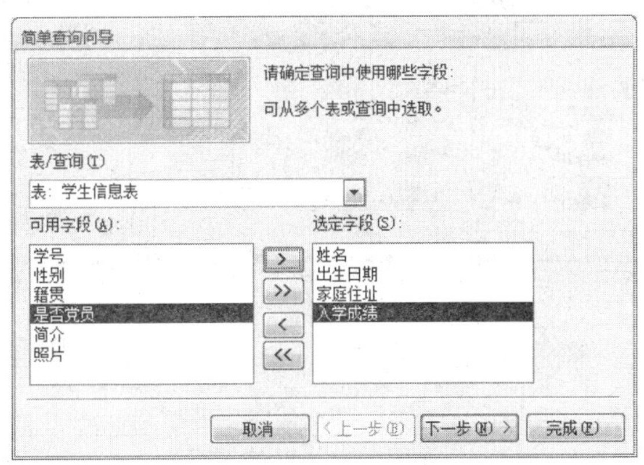


图 6.22 选择字段

(4) 按照向导提示单击“下一步”按钮，采用默认项，最后单击“完成”结束，显示查询结果如图 6.23 所示。

学生信息表 查询

| 姓名 | 出生日期 | 家庭住址 | 入学成绩 |
|---|---|---|---|
| 张红 | 1994/2/25 | 山东省济南市天桥区北园大街 | 526 |
| 宋鹏程 | 1993/8/16 | 北京市丰台区六里桥 | 490 |
| 王刚 | 1995/1/9 | 重庆市沙坪坝区小龙坎 | 531 |
| 李思思 | 1994/5/12 | 广东省广州市珠海区南州路 | 507 |
| 魏敏 | 1993/11/6 | 湖南省长沙市开福区太阳山路 | 493 |
| 王媛媛 | 1994/7/7 | 重庆江北区观音桥 | 499 |
| 陈悦 | 1994/10/22 | 四川省成都市金牛区人民北路 | 518 |

图 6.23　查询结果

**2. 用查询设计器创建查询**

(1) 打开数据库窗口，在“创建”选项卡的“查询”组中单击“查询设计”按钮，弹出“显示表”对话框，如图 6.24 所示。

图 6.24　“显示表”对话框

(2) 在“表”选项卡中，将“学生信息表”和“学生成绩表”添加到查询窗口中，如图 6.25 所示。

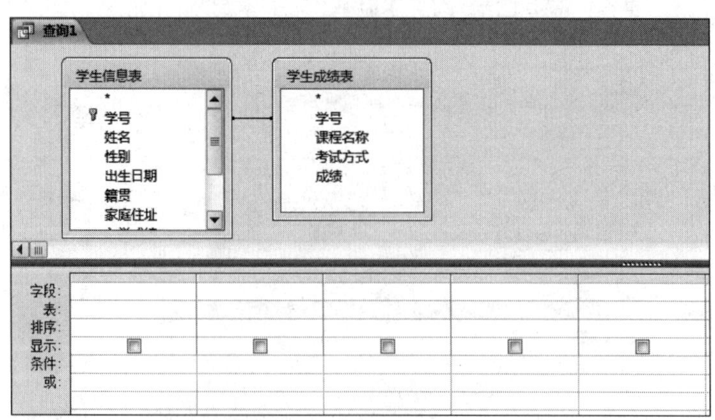


图 6.25　查询设计器

(3) 在设计网格中添加查询字段,设置查询结果的排序,如图 6.26 所示。

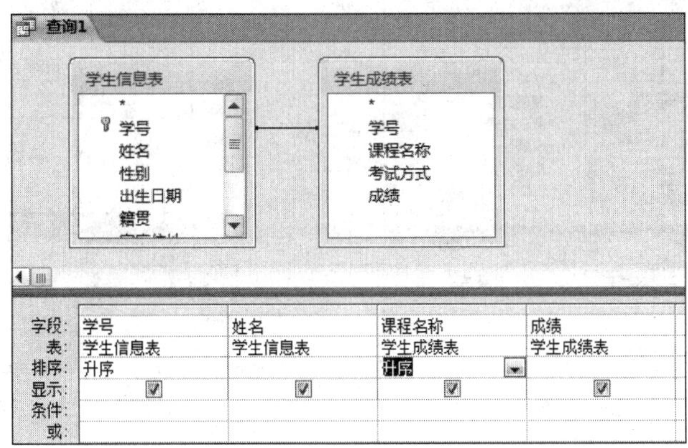


图 6.26 设置查询

(4) 保存查询,如图 6.27 所示。

(5) 在左侧窗格中双击“成绩查询”,显示查询结果,如图 6.28 所示。

图 6.27 保存查询

成绩查询

| 学号 | 姓名 | 课程名称 | 成绩 |
|---|---|---|---|
| 2013010101 | 张红 | 高等数学 | 67 |
| 2013010101 | 张红 | 会计学 | 91 |
| 2013010101 | 张红 | 计算机基础 | 88 |
| 2013010102 | 宋鹏程 | 计算机基础 | 76 |
| 2013010103 | 王刚 | 大学物理 | 87 |
| 2013010103 | 王刚 | 计算机基础 | 93 |
| 2013010201 | 李思思 | 高等数学 | 54 |
| 2013010201 | 李思思 | 计算机基础 | 84 |
| 2013010202 | 魏敏 | 大学物理 | 69 |
| 2013010202 | 魏敏 | 高等数学 | 86 |
| 2013010202 | 魏敏 | 计算机基础 | 60 |
| 2013020102 | 陈悦 | 会计学 | 82 |

图 6.28 查询结果

## 6.3.3 参数查询

数据查询未必总是静态地提取统一信息。只要用户把搜索类别输入到一个特定的对话框中,就能在运行查询时对其进行修改。例如,当用户希望能够规定所需要的数据组时,就需要使用一个参数查询。另一个特殊用途的查询就是把字段值自动填充到相关表中的“自动查询”查询。“自动查询”查询通过查找用户输入在匹配字段中的数值,并把用户指定的信息输入到相关表的字段中。如用户想要利用姓名查询学生个人信息。具体步骤如下:

(1) 打开查询设计器,将数据表添加到查询窗口中,如图 6.25 所示。

(2) 添加字段,并给出查询条件,如图 6.29 所示。

(3) 运行查询,输入参数,如图 6.30 所示。

(4) 显示查询结果,如图 6.31 所示。

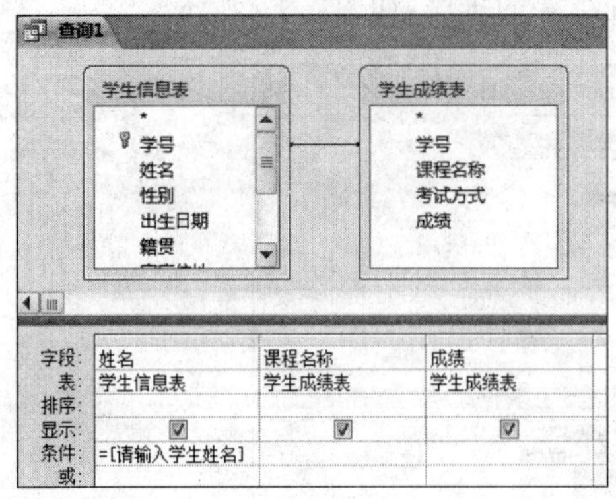


图 6.29　添加条件

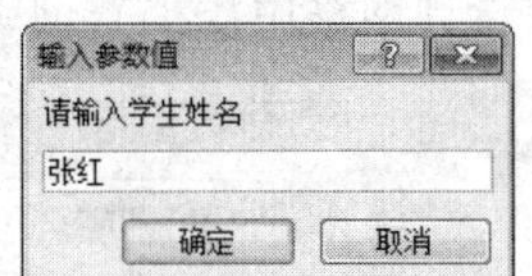


图 6.30　参数查询

| 姓名 | 课程名称 | 成绩 |
|---|---|---|
| 张红 | 计算机基础 | 88 |
| 张红 | 高等数学 | 67 |
| 张红 | 会计学 | 91 |

图 6.31　查询结果

(5) 保存查询为“按姓名查询成绩”。

# 6.4　窗体设计

## 6.4.1　窗体基础知识

窗体就是程序运行时的 Windows 窗口，在应用系统设计时称为窗体。通过窗体用户可以方便地输入数据、编辑数据、显示统计和查询数据，是人机交互的窗口。窗体的设计最能展示设计者的能力与个性，好的窗体结构能使用户方便地进行数据库操作。此外，利用窗体可以将整个应用程序组织起来，控制程序流程，形成一个完整的应用系统。

## 6.4.2　创建窗体

Access 2010 提供了 6 种创建窗体的向导，包括窗体向导、自动创建窗体：纵栏式、自动创建窗体：表格式、自动创建窗体：数据表、图表向导和数据透视表向导。

在学生数据库 database1.accdb 中，以“学生信息表”和“学生成绩表”作为数据源，使用“窗体向导”创建如图 6.32 所示的窗体。

(1) 在“创建”选项卡的“窗体”组中单击“窗体向导”按钮，弹出“窗体向导”对话框，如图 6.33 所示。

(2) 打开“表/查询”下拉列表，从中选择“表：学生信息表”，将可用字段中需要的字段添加到选定字段中。再打开“表/查询”下拉列表，从中选择“表：学生成绩表”，将可用字段中需要的字段添加到选定字段中，如图 6.34 所示。

(3) 单击“下一步”按钮，弹出如图 6.35 所示的“窗体向导”对话框，选择“带有子窗体的窗体”单选按项。

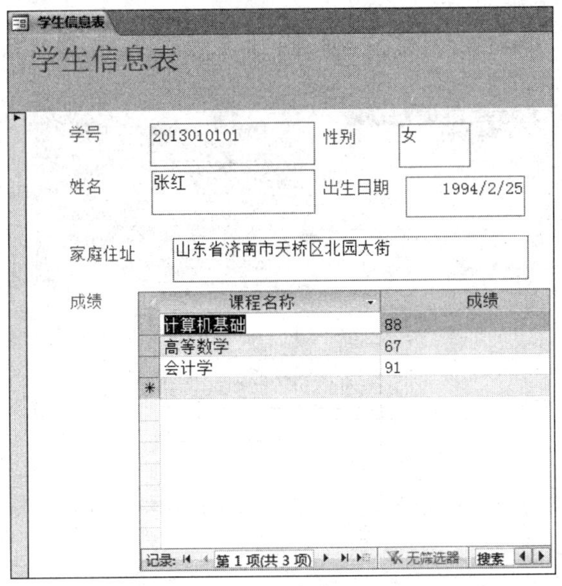


图 6.32 “学生基本信息”窗体

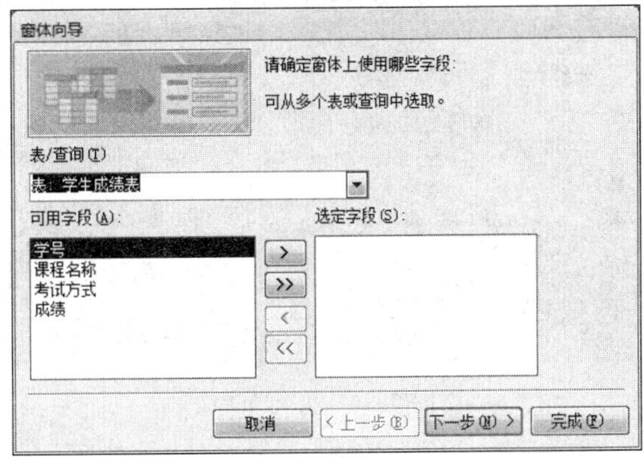


图 6.33 窗体向导

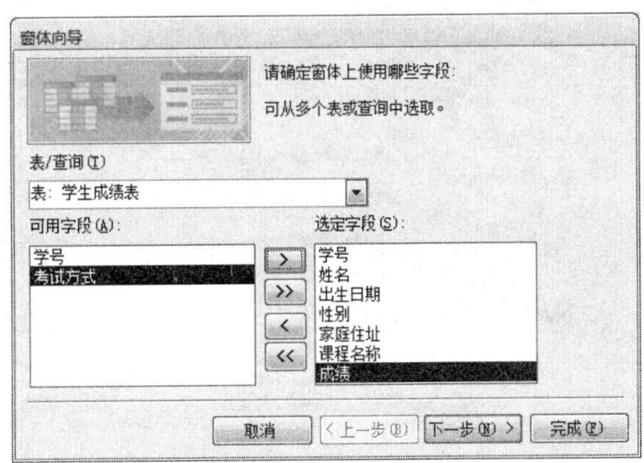


图 6.34 选定表和字段

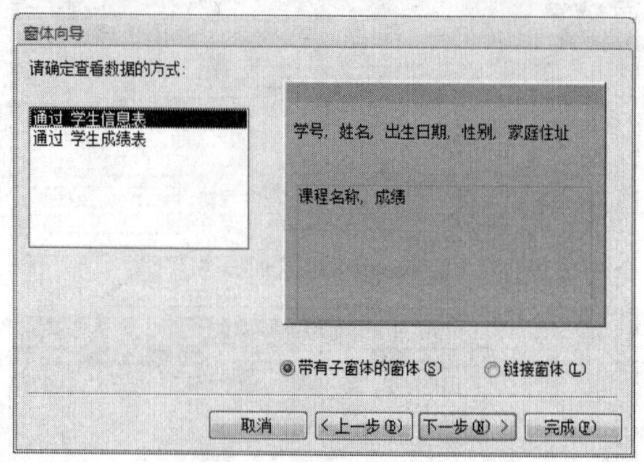


图 6.35　查看数据的方式

(4) 单击"下一步"按钮,弹出如图 6.36 所示的窗体布局对话框,选择"数据表"单选按钮。

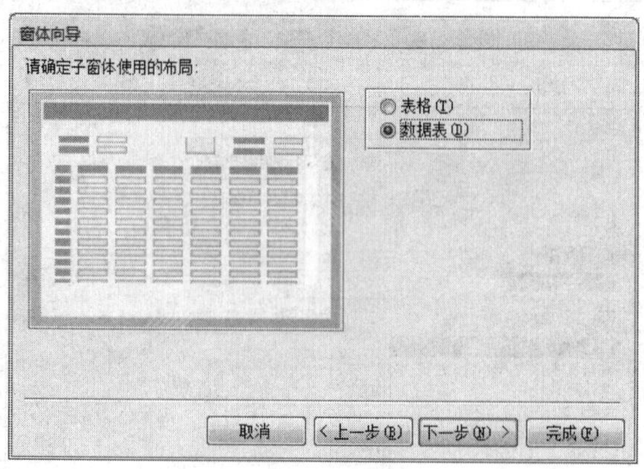


图 6.36　窗体布局

(5) 单击"下一步"按钮,弹出如图 6.37 所示的对话框,为窗体和子窗体指定标题。

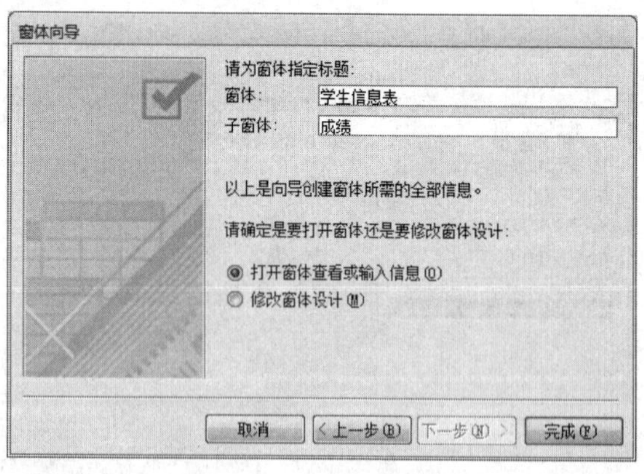


图 6.37　窗体的标题

(6) 单击“完成”按钮，在“开始”选项卡的“视图”组中单击“视图”按钮选择“设计视图”命令，进入窗体的设计视图，调整各控件的位置及大小，如图 6.38 所示。

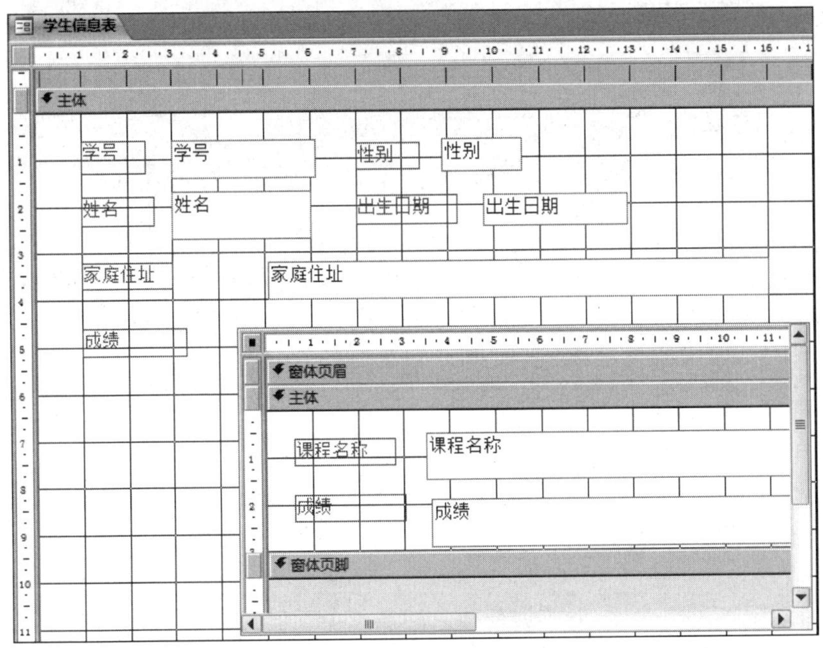


图 6.38 调整控件

# 6.5 报表设计

一个完整的数据库系统应该有打印输出的功能，报表是 Access 数据库中的一个对象，它根据指定的规则打印输出格式化的数据信息。

## 6.5.1 创建自动报表

Access“自动报表”方式是创建报表最快捷的方法，利用创建自动报表向导可以创建基于单个表或查询，生成包含来自该数据的所有字段和记录。通过“自动报表”方式，根据“学生信息表”表创建“学生信息”报表对象。操作步骤如下。

(1) 打开学生数据库 Database1.accdb，在数据库窗口“对象”栏选中“表”对象中的“学生信息表”。

(2) 在“创建”选项卡的“报表”组中单击“报表”按钮，自动生成“学生信息表”的报表，如图 6.39 所示。

(3) 保存为“学生信息”报表文件。

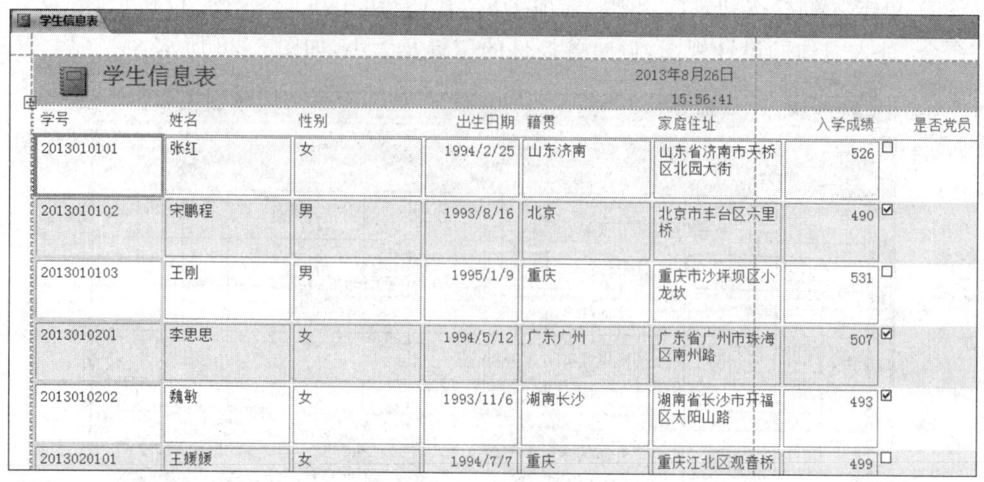
学生信息表

学生信息表

2013年8月26日
15:56:41

| 学号 | 姓名 | 性别 | 出生日期 | 籍贯 | 家庭住址 | 入学成绩 | 是否党员 |
| --- | --- | --- | --- | --- | --- | --- | --- |
| 2013010101 | 张红 | 女 | 1994/2/25 | 山东济南 | 山东省济南市天桥区北园大街 | 526 | ☐ |
| 2013010102 | 宋鹏程 | 男 | 1993/8/16 | 北京 | 北京市丰台区六里桥 | 490 | ☑ |
| 2013010103 | 王刚 | 男 | 1995/1/9 | 重庆 | 重庆市沙坪坝区小龙坎 | 531 | ☐ |
| 2013010201 | 李思思 | 女 | 1994/5/12 | 广东广州 | 广东省广州市珠海区南州路 | 507 | ☑ |
| 2013010202 | 魏敏 | 女 | 1993/11/6 | 湖南长沙 | 湖南省长沙市开福区太阳山路 | 493 | ☑ |
| 2013020101 | 王媛媛 | 女 | 1994/7/7 | 重庆 | 重庆江北区观音桥 | 499 | ☐ |

图 6.39　学生信息报表

## 6.5.2　利用向导创建报表

使用自动报表虽然快捷，但数据来源只能是一个表或查询，如果数据来源于多个表或查询时，可以使用报表向导较方便快捷生成用户所需的报表。利用向导创建“学生成绩”报表，数据源为“学生信息表”和“学生成绩表”，显示“学号”、“姓名”、“课程名称”、“成绩”字段的数据。操作步骤如下。

（1）打开学生数据库 Database1.accdb。

（2）在“创建”选项卡的“报表”组中单击“报表向导”按钮，弹出“报表向导”对话框，如图 6.40 所示。

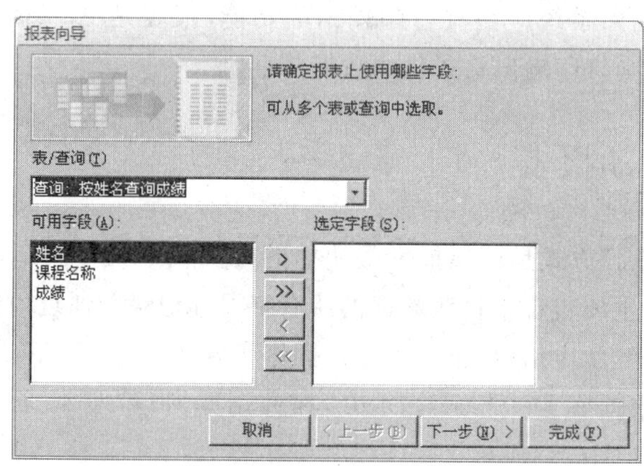


图 6.40　报表向导

（3）选定“学生信息表”中的“学号”、“姓名”字段和“学生成绩表”中的“课程名称”、“成绩”字段，如图 6.41 所示。

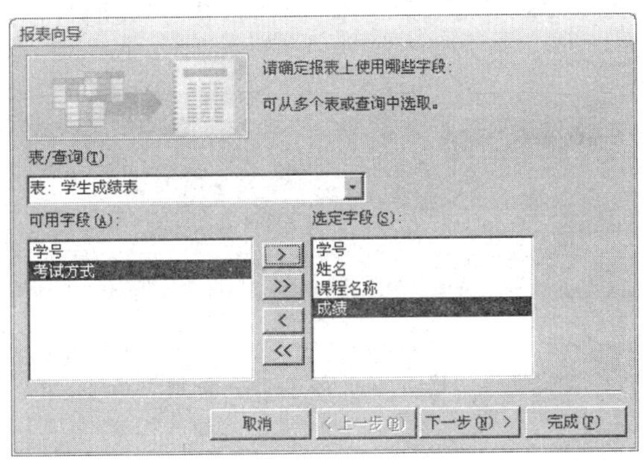


图 6.41　选定字段

(4) 单击“下一步”按钮,弹出查看数据方式的对话框,选择“通过 学生信息表”,如图 6.42 所示。

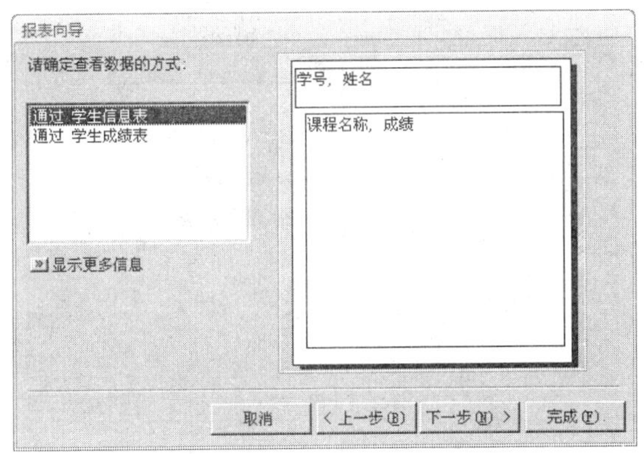


图 6.42　查看方式

(5) 单击“下一步”按钮,弹出“是否添加分组级别”对话框,不选择分组。

(6) 单击“下一步”按钮,弹出排序对话框,选择按“成绩”升序排列,如图 6.43 所示。

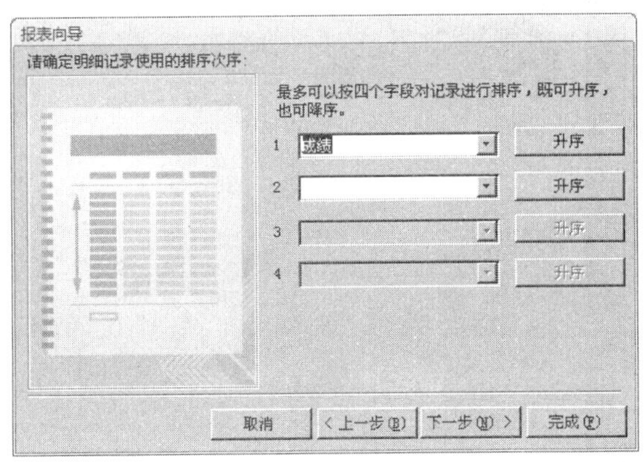


图 6.43　排序方式

(7) 单击“下一步”按钮，弹出布局对话框，选择布局为“大纲”，方向为“纵向”，如图 6.44 所示。

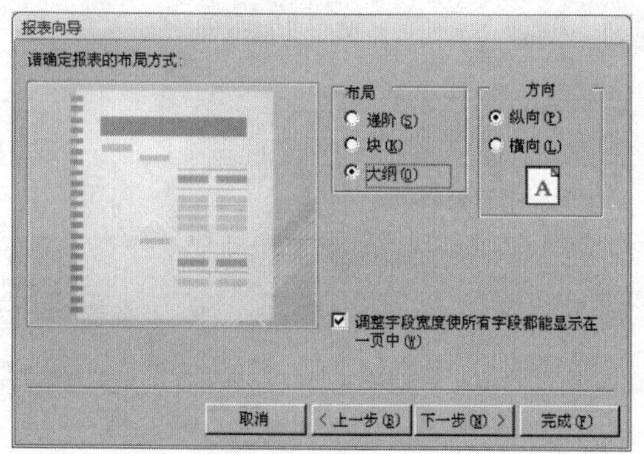


图 6.44 布局方式

(8) 单击“下一步”按钮，弹出标题对话框，输入“学生成绩”，如图 6.45 所示。

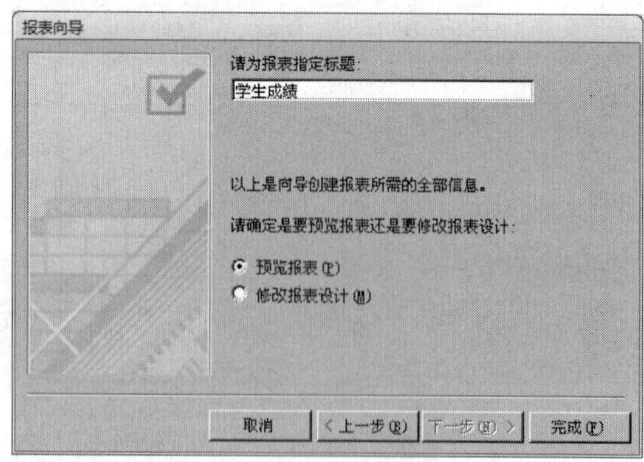


图 6.45 输入标题

(9) 单击“完成”按钮，生成报表对象，如图 6.46 所示。

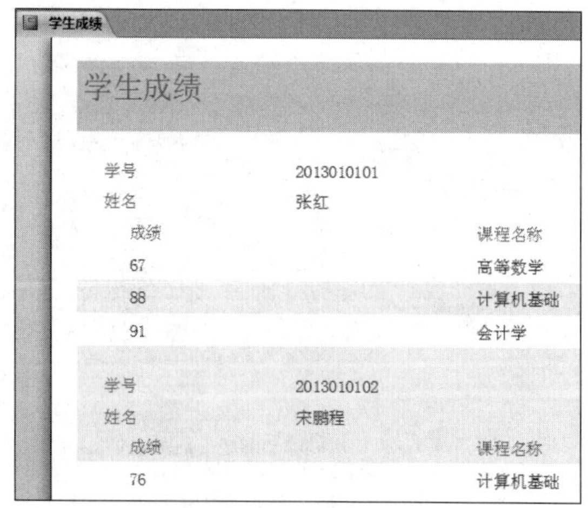


图 6.46 学生成绩报表

# 实验 Access 2010的使用

## 一、实验目的

1. 掌握数据库的创建。

2. 掌握数据表的创建及修改。

3. 掌握查询文件的创建及修改。

4. 掌握窗体文件的创建及修改。

5. 掌握报表文件的创建及修改。

## 二、实验内容及操作步骤

1. 创建图书管理数据库(bookgl.accdb)。

2. 在图书管理数据库中创建数据表“图书”、“借阅”和“读者”,其中“图书”的主键是“图书编号”,“借阅”的主键是“借书证号”和“图书编号”,“读者”的主键是“借书证号”。各表的数据如图6.47~图6.49所示。

图书

| 图书编号 | 分类号 | 书名 | 作者 | 出版社 | 单价 |
|---|---|---|---|---|---|
| 200501011 | 01 | VFP程序设计 | 黄一铭 | 重大出版社 | ¥23.00 |
| 200612121 | 01 | C语言程序设计 | 李晓 | 西南大学出版 | ¥32.00 |
| 200705122 | 02 | 红楼梦 | 曹雪芹 | 人民出版社 | ¥108.00 |
| 200510017 | 02 | 围城 | 钱钟书 | 人民出版社 | ¥88.00 |
| 200405078 | 03 | 神秘的宇宙 | TIMOS | 水利出版社 | ¥77.00 |
| 200411062 | 04 | 大学物理 | 秦隐 | 高教出版社 | ¥21.00 |

图6.47 “图书”表

读者

| 借阅证号 | 姓名 | 性别 | 职称 |
|---|---|---|---|
| 10001 | 王晓东 | 男 | 教授 |
| 10002 | 万山 | 男 | 副教授 |
| 10003 | 张茵茵 | 女 | 教授 |
| 10004 | 于帆 | 女 | 讲师 |
| 10005 | 楼春花 | 女 | 讲师 |

图6.48 “读者”表

借阅

| 借阅证号 | 图书编号 | 借阅日期 |
|---|---|---|
| 10001 | 200612121 | 2013/5/2 |
| 10002 | 200501011 | 2013/6/1 |
| 10003 | 200405078 | 2013/6/1 |
| 10001 | 200510017 | 2013/5/21 |
| 10004 | 200411062 | 2013/6/1 |
| 10004 | 200705122 | 2013/5/22 |
| 10001 | 200405078 | 2013/5/15 |

图6.49 “借阅”表

3. 创建单表查询，在“图书”表中查询各个出版社的图书信息。

4. 创建多表查询，查询所有读者的借阅信息（包括所借图书的编号、书名、作者、借阅日期）。

5. 创建参数查询，按“姓名”查询读者的借书情况（包括所借图书的编号、书名、作者、借阅日期）。

6. 创建“读者借阅”表格样式的窗体，如图 6.50 所示。

读者借阅

| 借阅证号 | 姓名 | 借阅日期 | 书名 | 作者 | 出版社 | 单价 |
|---|---|---|---|---|---|---|
| 10001 | 王晓东 | 2013-5-2 | C语言程序设计 | 李晓 | 西南大学出版社 | ￥32.00 |
| 10002 | 万山 | 2013-6-1 | VFP程序设计 | 黄一铭 | 重大出版社 | ￥23.00 |
| 10003 | 张茵茵 | 2013-6-1 | 神秘的宇宙 | TIMOS | 水利出版社 | ￥77.00 |
| 10001 | 王晓东 | 2013-5-21 | 围城 | 钱钟书 | 人民出版社 | ￥88.00 |
| 10004 | 于帆 | 2013-6-1 | 大学物理 | 秦隐 | 高教出版社 | ￥21.00 |
| 10004 | 于帆 | 2013-5-22 | 红楼梦 | 曹雪芹 | 人民出版社 | ￥108.00 |
| 10001 | 王晓东 | 2013-5-15 | 神秘的宇宙 | TIMOS | 水利出版社 | ￥77.00 |

图 6.50 “读者借阅”窗体

7. 利用报表向导创建“读者借阅”报表，并在报表设计视图中调整报表控件的位置及大小，如图 6.51 所示。

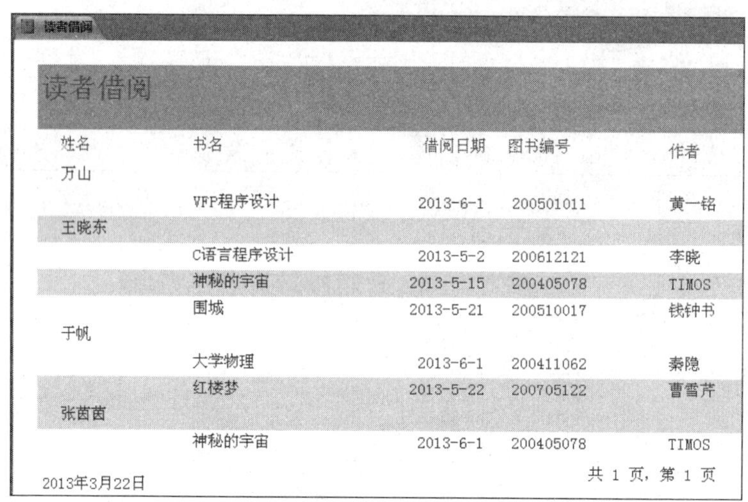
读者借阅

读者借阅

| 姓名 | 书名 | 借阅日期 | 图书编号 | 作者 |
|---|---|---|---|---|
| 万山 | | | | |
| | VFP程序设计 | 2013-6-1 | 200501011 | 黄一铭 |
| 王晓东 | | | | |
| | C语言程序设计 | 2013-5-2 | 200612121 | 李晓 |
| | 神秘的宇宙 | 2013-5-15 | 200405078 | TIMOS |
| | 围城 | 2013-5-21 | 200510017 | 钱钟书 |
| 于帆 | | | | |
| | 大学物理 | 2013-6-1 | 200411062 | 秦隐 |
| | 红楼梦 | 2013-5-22 | 200705122 | 曹雪芹 |
| 张茵茵 | | | | |
| | 神秘的宇宙 | 2013-6-1 | 200405078 | TIMOS |

2013年3月22日　　共 1 页，第 1 页

图 6.51 “读者借阅”报表

# 第7章

# 常用绘图软件 Visio 2010

## 7.1 Visio 2010 概述

Visio 2010 是 Microsoft 公司推出的新一代商业图表绘制软件，具有操作简单、功能强大、可视化等优点，深受广大用户的青睐，已被广泛地应用于软件设计、办公自动化、项目管理、广告、企业管理、建筑、电子、通信及日常生活等众多领域。Visio 2010 包含了一些突出的改进与新增的模板，比如新增的主题样式可以帮助用户创建各种具有专业外观的图表，而新增的"自动连接"功能则可以帮助用户更加轻松地连接多个形状。通过使用数据透视关系图，可以帮助用户快速查看、汇总、分析与研究绘图中的数据，甚至还可以将 Visio 图表中的数据与 Office 其他组件进行整合。

### 7.1.1 Visio 2010 简介

**1. Visio 的发展史**

在 1991 年，美国 Visio 公司推出了 Visio 的前身 Shapeware 软件，用于各种商业图表的制作。Shapeware 创造性地提供了一种积木堆积的方式，允许用户将各种矢量图形堆积到一起，构成矢量流程图或结构图。

1992 年，Visio 公司正式将 Shapeware 更名为 Visio，对软件进行大幅优化，并引入了图形对象的概念，允许用户更方便地控制各种矢量图形，以数据的方式定义图形的属性。截至 1999 年，Visio 已经发展成为办公领域最著名的图标制作软件，先后推出了 Visio 2.0～5.0、Visio 2000 等多个版本。

1999 年，微软公司收购了 Visio 公司，同时获得了 Visio 的全部代码和版权。从此 Visio 成为微软 Office 办公软件套装中的重要组件，随 Office 软件版本升级一并更新发布了 Visio XP、Visio 2003、Visio 2007 等一系列版本。

在 Visio 2010 软件中，提供了与 Office 2010 统一的界面风格，并同时发布 32 位和 64 位双版本，增强了与 Windows 操作系统的兼容性，提高了软件运行的效率。

**2. 应用领域**

Microsoft Office Visio 已成为目前市场中最优秀的绘图软件之一，因其强大的功能与简单操作的特性而受到广大用户的青睐，已被广泛应用于如下众多领域中。

(1) 软件设计。用户可以使用 Visio 2010 设计软件的结构模型，一般情况下需要以流程图的样式设计非正式设计，然后开始编码，并根据实际操作修改系统设计，从而实现软件设计的整体过程。

(2) 项目管理。用户可以使用“时间线”、“甘特图”、PERT 图等来设计项目管理的流程。例如，制作项目进度、工作计划、学习计划等项目管理模型。

(3) 企业管理。用户可以使用 Visio 2010 来制作组织结构图、生产流程图等其他企业模型或流程图。通过企业管理可以调动员工的潜能与积极性，同时也可以使企业财务清晰、资本结构更加合理。

(4) 科研。科研的目的是为了追求知识或解决问题的一项系统活动，用户还可以使用 Visio 2010 来制作科研活动审核、检查和业绩考核的流程图。

(5) 通信。在现代文明社会中，通信是推动人类社会文明、进步与发展的巨大动力。运用 Visio 2010 还可制作有关“通信”方面的图表。

(6) 建筑。建筑设计行业是使用 Visio 2010 软件最频繁的行业，用户可以利用 Visio 2010 软件来设计楼层平面图、楼盘宣传图、房屋装修图等图表。

(7) 电子。在制作电子产品之前，用户可以利用 Visio 2010 来制作电子产品的结构模型。

(8) 机械。Visio 2010 软件也可应用于机械制图领域，可以制作出像 AutoCAD 一样精确的机械图，而且 Visio 2010 还具有 AutoCAD 所拥有的强大的绘图、编辑等功能。

**3. 理解 Visio 2010**

Visio 2010 利用强大的模板(Template)、模具(Stencil)与形状(Shape)等元素来实现各种图表与模具的绘制功能。

(1) 模板和模具。模板是一组模具和绘图页的设置信息，是一种专用类型的 Visio 绘图文件，是针对某种特定的绘图任务或样板而组织起来的一系列主控图形的集合，其扩展名为. VST。每一个模板都由设置、模具、样式或特殊命令组成。模板设置绘图环境，可以适合于特定类型的绘图。在 Office Visio 2010 中，主要为用户提供了网络图、工作流图、数据库模型图、软件图等模板，这些模板可用于可视化和简化业务流程、跟踪项目和资源、绘制组织结构图、映射网络、绘制建筑地图以及优化系统。

模具是指与模板相关联的图件或形状的集合，其扩展名为. VSS。模具中包含了图件，而图件是指可以用来反复创建绘图的图形，通过拖动的方式可以迅速生成相应的图形。

(2) 形状。形状是在模具中存储并分类的图件，预先画好的形状叫做主控形状，主要通过拖放预定义的形状到绘图页上的方法进行绘图操作。其中，形状具有内置的行为与属性。形状的行为可以帮助用户定位形状并正确地连接到其他形状。形状的属性主要显示用来描述或识别形状的数据，如图 7.1 所示。

在 Visio 2010 中，用户可以通过手柄来定位、伸缩及连接形状。其中形状手柄主要包括下列几种。

① 选择手柄。使用该手柄可以改变形状的尺寸或增加连接符。当用户选择形状时，在形状周围出现的红色的方块或蓝色的方块便是选择手柄。

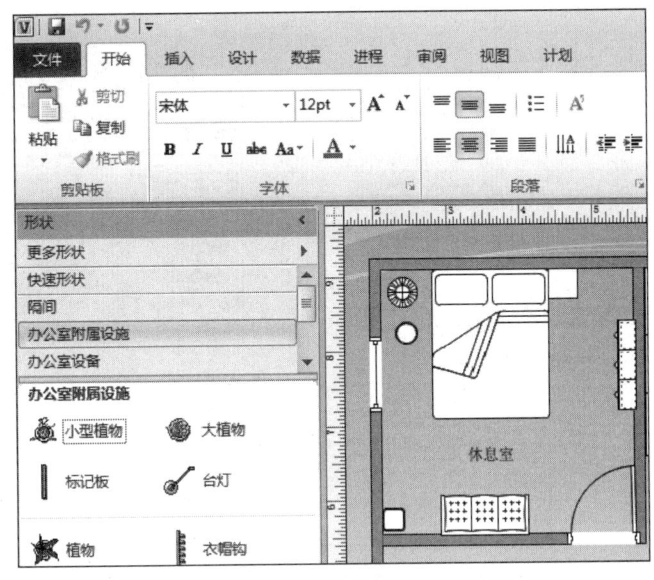


图 7.1 形状的属性

② 旋转手柄。使用该手柄可以改变形状角度与方向。当用户选择形状时，在形状顶端出现的红色的圆形符号或蓝色的圆形符号便是旋转手柄。

③ 控制手柄。使用该手柄可以改变形状的外观。该手柄在某些形状上显示为黄色钻石形状。

④ 锁定手柄。该手柄表示所选形状处于锁定状态。当用户选择形状时，在形状周围出现的灰色方块便是锁定手柄。执行“形状”|“组合”|“取消组合”命令，可以解除形状的锁定状态。

(3) 连接符。在 Visio 2010 中，形状与形状之间需要利用线条来连接，该线条被称为连接符。连接符会随着形状的移动而自动调整，其连接符的起点和终点标识了形状之间的连接方向。

Visio 2010 将连接符分为直接连接符与动态连接符，直接连接符是连接形状之间的直线，可以通过拉长、缩短或改变角度等方式来保持形状之间的连接，而动态连接符是连接或跨越连接形状之间的直线的组合体，可以通过自动弯曲、拉伸、直线弯角等方式来保持形状之间的连接。用户可以通过拖动动态连接符的直角顶点、连接符片段的终点、控制点或离心率手柄等方式来改变连接符的弯曲状态，如图 7.2 所示。

**4. Visio 2010 帮助**

由于 Visio 2010 的功能不断增加，在使用该软件时用户需要借助 Visio 2010 的强大、智能化的帮助系统来查找相关的使用信息。

(1) Visio 帮助。用户在使用 Visio 2010 的过程中需要帮助信息时，可以单击功能区右侧的“帮助”按钮，或在“文件”选项卡中选择“帮助”命令，在列表中选择“Microsoft Office 帮助”选项。在弹出的“Visio 帮助”窗口的“搜索”文本框中输入要查找的内容即可，如图 7.3 所示。

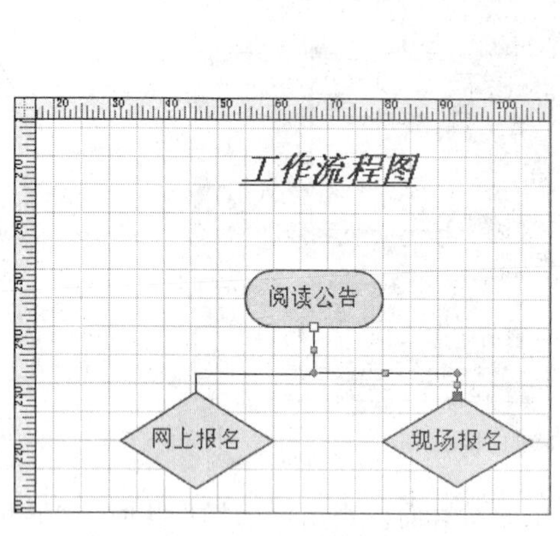


图 7.2　连接符

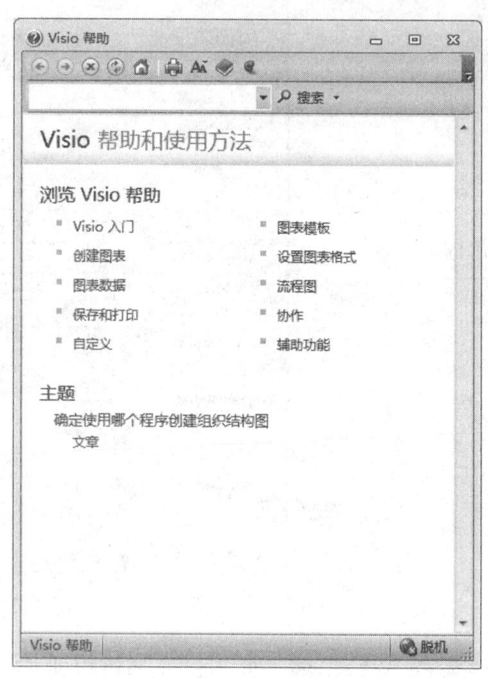


图 7.3　帮助窗口

(2) 示例图表。如果用户需要使用直观的方式来查看 Visio 2010 程序中的某些高级功能,可以在“文件”选项卡中选择“新建”选项,单击“示例图表”按钮,在打开的示例窗口中查看帮助功能,如图 7.4 所示。

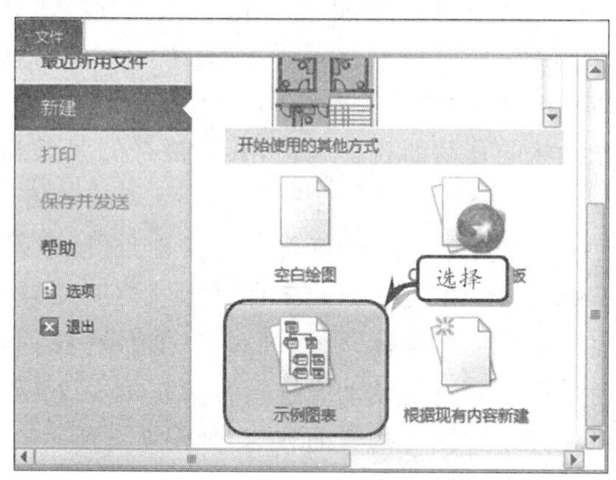


图 7.4　示例图表

## 7.1.2　Visio 2010 界面

Visio 2010 与 Word 2010、Excel 2010 等常用 Office 组件的窗口界面大体相同,相对于旧版本的 Visio 窗口界面而言,更具有美观性与实用性。在 Visio 2010 中,选项卡与选项组替代了传统的菜单栏与工具栏，用户可通过双击的方法快速展示各组命令，如图 7.5 所示。下面将详细介绍 Visio 2010 的窗口界面。

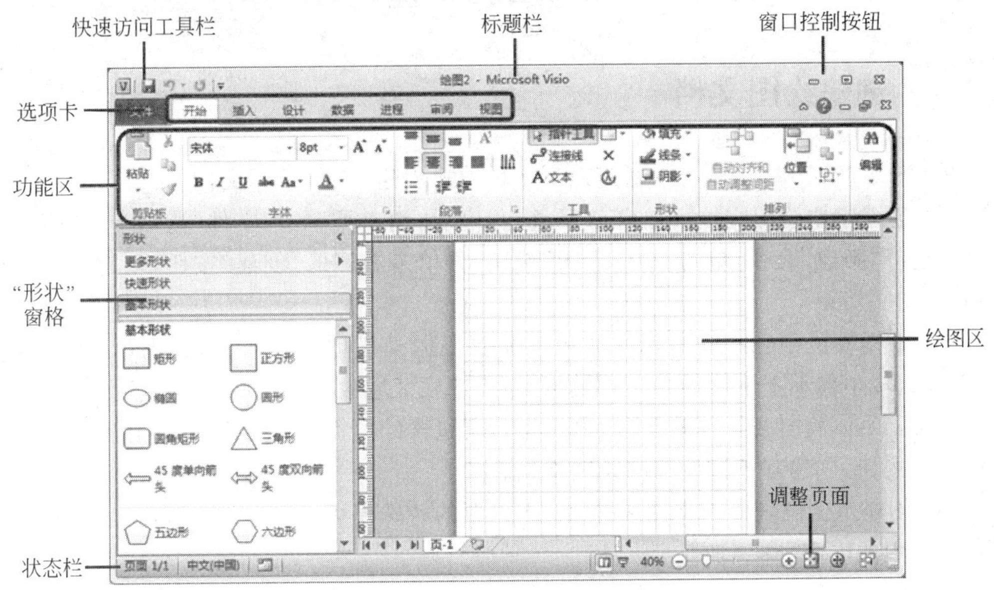


图 7.5　Visio 2010 的窗口

Visio 软件的界面主要由 6 个部分组成，其作用如下。

(1) 标题栏。标题栏由 Visio 标志、快速访问工具、窗口控制按钮等 3 个部分组成。快速访问工具是 Visio 提供的一组快捷按钮，在默认情况下，其包含"保存"、"撤销"、"恢复"和"快速访问"等工具。窗口控制按钮提供了 4 种按钮供用户操作 Visio 窗口，包括"最小化"、"最大化"、"向下还原"和"关闭"按钮。

(2) 选项卡。选项卡是功能区中一组重要的按钮栏，其提供了多种按钮，允许用户切换功能区，应用 Visio 中的各种工具。

(3) 功能区。功能区中提供了 Visio 软件的各种基本工具。在默认状态下，功能区将显示"开始"选项卡内容。单击各选项卡各命令组中的按钮，即可切换功能区中的内容。

(4) "形状"窗格。在使用 Visio 的模板功能创建 Visio 绘图之后，会自动打开"形状"窗格，并在该窗格中提供各种模具组供用户选择，并将其添加到 Visio 绘图中。

(5) 绘图区。绘图区是 Visio 中最重要的区域，在其中提供了标尺、绘图页以及网格等工具，允许用户在绘图页上绘制各种图形，并使用标尺来规范图形的尺寸。

在绘图区的底部，还提供了页标签的功能，允许用户为一个 Visio 绘图创建多个绘图页，并设置绘图页的名称。

(6) 状态栏。状态栏的作用是显示绘图页或其上各种对象的状态，以供用户参考和编辑。

# 7.2 Visio 2010 基本操作

## 7.2.1 创建绘图文档

在 Visio 2010 中，用户可以通过以下 3 种方式创建 Visio 绘图文档。

(1) 创建空白绘图文档。在启动 Visio 程序后，用户可单击“文件”选项卡，在弹出的菜单中选择“新建”命令，单击“空白绘图”按钮，再单击右侧的“创建”按钮，创建一个空白 Visio 绘图文档。

(2) 根据模板创建绘图文档。如用户需要根据模板创建绘图文档，则可在“选择模板”选项区域中拖动上下滚动条，在“模板类别”选项区域中单击相应的模板类别。

此时，Visio 将打开该模板类别，显示类别所包含的模板。选中模板后，在窗口右侧单击“创建”按钮，创建基于该模板的绘图文档。

(3) 创建示例图表。示例图表是 Visio 内置的特殊模板，可以根据外部的示例数据来显示图表中的内容。

在“选择模板”选项区域中单击示例图表按钮，然后在更新的窗口中选择相应的示例图表，在右侧单击“打开示例数据”或“打开”按钮，编辑示例数据和图表。

## 7.2.2 保存 Visio 文档

在编辑完成 Visio 绘图文档之后，用户可以使用保存文档功能，对其进行保存。单击“文件”选项卡，在弹出的菜单中执行“保存”命令。然后在弹出的“另存为”对话框中选择保存绘图文档的路径，输入文件名，单击“保存”按钮进行保存。

用户也可以单击“保存类型”下拉按钮，将绘制的文档保存为其他格式。Visio 2010 提供了 24 种保存类型，主要的文件类型如表 7-1 所示。

**表 7-1 Visio 2010 文件类型**

| 类 型 | 扩展名 | 说 明 |
| --- | --- | --- |
| 绘图 | . vsd | 以当前的文件格式保存 Visio 文件 |
| Web 绘图 | . vdw | 将文件保存为 Web 绘图格式 |
| 模板 | . vst | 将文件保存为模板 |
| 模具 | . vss | 将文件保存为包含主控形状的模具 |
| XML 绘图 | . vdx | 将文件保存为 XML 格式的绘图文件 |
| XML 模具 | . vsx | 将文件保存为 Web 格式的绘图模具 |
| XML 模板 | . vts | 将文件保存为 Web 格式的绘图模板 |
| Web 页 | . htm 与. html | 将文件保存为网页格式的文件，便于在网站中发布 |

续表

| 类　型 | 扩展名 | 说　　明 |
| --- | --- | --- |
| JPEG 文件交换格式 | .jpg | 将文件保存为 JPG 格式的图片文件 |
| PDF | .pdf | 将文件保存为 PDF 格式的文件 |
| Tag 图像文件格式 | .tif | 将文件保存为适用于打印出版的文件 |
| Windows 位图 | .bmp 与.dib | 将文件保存为位图文件 |
| 可移植网络图形 | .png | 将文件保存为适用于 Web 浏览器的图形文件 |
| 图形交换格式 | .gif | 将文件保存为适用于网站上显示彩色图形的文件 |

在保存绘图文档时，用户还可以在“保存类型”的下拉菜单下方为绘图文档设置“作者”、“标记”等多种属性。这些属性将直接写入到绘图文档的元数据中。

## 7.2.3 打印绘图

### 1. 页面设置

由于页面参数直接影响绘图文档整个版面的编排，所以在打印之前需要在“设计”选项卡的“页面设置”组中单击“对话框启动器”命令，在弹出的“页面设置”对话框中设置页面大小、缩放比例等页面参数，如图 7.6 所示。

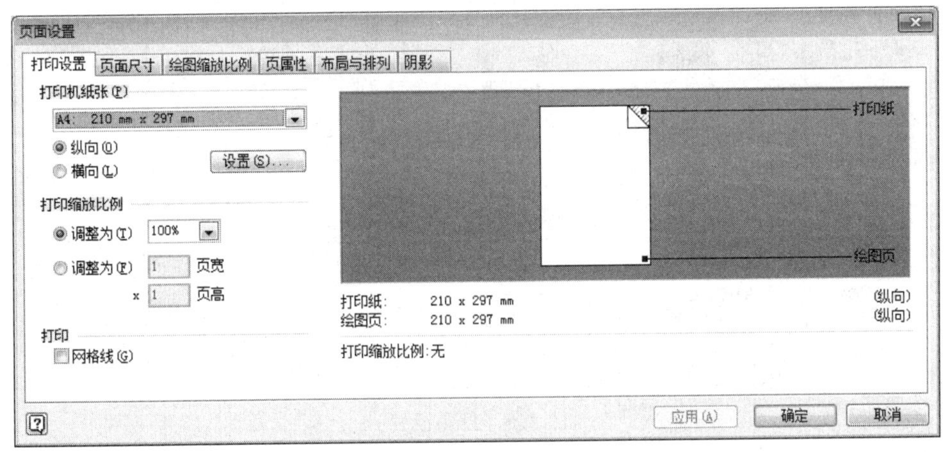


图 7.6　页面设置

### 2. 页眉和页脚

在 Visio 2010 中用户可以通过使用页眉与页脚的方法来显示绘图页中的文件名、页码、日期、时间等信息。页眉和页脚分别显示在绘图文档的顶部和底部，并且只会出现在打印的绘图上和打印预览模式下的屏幕上，不会出现在绘图页上。

添加页眉和页脚时，在“文件”选项卡中选择“打印”|“打印预览”命令。然后在弹出的窗口中，执行“打印预览”选项卡“预览”组中的“页眉和页脚”按钮，在弹出的“页眉和页脚”

对话框中,分别设置页眉和页脚的显示内容即可,如图 7.7 所示。

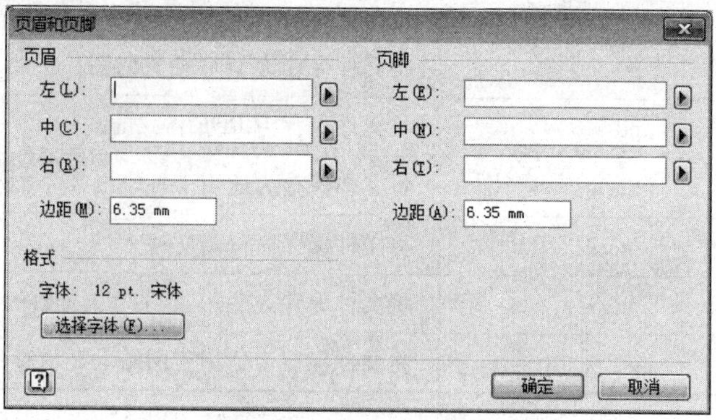

图 7.7　页眉和页脚

### 3. 预览和打印

在打印绘图页之前,需要运用 Visio 2010 的预览功能,查看绘图页的页面效果。单击“文件”选项卡,选择“打印”|“打印预览”命令。在“打印预览”窗口中可以查看需要打印的文档效果。要打印绘图文档,选择“打印预览”选择卡“打印”组中的“打印”命令,或单击“文件”选项卡,选择“打印”|“打印”命令。然后在弹出的“打印”对话框中设置各项选项即可,如图 7.8 所示。

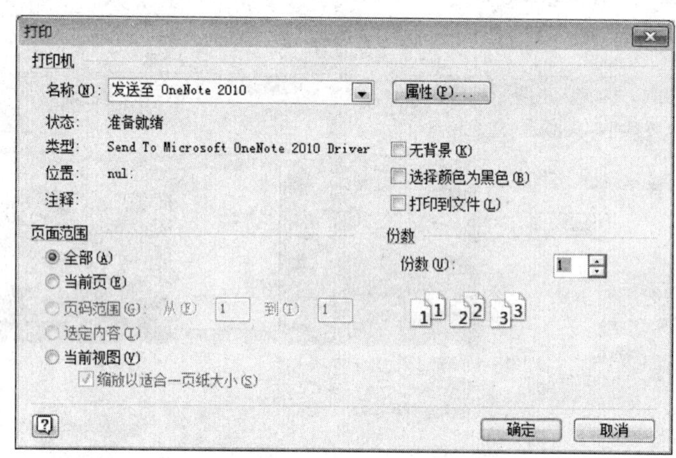


图 7.8　打印设置

## 7.3　制作绘图文档

使用模板开始创建 Microsoft Office Visio 图表。模板是一种文件,用于打开包含创建图表所需的形状的一个或多个模具。模板还包含适用于该绘图类型的样式、设置和工具,如图 7.9 所示。

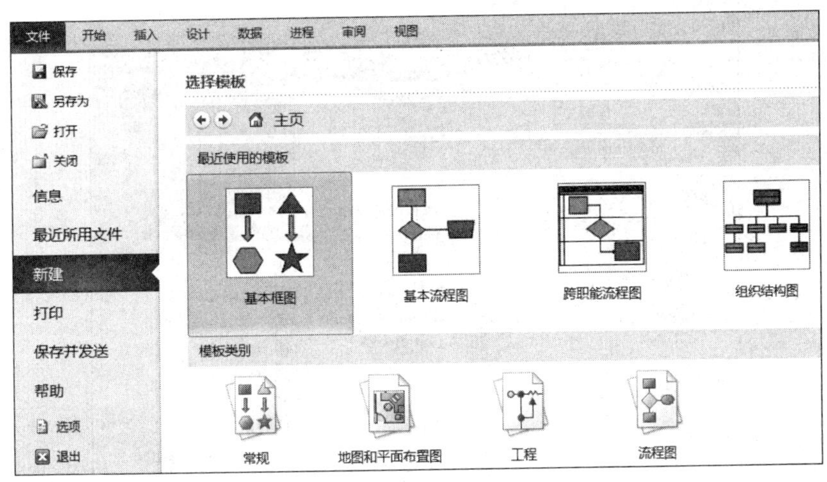


图 7.9　模板

## 7.3.1　使用形状

### 1. 添加形状

通过将“形状”窗格中模具上的形状拖到绘图页上，可以将形状添加到图表中，如图 7.10 所示。

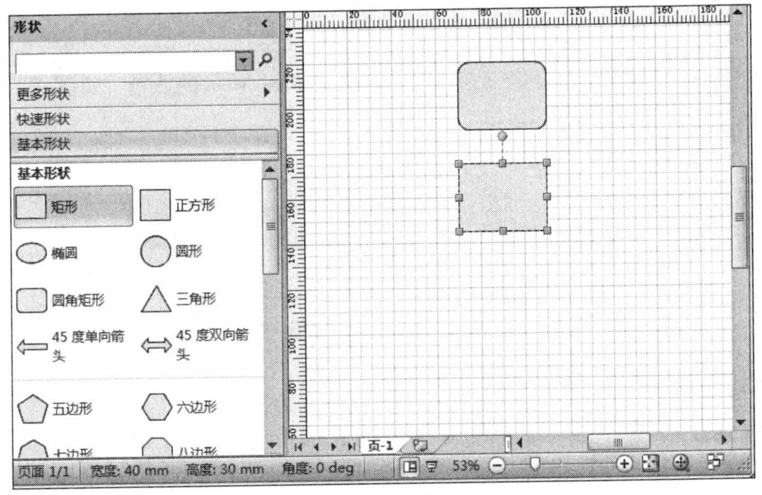


图 7.10　添加形状

### 2. 删除形状

只需单击形状，然后按 Delete 键。注意，不能将形状拖回“形状”窗格中模具上进行删除。

### 3. 查找形状

可以选中“更多形状”，在菜单中显示的其他模具上查找更多的形状，如图 7.11 所示。

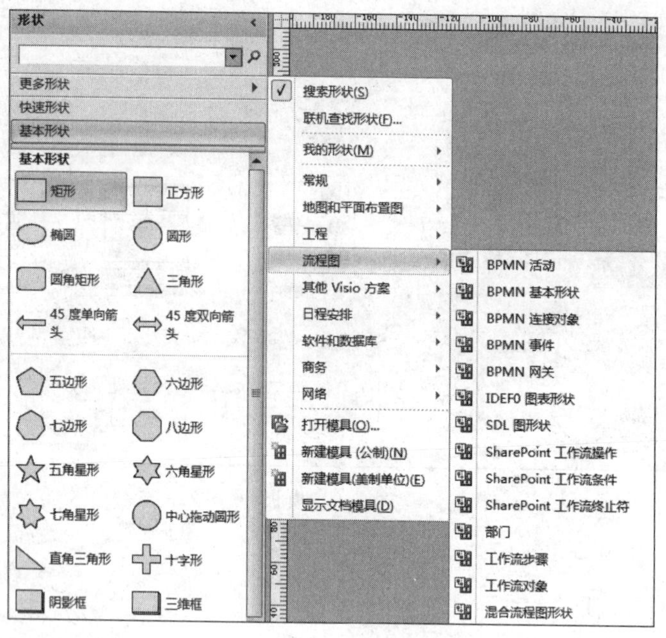


图 7.11　更多形状

**4. 移动形状**

移动形状很容易：只需单击任意形状进行选择，然后将它拖到新的位置。要使形状以较小的距离移动，但在按箭头键时必须按住 Shift 键。

**5. 调整形状**

可以通过拖动形状的角、边或底部选择手柄来调整形状的大小，如图 7.12 所示。

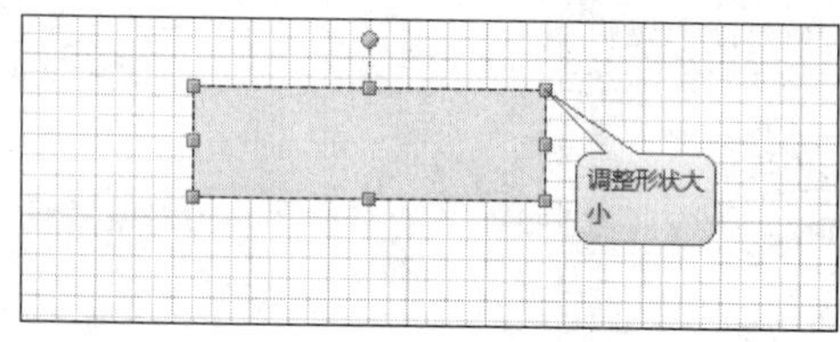


图 7.12　调整形状

**6. 设置形状格式**

(1) 设置线条格式。选择需要设置线条格式的形状，在“开始”选项卡的“形状”组中单击“线条”按钮，选择“线条选项”命令，在弹出的“线条”对话框中设置相应的选项即可，如图 7.13 所示。

(2) 设置填充颜色。为了增强图表外观效果需要设置形状的填充颜色和填充图案。在“开始”选项卡的“形状”组中单击“填充”按钮，选择“填充选项”命令，在弹出的“填充”对话框中设置相应的选项即可，如图 7.14 所示。

(3) 设置阴影格式。选择需要设置阴影格式的形状，在“开始”选项卡的“形状”组中单击“阴影”按钮，选择“阴影选项”命令，在弹出的“阴影”对话框中设置相应的选项即可，如图 7.15 所示。

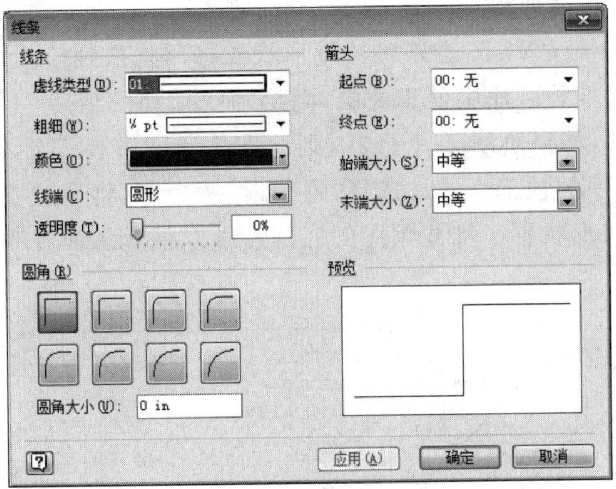


图 7.13　线条设置

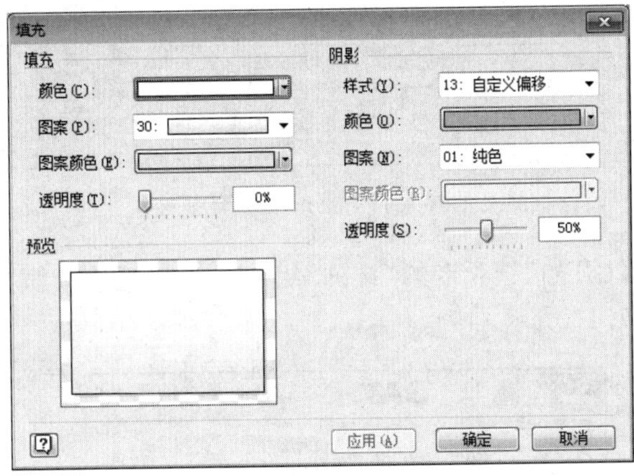


图 7.14　填充颜色

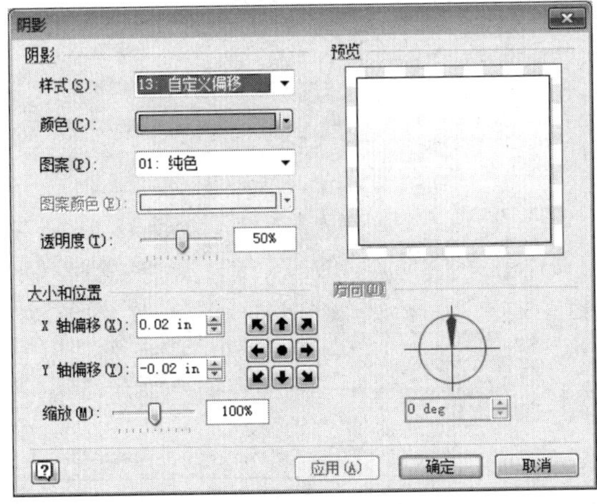


图 7.15　阴影设置

**7. 堆叠、对齐和组合形状**

(1) Microsoft Office Visio 会跟踪绘制形状或将形状拖到绘图页的顺序。绘制或拖动的第一个形状在此堆叠顺序中处于底层，而绘制或拖动的最后一个形状则在此堆叠顺序中处于顶层。例如，如果绘制 5 个形状，则此堆叠顺序中有 5 个级别。最后一个形状为第 5 级，位于该顺序的顶部。通过选择“置于顶层”命令(将形状置于堆叠顺序的顶层)或“置于底层”命令(将形状置于堆叠顺序的底层)，可以很容易地更改堆叠顺序，如图 7.16 所示。

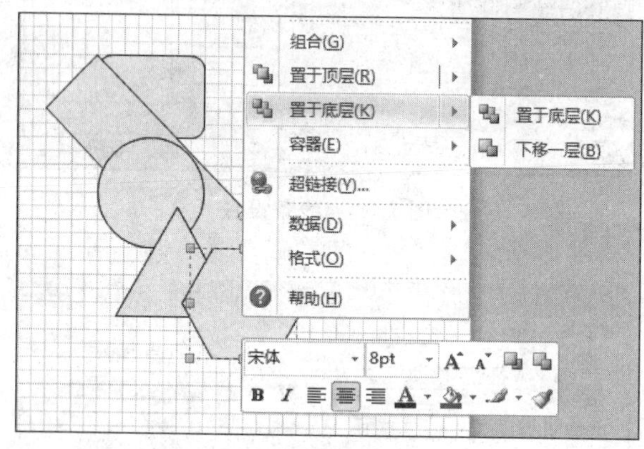


图 7.16　更改堆叠顺序

(2) 选中形状，在“开始”选项卡的“排列”组中单击“位置”按钮，弹出各种对齐方式，选择一种即可，如图 7.17 所示。

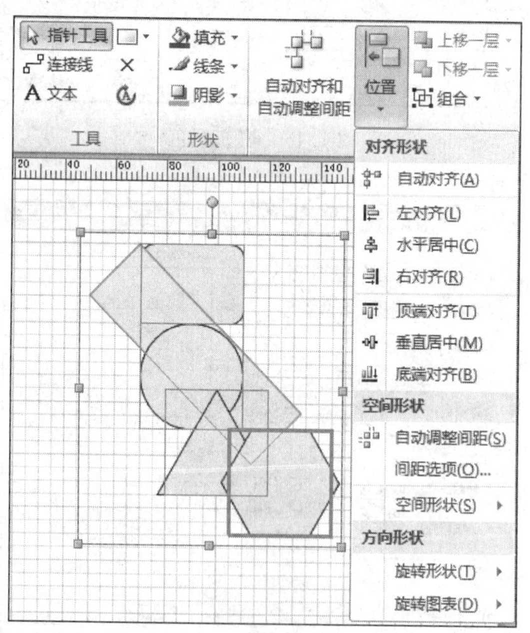


图 7.17　对齐形状

(3) 组合的形状包括两个或更多分别作为一个单位的单独形状。通过组合，可以简化复杂形状(如公司徽标、办公室布局或组织单元)的处理。选中需要组合的形状，在"开始"选项卡的"排列"组中单击"组合"按钮，选择"组合"命令即可，如图 7.18 所示。

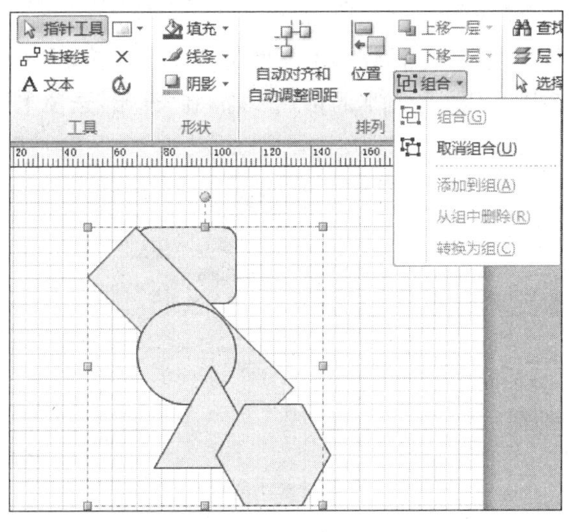


图 7.18　组合形状

## 7.3.2 添加文本

### 1. 向形状添加文本

向形状添加文本只需单击某个形状然后键入文本，Microsoft Office Visio 会放大以便可以看到所键入的文本，如图 7.19 所示。

删除形状中的文本。双击形状，然后在文本突出显示后，按 Delete 键。或者在"开始"选项卡的"工具"组中单击"文本"按钮，单击该形状，突出显示想要删除的文本，然后按 Delete 键。如果错误地删除了该形状，则单击"编辑"按钮，选择"撤销"命令。

### 2. 添加独立文本

还可以向绘图页添加与任何形状无关的文本，例如标题或列表。这种类型的文本称为独立文本或文本块。单击"文本"按钮绘制文本框并键入文字，如图 7.20 所示。

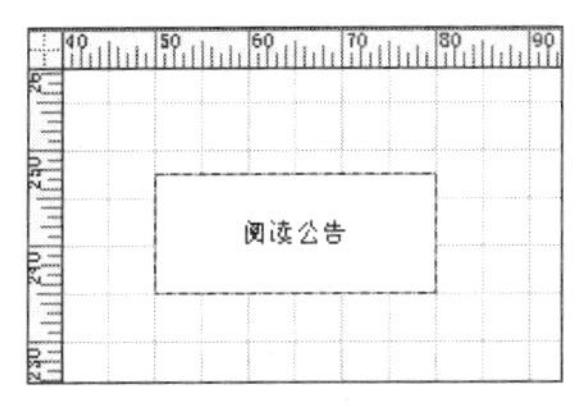


图 7.19　添加文本

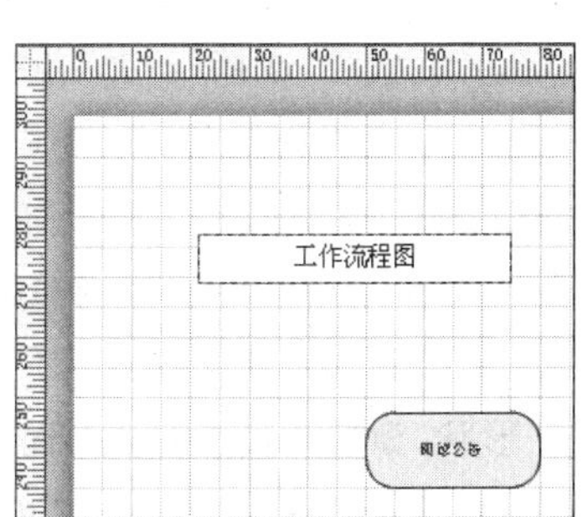


图 7.20　添加独立文本

**3. 移动独立文本**

可以像移动任何形状那样来移动独立文本，只需用指针工具选中、拖动即可进行移动。实际上，独立文本就像一个没有边框或颜色的形状，如图 7.21 所示。

**4. 设置文本格式**

设置文本的格式，使它成为斜体、给它加下划线、使它居中显示等，就像在任何 Microsoft Office 系统程序中设置文本的格式一样，在“开始”选项卡的“字体”组中单击相应按钮进行设置，如图 7.22 所示。

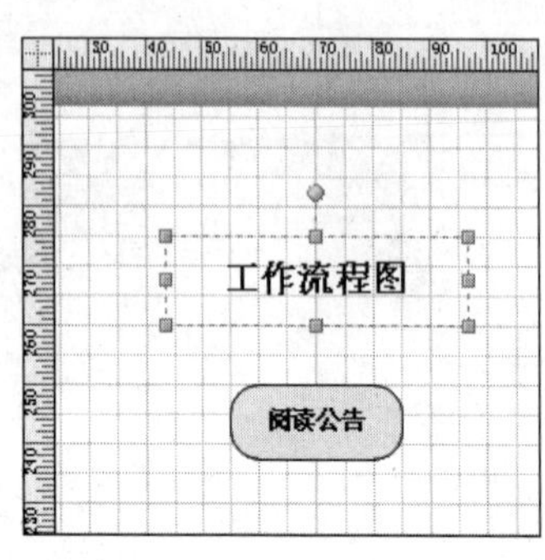


图 7.21　移动文本块

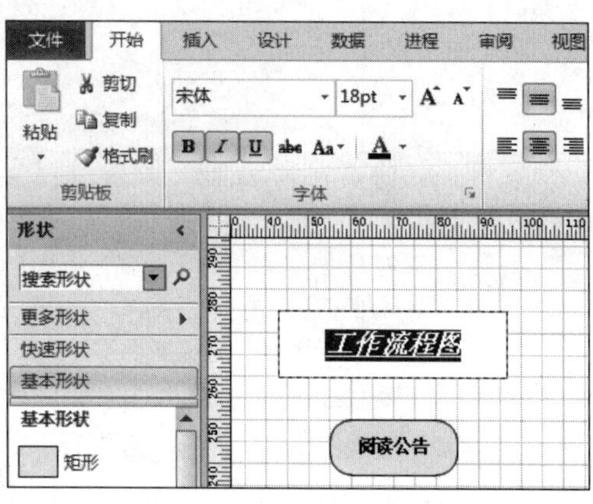


图 7.22　设置文本格式

## 7.3.3　连接形状

各种图表(如流程图、组织结构图、框图和网络图)都有一个共同特点——连接。

**1. 使用“连接线”连接形状**

使用“连接线”时，连接线会在移动其中一个相连形状时自动重排或弯曲。

(1) 在“开始”选项卡的“工具”组中单击“连接线”按钮。

(2) 将“连接线”放置在圆角矩形“阅读公告”底部上的连接点上。“连接线”会使用一个“红色框”来突出显示连接点，表示可以在该点进行连接。

(3) 从第一个形状上的连接点处开始，将“连接线”工具拖到菱形“网上报名”顶部的连接点上。连接形状时，连接线的端点会变成红色小方块，这是一个重要的视觉提示。如果连接线的某个端点仍为蓝色，请使用“指针”将该端点连接到形状。如果想要形状保持相连，两个端点都必须为红色。连接后如图 7.23 所示。

**2. 使用形状窗格中的连接线连接形状**

使用“线条”连接形状时，连接线不会重排。

(1) 从“形状”窗格内的“基本流程图形状”模具中，拖动“直线-曲线连接线”图标，并调整其位置以便连接线的一个端点与第一个形状的连接点相连接。当“直线-曲线连接线”端点变为红色时，说明它已连接到形状。另一个端点仍为蓝色，因为它尚未与某个形

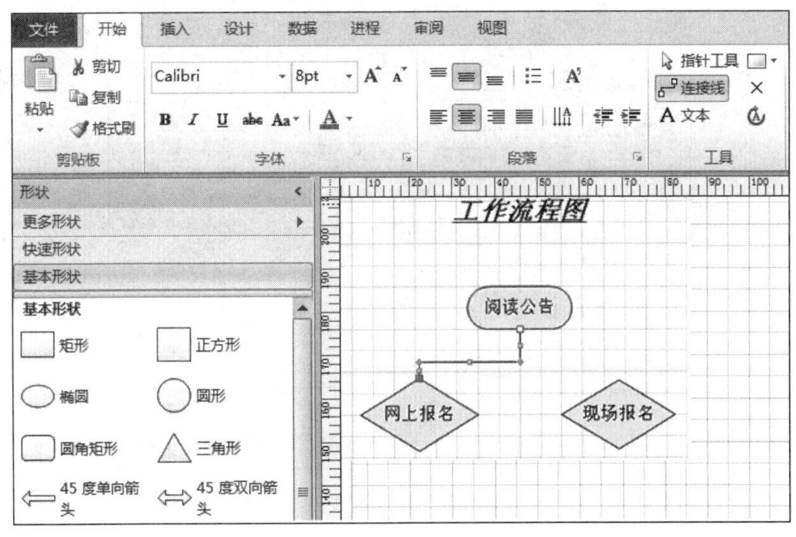


图 7.23　连接形状

状连接。

(2) 将"直线-曲线连接线"的另一端(蓝色端)拖到第二个形状的连接点上,形状相连时,连接线的两个端点都会变成红色。连接后如图 7.24 所示。

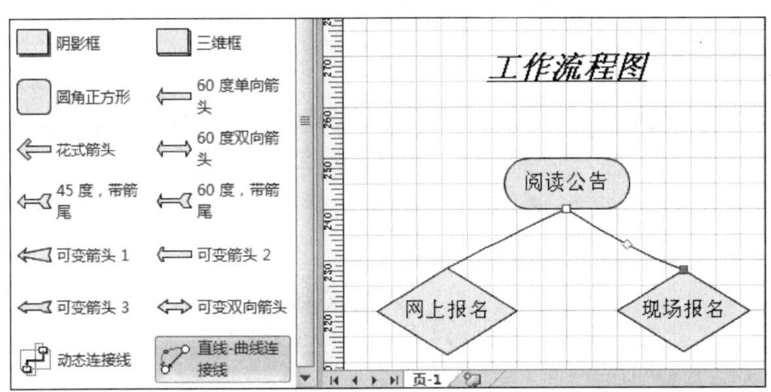


图 7.24　直线-曲线连接线

**3. 向连接线添加文本**

可以将文本与连接线一起使用来描述形状之间的关系。向连接线添加文本的方法与向任何形状添加文本的方法相同:只需单击连接线并键入文本。

**4. 修改连线的格式**

(1) 右击连接线,从弹出的快捷菜单中选择"格式"|"线条"命令。

(2) 弹出"线条"对话框,通过下拉菜单,对线条的图案、粗细、颜色、角度、箭头大小、方向等进行修改,如图 7.25 所示。

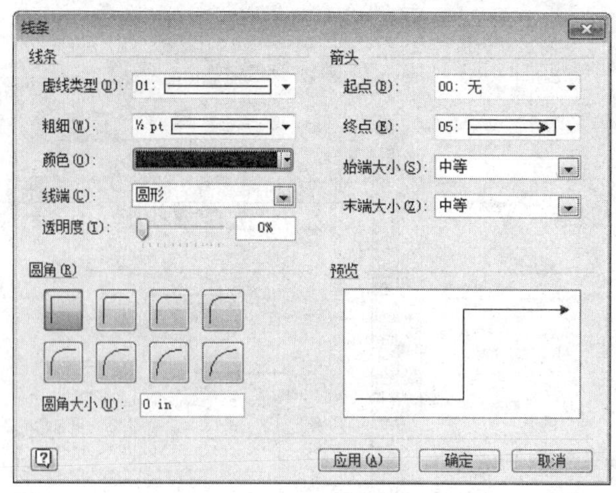


图 7.25　设置线条

### 7.3.4　使用图表

在 Visio 2010 中，通过图表分析表格中的数据，可以将表格数据以某种特殊的图形显示出来，从而使表格数据更具有层次性和条理性，并能及时反映数据之间的关系和变化趋势。

**1. 创建图表**

在 Visio 2010 中创建图表时，其实是在 Excel 中编辑图表数据，并将图表数据与 Visio 链接在一起。在“插入”选项卡的“插图”组中单击“图表”命令，系统会自动启动 Excel，显示图表，如图 7.26 所示，此时，在 Excel 工作表中包含图表与图表数据两个工作表。

**2. 编辑图表**

为了使图表具有美观的效果，需要对图表进行编辑操作，例如调整图表大小、添加图表数据、为图表添加标签元素等。

(1) 调整图表。

① 调整图表位置。默认情况下，插入的 Excel 图表放置在单独的工作表中，此时可以将其移动到数据工作表中。选择图表，在 Excel 中“图表工具|设计”选项卡的“位置”组中单击“移动图表”按钮，在弹出的“移动图表”对话框中选择图表放置的位置即可，如图 7.27 所示。将鼠标置于图表区边界上的“控制点”，当光标变成双向箭头时，拖动鼠标即可调整大小。

② 调整图标大小。选择图表，将鼠标置于图表区边界上的“控制点”，当光标变成双向箭头时，拖动鼠标即可调整大小。

(2) 编辑图表数据。在绘图页中插入图表之后，选择图表，在“设计”选项卡的“数据”组中单击“选择数据”按钮，在弹出的“选择数据源”对话框中，单击“图表数据区域”右面的折叠按钮，重新选择数据区域，即可增减或删除图表数据，如图 7.28 所示。

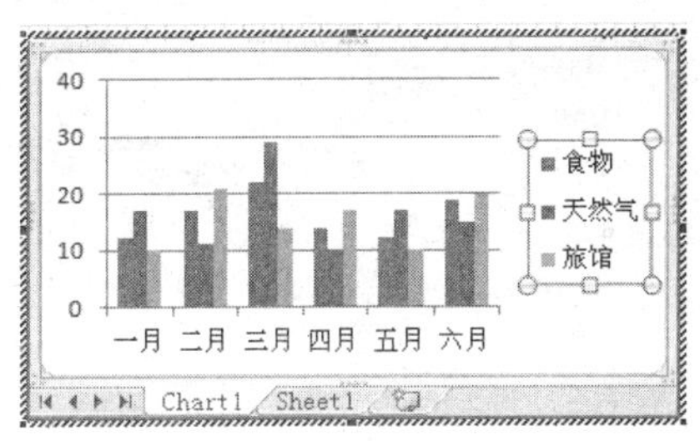


图 7.26 创建图表

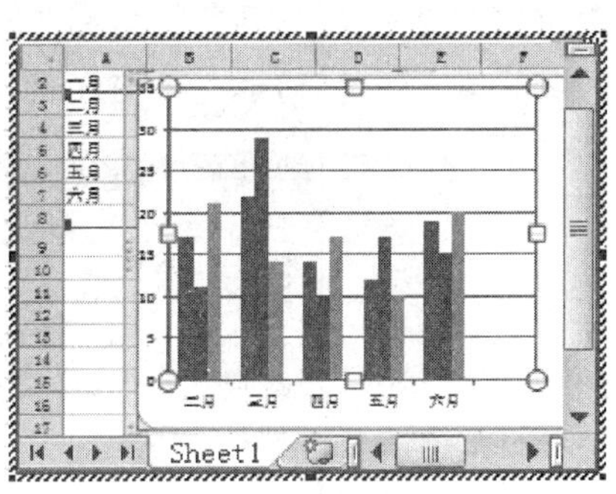


图 7.27 移动图表

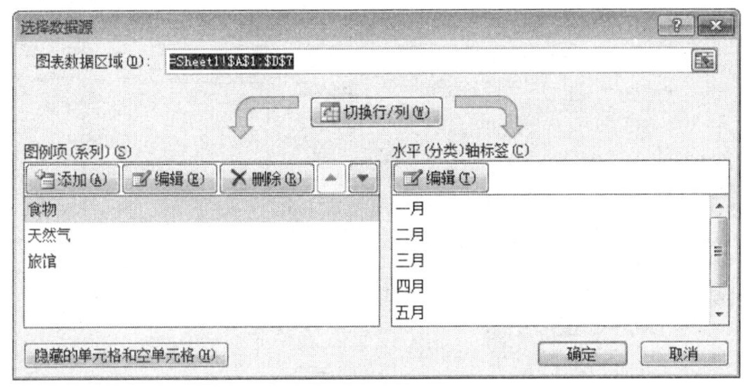


图 7.28 编辑图表数据

(3) 更改图表类型。在插入图表之后,选择图表,在“设计”选项卡的“类型”组中单击“更改图表类型”按钮,在弹出的“更改图表类型”对话框中,选择图表类型,单击“确定”按钮即可,如图 7.29 所示。

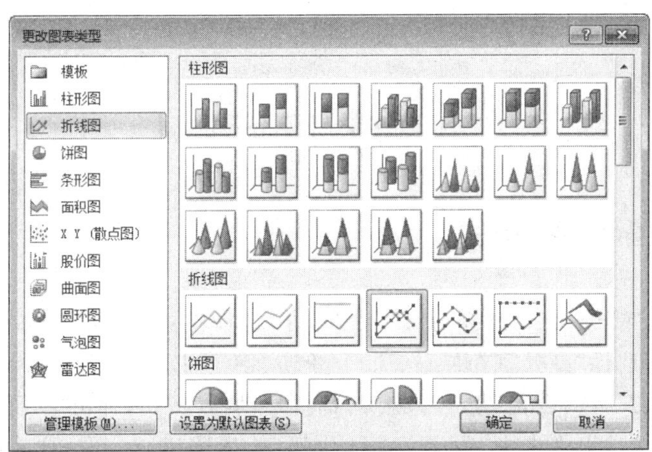


图 7.29 更改图表类型

(4) 设置图表格式。设置图表格式是设置标题、图例、坐标轴、数据系列等图表元素的格式,以及设置图表的布局样式与图表的整体显示样式。

① 美化图表。双击图表中的图表区域，在弹出的“设置绘图区格式”对话框中，设置图表区域的填充颜色、边框颜色与样式，以及阴影等效果，如图 7.30 所示。

图 7.30　设置图表格式

② 设置图表布局。在 Visio 2010 中插入图表之后，可以在 Excel 2010 中设置图表的预定义布局，在“设计”选项卡的“图表布局”组中单击“其他”按钮，在下拉列表中选择相应的布局即可。

③ 设置图表样式。Excel 2010 为用户提供了 48 种预定义样式，用户可以将相应的样式应用到图表中。选中图表，在“设计”选项卡的“图表样式”组中单击“其他”按钮，在下拉列表中选择相应的样式即可。

## 7.4 应用示例

### 7.4.1 绘制室内布局图

(1) 单击“文件”选项卡，选择“新建”命令，在“选择模板”任务窗格中，选择“地面和平面布置图”选项。选择“办公室布局”选项，并单击“创建”按钮，新建一个绘图文件。然后，在“设计”选项卡的“页面设置”组中单击“对话框启动器”按钮，弹出“页面设置”对话框，在“绘图缩放比例”选项卡中选中“预定义缩放比例”单选按钮，在下拉列表中选择“公制”选项，并选择“1∶50”选项，如图 7.31 所示。

(2) 在“墙壁和门窗”模具中，将“房间”形状拖至绘图页中，并调整其大小。将“窗户”形状拖至绘图页中，并调整其大小，如图 7.32 所示。

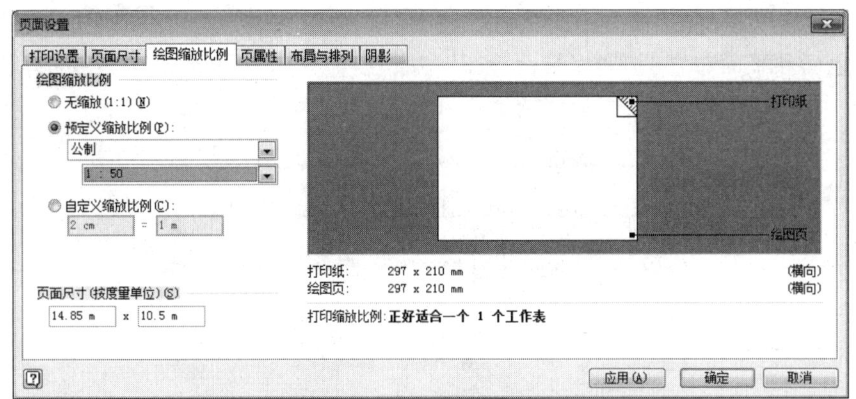

图 7.31　设置缩放比例

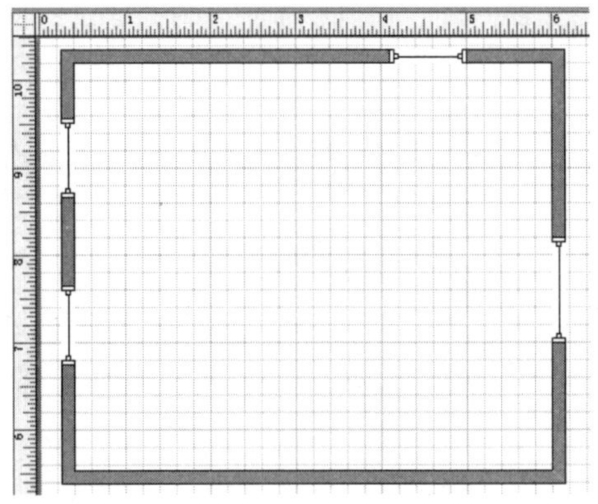
图 7.32　添加房间和窗户

(3) 在“办公室家具”模具中,将“书桌”、“可旋转倾斜的椅子”和“椅子”形状拖至绘图页中,并将“办公室设备”模具中的“电话”、“PC”以及“办公室附属设施”模具中的“台灯”、“垃圾桶”等形状拖至绘图页中,然后根据布局调整其大小和位置,如图 7.33 所示。

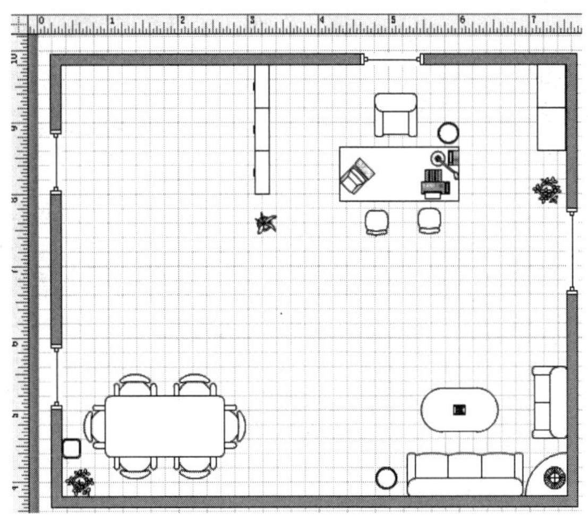
图 7.33　添加形状

(4) 将“墙壁和门窗”模具中的“墙壁”、“门”和“双门”形状拖至绘图页中。选择“更多形状”|“地面和平面布置图”|“建筑设计图”|“家具”命令，将“可调床”、“床头柜”等形状拖至绘图页中。根据布局调整个形状的大小和位置，如图 7.34 所示。

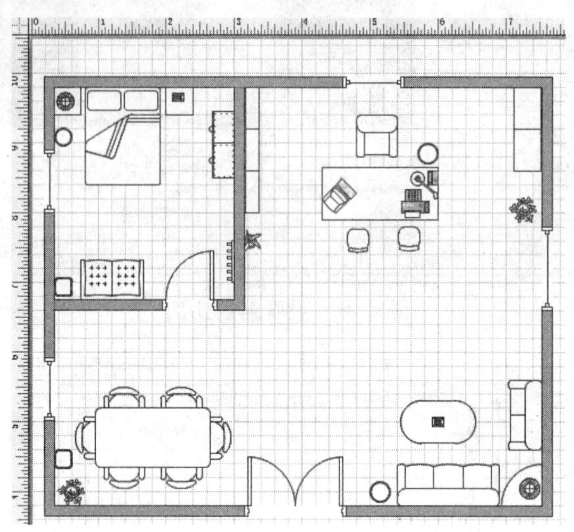

图 7.34　添加形状二

(5) 在“插入”选项卡的“文本”组中单击“文本框”按钮，选择“横排文本框”命令，插入两个文本框并输入文本。然后在“设计”选项卡的“背景”组中单击“背景”按钮，选择“活力”命令，如图 7.35 所示。

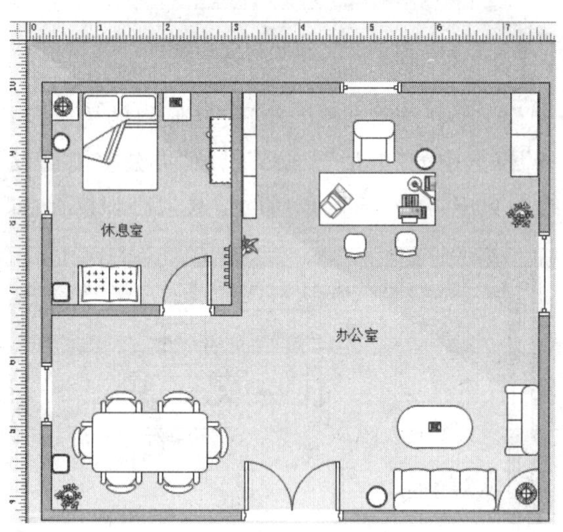


图 7.35　添加文本和背景

## 7.4.2　绘制网络拓扑图

(1) 单击“文件”选项卡，选择“新建”命令，在“选择模板”任务窗格中，选择“网络”|

“详细网络图”选项,并单击“创建”按钮,新建一个绘图文件。然后,在“形状”选项组中选择“更多形状|网络|网络和外设|网络符号”或者其他选项,在左侧窗口会出现可用的图件,如图 7.36 所示。

(2) 把将要用到的图件拖到绘图页上,并调整大小和位置,如图 7.37 所示。

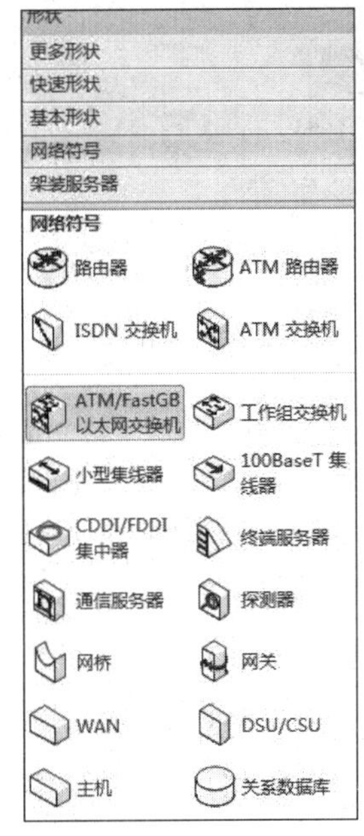


图 7.36　网络符号

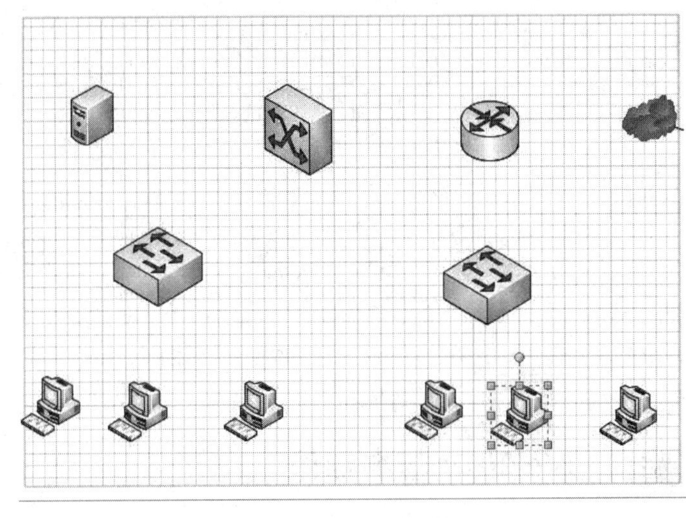

图 7.37　添加图件

(3) 连线,在“开始”选项卡的“工具”组中单击“连接线”按钮,将图件连接起来。若连接线不是直线,可选中线条并右击,进行线条更改,如图 7.38 所示。

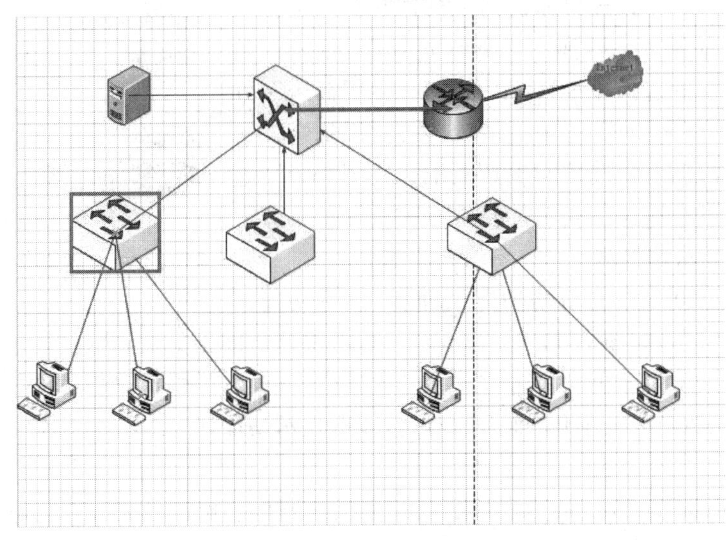

图 7.38　连接图件

(4) 添加独立文本，在“开始”选项卡的“工具”组中单击“文本”按钮，在空白处添加。在图件上添加文本，双击图件即可键入文本信息，并设置文本格式，如图 7.39 所示。

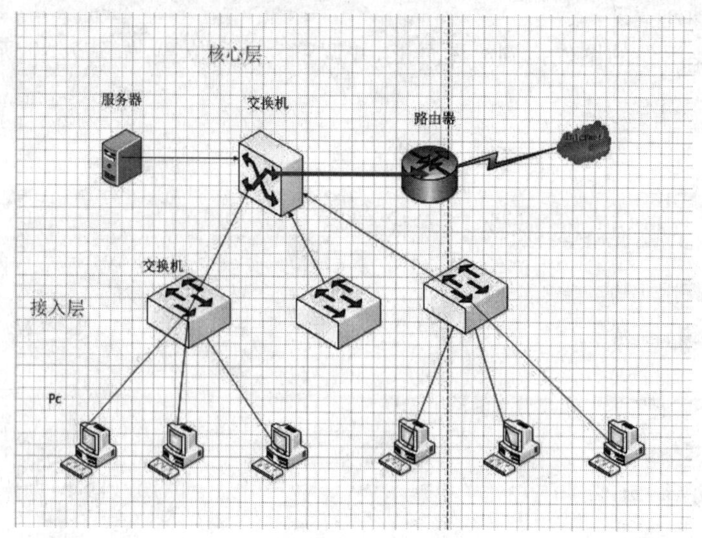


图 7.39 添加文本

## 实验 Visio 2010 基本操作

### 上机练习一

1. 自定义快速访问工具栏。

利用 Visio 2010 中新增的快速访问工具栏功能，自定义快速访问工具栏中的命令，如图 7.40 所示。首先，打开快速访问工具栏右侧的下拉列表，选择“其他命令”命令，弹出“Visio 选项”对话框。然后，将“从下列位置选择命令”选项设置为“常用命令”，并在列表中选择“打印预览”选项。最后，单击“添加”按钮，即可将该命令添加到快速访问工具栏中。关闭“Visio 选项”对话框，即可在快速访问工具栏中显示该命令。

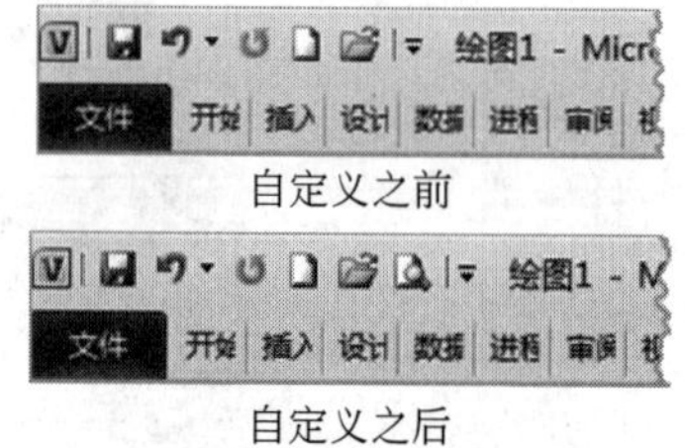


图 7.40 自定义快速访问工具栏

2. 隐藏/显示功能区。

利用 Visio 2010 中的新增功能区面板，设置功能区的显示与隐藏状态，如图 7.41 所示。首先，右击快速访问工具栏，执行“功能区最小化”命令，隐藏功能区。然后，再次右击快速访问工具栏，从弹出的快捷菜单中选择“功能区最小化”命令，取消“功能区最小化”前面的对钩，即可显示功能区。

### 上机练习二

1. 利用 Visio 2010 中的“基本流程图”模板来制作一份工作流程图，如图 7.42 所示。首先，单击“文件”选项卡，选择“新建”命令，选择“流程图”选项，同时选择“基本流程图”选项，并单击“创建”按钮。并将页面设置为“横向”。

隐藏功能区

显示功能区

图 7.41　隐藏/显示功能区

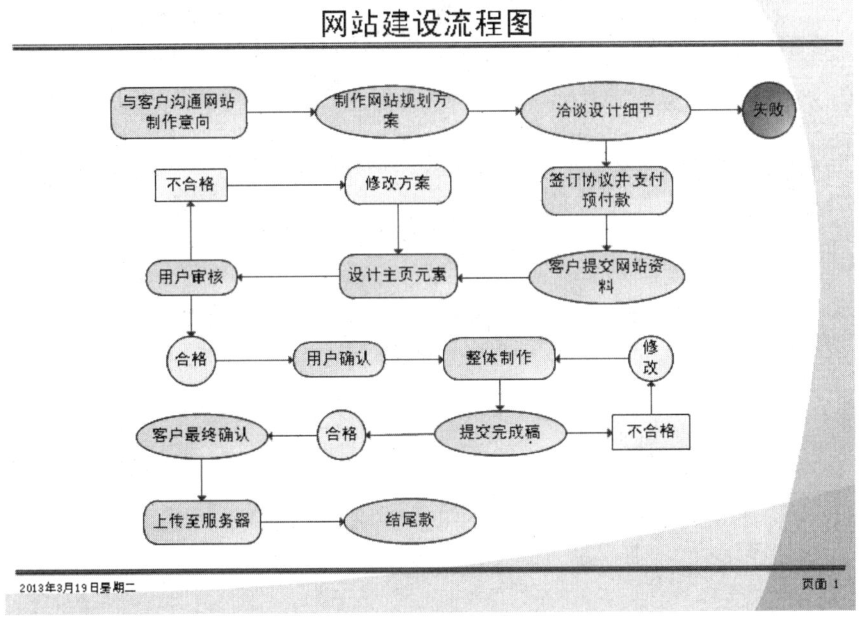


图 7.42　基本流程图

2. 在“设计”选项卡的“背景”组中单击“边框和标题”按钮，选择“字母”选项，为绘图页添加背景页，并在背景页中，在“设计”选项卡的“主题”组中单击“效果”按钮，选择“幻觉斜角”选项，设置标题背景的主题效果。然后，在背景页中输入标题文本“网站建设流程图”，并设置其字体、字号等。

3. 选择状态栏中的“页－1”，在“形状”任务窗格中，将流程图需要的形状拖至绘图页中，并设置各形状的“填充颜色”效果。在形状中输入工作流程文本并设置各文本的“阴影”、“填充颜色”等效果。

4. 在“开始”选项卡的“工具”组中单击“连接线”命令，连接所有的形状，并设置连接线的“粗细”、“颜色”等选项。

5. 在“设计”选项卡的“背景”组中单击“背景”按钮，选择“技术”选项，为绘图页添加背景。选择绘图页中所有形状，在“开始”选项卡的“形状”组中单击“组合”按钮，选择“组合”选项，组合形状。最后单击“文件”选项卡，选择“保存”|“另存为”命令，将流程图保存为 Visio 文件。

# 第8章

# 网 页 设 计

## 8.1 网页基本概念

### 8.1.1 基本概念

WWW(World Wide Web,万维网),也称作Web。起源于1989年欧洲粒子物理研究室(CERN),当时是为了研究人员互相传递文献资料用的。1991年,WWW首次在Internet上亮相,立即引起了强烈反响,并迅速获得推广应用。它是基于客户/服务器模式的信息发布和超文本(Hyper Text)技术的综合。Web服务器将信息组织成为分布式的超文本,这些信息可以是文本、子目录或信息指针。

万维网是由许多Web站点组成的。每个Web站点,其实就是一组精心设计制作的Web页面,这些页面简称网页。按网页在网站中的位置,可将其分为网页(Web Page)和主页(Home Page)。一个网站中只有一个主页,而网页却可能成百上千。通常所说的主页是指访问网站时看到的第一页,即首页。首页的名称是特定的,一般为index.htm、index.html、default.htm、default.html、default.asp或index.asp等。

网页又称Web页,其中一般都包含图像、文字和超链接等元素。按表现形式的不同,网页一般分为静态网页和动态网页。

静态网页是标准的HTML文件,它是采用HTML(超文本标记语言)编写的,通过HTTP(超文本传输协议)在服务器端和客户端之间传输的纯文本文件,扩展名为.html或.htm。静态网页无须系统实时生成,网页风格灵活多样,但是静态网页在交互性能上比动态网页要差,日常维护也更为繁琐。文件后缀一般为htm或html。

动态网页与静态网页在许多方面是一致的。它们都是无格式的ASCII码文件,都包含着HTML代码,都可以包含用脚本语言(比如JavaScript或VBScript)编写的程序代码,都存放在Web服务器上,收到客户请求后都会把响应信息发送给Web浏览器。根据采用Web应用技术的不同,动态网页文件的扩展名也不同。如使用ASP(Active Server Pages)技术时文件扩展名为.asp,使用JSP(Java Server Pages)技术时文件扩展名为.jsp。

### 8.1.2 网页制作常用工具

常用的网页设计工具有主要有 Dreamweaver、FrontPage，还有其他辅助的设计软件 Photoshop、Flash、Fireworks 等。

(1) HTML 语言。HTML(Hyper Text Markup Language)超文本标识语言，它用描述某个事物应如何合理地显示在计算机屏幕上。HTML 文件的扩展名常为.htm 或.html，可用记事本来编辑。

(2) Dreamweaver。它和 Flash、Fireworks 合在一起被称为网页制作三剑客；这 3 个开发工具相辅相成，是制作网页的最佳选择；其中 Dreamweaver 主要用来制作网页文件；Flash 用来制作精美的网页动画；Fireworks 用来处理网页中的图形。

(3) FrontPage。FrontPage 是一种网站创建和管理程序，它帮助人们创建功能强大的网站，它是很多人选择的一种网页和网站制作工具。

## 8.2 HTML 基础

### 8.2.1 HTML 概述

HTML(Hyper Text Marked Language，超文本标记语言)是一种用来制作超文本文档的简单标记语言。超文本传输协议规定了浏览器在运行 HTML 文档时所遵循的规则和进行的操作。HTTP 协议的制定使浏览器在运行超文本时有了统一的规则和标准。用 HTML 编写的超文本文档称为 HTML 文档，它能独立于各种操作系统平台，自 1990 年以来 HTML 就一直被用于万维网的信息表示语言，使用 HTML 语言描述的文件，需要通过 Web 浏览器显示出效果。

所谓超文本，是因为它可以加入图片、声音、动画、影视等内容，HTML 并不是一种程序语言，它只是一种排版网页中资料显示的结构语言，易学易懂，非常简单。HTML 的普遍应用就是带来了超文本的技术——通过单击鼠标从一个主题跳转到另一个主题，与世界各地主机的文件链接，直接获取相关的主题。

(1) 通过 HTML 可以表现出丰富多彩的设计风格：

① 图片调用：

```
<IMG SRC="文件名">
```

② 文字格式：

```
<FONT SIZE="+5 " COLOR="#00FFFF">文字</FONT>
```

(2) 通过 HTML 可以实现页面之间的跳转。

① 页面跳转：

```
<A HREF="文件路径/文件名"></A>
```

② 通过 HTML 可以展现多媒体的效果。

- 声频：

```
<EMBED SRC="音乐地址" AUTOSTART=true>
```

- 视频：

```
<EMBED SRC="视频地址" AUTOSTART=true>
```

从上面可以看到 HTML 超文本文件时需要用到的一些标签。这些标签均由“<”和“>”符号以及一个字符串组成。而浏览器的功能是对这些标记进行解释，显示出文字、图像、动画、播放声音。这些标签符号用“<标签名字 属性>”来表示。

HTML 只是一个纯文本文件。创建一个 HTML 文档，只需要两个工具，一个是 HTML 编辑器，一个 WEB 浏览器。HTML 编辑器是用于生成和保存 THML 文档的应用程序。Web 浏览器是用来打开 Web 网页文件，提供给人们查看 Web 资源的客户端程序。

### 8.2.2 HTML 的基本结构

一个 HTML 文档是由一系列的元素和标签组成。元素名不区分大小写。HTML 用标签来规定元素的属性和它在文件中的位置，HTML 超文本文档分文档头和文档体两部分，在文档头里，对这个文档进行了一些必要的定义，文档体中才是要显示的各种文档信息。

下面是一个最基本的 html 文档的代码。

```
<HTML>  ---------------------------------------------开始标签
<HEAD>  ---------------------------------------------
<TITLE> 一个简单的 HTML 示例 </TITLE>  | 头部标签
</HEAD> -------------------------------------
<BODY>  -------------------------------------
<CENTER>                                   |
<H1> 欢迎光临我的主页</H1>                  |
<BR>                                       |
<HR>                                       | 文件主体
<FONT SIZE=7 COLOR=red>                    |
这是我第一次做主页                          |
</FONT>                                    |
</CENTER>                                  |
</BODY> ---------------------------------------------
</HTML> --------------------------------------------- 结尾标签
<HTML>
```

</HTML>在文档的最外层，文档中的所有文本和 HTML 标签都包含在其中，它

表示该文档是以超文本标识语言(HTML)编写的。事实上,现在常用的 Web 浏览器都可以自动识别 HTML 文档,并不要求有 <HTML>标签,也不对该标签进行任何操作,但是为了使 HTML 文档能够适应不断变化的 Web 浏览器,还是应该养成不省略这对标签的良好习惯。

<HEAD></HEAD>是 HTML 文档的头部标签,在浏览器窗口中,头部信息是不被显示的,在此标签中可以插入其他标记,用以说明文件的标题和整个文件的一些公共属性。若不需头部信息则可省略此标记,良好的习惯是不省略。

<title>和</title>是嵌套在<HEAD>头部标签中的,标签之间的文本是文档标题,它被显示在浏览器窗口的标题栏。

<BODY> </BODY>标记一般不省略,标签之间的文本是正文,是在浏览器要显示的页面内容。

上面的这几对标签在文档中都是唯一的,HEAD 标签和 BODY 标签是嵌套在 HTML 标签中的。

### 8.2.3 HTML 的标签与属性

对于刚接触超文本的朋友,遇到的最大的障碍就是一些用"<"和">"括起来的句子,人们称它为标签,是用来分割和标签文本的元素,以形成文本的布局、文字的格式及五彩缤纷的画面。标签通过指定某块信息为段落或标题等来标识文档某个部件。属性是标志里的参数的选项,HTML 的标签分单标签和成对标签两种。成对标签是由首标签<标签名> 和尾标签</标签名>组成的,成对标签的作用域只作用于这对标签中的文档。单独标签的格式<标签名>,单独标签在相应的位置插入元素就可以了,大多数标签都有自己的一些属性,属性要写在始标签内,属性用于进一步改变显示的效果,各属性之间无先后次序,属性是可选的,属性也可以省略而采用默认值;其格式如下:

```
<标签名字 属性 1 属性 2 属性 3 …>内容</标签名字>
```

作为一般的原则,大多数属性值不用加双引号。但是包括空格、%号,#号等特殊字符的属性值必须加入双引号。为了好的习惯,提倡全部对属性值加双引号。如:

```
<font color="#ff00ff" face="宋体" size="30">字体设置</font>
```

**注意**:输入始标签时,一定不要在"<"与标签名之间输入多余的空格,否则浏览器将不能正确识别括号中的标志命令,从而无法正确显示信息。

## 8.3 HTML 网页设计基础

为了使网页绚丽多姿,吸引更多的浏览者阅读,可以给网页添加更多的标签,对它进行修饰、布局。下面就来逐一介绍。

### 8.3.1 HTML的主体标签

在<body>和</body>中放置的是页面中所有的内容，如图片、文字、表格、表单、超链接等设置。

<body>标签有自己的属性，如表8-1所示。设置<body>标签内的属性，可控制整个页面的显示方式。

表8-1 <body>标签的属性

| 属　性 | 描　　述 |
|---|---|
| link | 设定页面默认的连接颜色 |
| alink | 设定鼠标正在单击时的连接颜色 |
| vlink | 设定访问后连接文字的颜色 |
| background | 设定页面背景图像 |
| bgcolor | 设定页面背景颜色 |
| leftmargin | 设定页面的左边距 |
| topmargin | 设定页面的上边距 |
| bgproperties | 设定页面背景图像为固定，不随页面的滚动而滚动 |
| text | 设定页面文字的颜色 |

格式：

```
<body text="#000000" link="#000000" alink="#000000" vlink="#000000"
background="gifnam.gif" bgcolor="#000000" leftmargin=3 topmargin=2
bgproperties="fixed">
```

例如：

```
<html>
<head>
<title>bady的属性实例</title>
</head>
<body bgcolor="#FFFFE7" text="#ff0000" link="#3300FF" alink="#FF00FF"
vlink="#9900FF">
<center>
<h2>设定不同的连接颜色</h2>
测试body标签<p>
<a href="http://www.baidu.com/">默认的连接颜色</a>
<p>
<a href="http://www.sina.com.cn">正在按下的连接颜色,</a>
<p>
```

```
<a href="http://www.sohu.com/">访问过后的连接颜色,</a>
<P>
<a href="#" onClick="javascript:window.history.back()">返回</a>
</conter>
</body>
</html>
```

实例说明：

<body>的属性设定了页面的背景颜色，文字的颜色，链接的颜色为＃3300ff，单击的连接颜色为＃ff00ff，单击过后的颜色为＃9900ff。

Body 里面的是页面中的链接标签，对于属性可根据页面的效果来定，用那个属性就设定那个属性。对于上面的属性在后面的章节中还会介绍，在这里就不逐一引用了，人们的学习目的主要是掌握标签及属性的使用方法。

## 8.3.2 颜色的设定

颜色值是一个关键字或一个 RGB 格式的数字。在网页中用得很多，在此就先介绍一下。

颜色是由 red、green 和 blue 三原色组合而成的，在 HTML 中对颜色的定义是用十六进位的，对于三原色 HTML 分别给予两个十六进位去定义，也就是每个原色可有 256 种彩度，故此三原色可混合成 16777216 种颜色。

例如：

白色的组成是 red＝ff，green＝ff，blue＝ ff，RGB 值即为 ffffff。

红色的组成是 red＝ff，green＝ 00，blue＝ 00，RGB 值即为 ff0000。

绿色的组成是 red＝00，green＝ff，blue＝ 00，RGB 值即为 00ff00。

蓝色的组成是 red＝00，green＝ 00，blue＝ ff，RGB 值即为 0000ff。

黑色的组成是 red＝00，green＝00，blue＝00，RGB 值即为 000000。

应用时常在每个 RGB 值之前加上“＃”符号，如：bgcolor＝"＃336699" 用英文名字表示颜色时直接写名字。如 bgcolor＝green。

RGB 颜色可以有 4 种表达形式：

- ＃rrggbb（如，＃00cc00）。
- ＃rgb（如，＃0c0）。
- rgb(x,x,x) x 是一个介乎 0～255 之间的整数（如，rgb(0,204,0)）。
- rgb(y％，y％，y％) y 是一个介乎 0.0～100.0 之间的整数，如 rgb(0％，80％，0％)。

## 8.3.3 文字版面的编辑

**1. 换行标签<br>**

换行标签是个单标签，也叫空标签，不包含任和内容，在 html 文件中的任何位置只要使用了<br>标签，当文件显示在浏览器中时，该标签之后的内容将显示下一行。

例如：

```
<html>
<head>
<title>无换行示例</title>
</head>
<body>
```

无换行标记：帝高阳之苗裔兮，朕皇考曰伯庸；摄提贞于孟陬兮，惟庚寅吾以降。

<br>有换行标记：<br>屈原·离骚？<br>帝高阳之苗裔兮，朕皇考曰伯庸；<br>摄提贞于孟陬兮，惟庚寅吾以降。

```
</body>
</html>
```

**2. 换段落标签<p>及属性**

由<p>标签所标识的文字，代表同一个段落的文字。不同段落间的间距等于连续加了两个换行符，也就是要隔一行空白行，用以区别文字的不同段落。它可以单独使用，也可以成对使用。单独使用时，下一个<P>的开始就意味着上一个<P>的结束。良好的习惯是成对使用。

格式：

```
<P>
<P ALIGN=参数>
```

其中，ALIGN是<p>标签的属性，属性有3个参数left，center，right. 这3个参数设置段落文字的左，中，右位置的对齐方式.

例如：

```
<html>
<head>
<title>测试分段控制标签</title>
</head>
<body>
```

<p>其实是，世界还没有如此简单，学问都各有用处，要定什么是头等还很难。也幸而有各式各样的人，假如世界上全是文学家，到处所讲的不是"文学的分类"便是"诗之构造"，那倒反而无聊得很了。

```
</p>
<p align="right">
```

不过以上所说的，是附带而得的效果，嗜好的读书，本人自然并不计及那些，就如游公园似的，随随便便去，因为随随便便，所以不吃力，因为不吃力，所以会觉得有趣。

```
</p>
```

```
<p align=center>如果一本书拿到手,就满心想道,"我在读书了!"</p>
<p align="left">"我在用功了!"</p>
</body>
</html>
```

**3. 原样显示文字标签<pre>**

要保留原始文字排版的格式,就可以通过<pre>标签来实现,方法是把制作好的文字排版内容前后分别加上始标签<pre>和尾标签</pre>。

例如:

```
<HTML>
<HEAD>
<TITLE>原样显示文字标签</TITLE>
</HEAD>
<BODY>
<PRE>
    如梦令
        常记溪亭日暮,
            沉醉不知归路。
                兴尽晚回舟,
                    误入藕花深处。
                        争渡,争渡,
                            惊起一滩鸥鹭。</PRE>
</BODY>
</HTML>
```

**4. 居中对齐标签<center>**

文本在页面中使用<center>标签进行居中显示,<center>是成对标签,在需要居中的内容部分开头处加<center>,结尾处加</center>。

例如:

```
<HTML>
<HEAD>
<TITLE>居中对齐标签</TITLE>
</HEAD>
<BODY>
<CENTER>
《如梦令》<p>
常记溪亭日暮,
沉醉不知归路。
兴尽晚回舟,
误入藕花深处。
争渡,争渡,
惊起一滩鸥鹭。</CENTER>
</BODY>
</HTML>
```

**5. 引文标签（缩排标签）<blockquote>**

<blockquote>标签可以用来建立一个引文，它特别适合较长文本的引用，引文显示时将会自动右移，左边空出几个格，加以区别。

例如：

```
<HTML>
<HEAD>
<TITLE>引文标签</TITLE>
</HEAD>
<BODY>
春 <BR>
<PRE>
<BLOCKQUOTE>
李清照(1084—约 1151)：南宋女词人。<br>
号易安居士，齐州章丘(今属山东)人。
</BLOCKQUOTE>
<BLOCKQUOTE><BLOCKQUOTE>
父李格非为当时著名学者，夫赵明诚为金石考据家。早期生活优越，与明诚共同致力于书画金石的搜集整理。金兵入据中原，流寓南方，明诚病死，境遇孤苦。(《辞海》1989 年版)
</BLOCKQUOTE></BLOCKQUOTE>
<BLOCKQUOTE><BLOCKQUOTE><BLOCKQUOTE>
男中李后主，女中李易安，极是当行本色。前此太白，故称词家三李。(沈去矜)清照以一妇人，而词格乃抗轶周柳，虽篇帙无多，固不能不宝而存之，为词家一大宗矣。(《四库提要》)
李易安作重阳《醉花阴》词，函致赵明诚云云。明诚自愧勿如。乃忘寝食，三日夜得十五阕，杂易安作以示陆德夫。德夫玩之再三曰："只有'莫道不销魂'三句绝佳。"正易安作也。
</BLOCKQUOTE></BLOCKQUOTE></BLOCKQUOTE>
</PRE>
</BODY>
</HTML>
```

**6. 水平分隔线标签<hr>**

<hr>标签是单独使用的标签，是水平线标签，用于段落与段落之间的分隔，使文档结构清晰明了，使文字的编排更整齐。通过设置<hr>标签的属性值，如表 8-2 所示，可以控制水平分隔线的样式。

**表 8-2 <hr>标签的属性**

| 属性 | 参数 | 功能 | 单位 | 默认值 |
|---|---|---|---|---|
| size | | 设置水平分隔线的粗细 | pixel(像素) | 2 |
| width | | 设置水平分隔线的宽度 | pixel(像素)、% | 100% |
| align | left enter right | 设置水平分隔线的对齐方式 | | center |
| color | | 设置水平分隔线的颜色 | | black |
| noshade | | 取消水平分隔线的 3d 阴影 | | |

例如：

```
<HTML>
<HEAD>
<TITLE>测试水平分隔线标签</TITLE>
</HEAD>
<BODY>
<CENTER>
春　晓
<HR >
春眠不觉晓，
<hr size="6">
处处闻啼鸟。
<hr width="40% ">
夜来风雨声，
<hr width="60" align="left">
花落知多少？
<hr size="6" width="30% " align="center"? noshade? color=red >
</CENTER>
</BODY>
</HTML>
```

**7. 署名标签<address>**

<address>署名标签一般用于说明这个网页是由谁或是由哪个公司编写的，以及其他相关信息。在<address></address>标签之间的文字显示效果是斜体字。

例如：

```
<HTML>
<HEAD>
<TITLE>署名标签</TITLE>
</HEAD>
<BODY>
<CENTER>
乐 游 原
<HR WIDTH="50% " SIZE="5" COLOR="FFCC00" ALIGN=CENTER>
<PRE>
向晚意不适，
驱车登古原。
夕阳无限好，
只是近黄昏。
</PRE>
<HR WIDTH="50% " SIZE="5" COLOR="FFCC00" ALIGN=CENTER>
<ADDRESS>
[唐] 李商隐
</ADDRESS>
```

```
</BODY>
</HTML>
```

### 8. 特殊字符

在 HTML 文档中，有些字符没办法直接显示出来，例如"?"。使用特殊字符可以将键盘上没有的字符表达出来，而有些 HTML 文档的特殊字符在键盘上虽然可以得到，但浏览器在解析 HTML 文当时会报错，例如"＜"等，为防止代码混淆，必须用一些代码来表示它们，如表 8-3 所示。

**表 8-3 HTML 几种常见特殊字符及其代码表**

| 特殊或专用字符 | 字符代码 | 特殊或专用字符 | 字符代码 |
|---|---|---|---|
| ＜ | < | © | © |
| ＞ | > | × | × |
| & | & | ® | ® |
| " | " | 空格 |   |

例如：

```
<HTML>
<HEAD>
<TITLE>特殊字符</TITLE>
</HEAD>
<BODY>
<CENTER>
&lt;赋得古原草送别 &gt;
<HR WIDTH="49% " SIZE="5" ALIGN=CENTER NOSHADE>
<PRE>
离离原上草，
一岁一枯荣。
野火烧不尽，
春风吹又生。
</PRE>
<HR WIDTH="49% " SIZE="5" ALIGN=CENTER NOSHADE>
<ADDRESS>
白居易 &copy;
</ADDRESS>
</BODY>
</HTML>
```

### 9. 注释标签

在 HTML 文档中可以加入相关的注释标记，便于查找和记忆有关的文件内容和标识，这些注释内容并不会在浏览器中显示出来。

注释标签的格式有如下：

例如：

```
<HTML>
<HEAD>
<TITLE>注释标签</TITLE>
</HEAD>
<BODY>
<!--body 标签是主体内容-->
<CENTER>
&lt;赋得古原草送别 &gt;
<HR WIDTH="49% " SIZE="5" ALIGN=CENTER NOSHADE>
<PRE>
<! pre 代表原样显示排版格式>
离离原上草,
一岁一枯荣。
野火烧不尽,
春风吹又生。
</PRE>
<HR WIDTH="49% " SIZE="5" ALIGN=CENTER NOSHADE>
<ADDRESS>
白居易 &copy;
</ADDRESS>
</BODY>
</HTML>
```

**10. 字体属性**

(1) 标题文字标签<hn>。<hn>标签用于设置网页中的标题文字,被设置的文字将以黑体或粗体的方式显示在网页中。

标题标签的格式：

```
<hn align=参数>标题内容</hn>
```

说明：<hn>标签是成对出现的,<hn>标签共分为 6 级,在<h1>…</h1>之间的文字就是第一级标题,是最大最粗的标题;<h6>…</h6>之间的文字是最后一级,是最小最细的标题文字。align 属性用于设置标题的对齐方式,其参数为 left(左),enter(中),right (右)。<hn>标签本身具有换行的作用,标题总是从新的一行开始。

例如：

```
<HTML>
<HEAD>
<TITLE>设定各级标题</TITLE>
</HEAD>
<BODY>
<H1 ALIGN="CENTER">一级标题。</H1>
<H2>二级标题。</H2>
```

```
<H3>三级标题。</H3>
<H4>四级标题。</H4>
<H5 ALIGN="RIGHT">五级标题。</H5>
<H6 ALIGN="LEFT">六级标题。</H6>
</BODY>
</HTML>
```

(2) 文字格式控制标签<FONT>。<FONT>标签用于控制文字的字体，大小和颜色。控制方式是利用属性设置得以实现的。

**FONT 标签的属性**

| 属性 | 使用功能 | 默认值 |
| --- | --- | --- |
| face | 设置文字使用的字体 | 宋体 |
| size | 设置文字的大小 | 3 |
| color | 设置文字的颜色 | 黑色 |

格式：

```
<font face=值 1 size=值 2 color=值 3>文字 </font
```

说明：如果用户的系统中没有 face 属性所指的字体，则将使用默认字体。size 属性的取值为 1～7。也可以用"＋"或"－"来设定字号的相对值。color 属性的值为：rgb 颜色"#nnnnnn"或颜色的名称。

例如：

```
<html>
<head>
<title>控制文字的格式</title>
</head>
<body>
<center>
<font face=黑体 size=6 color="red" >盼望着，盼望着，东风来了，春天脚步近了。</font>
<p>
<font? face=隶书 size=+ 3 color="green">
一切都像刚睡醒的样子，欣欣然张开了眼。<p>山朗润起来了，水涨起来了，太阳的脸红起来了。
</font><p>
<font? face=楷体 size=4 color="#ff00ff">
小草偷偷地从土里钻出来，嫩嫩的，绿绿的。<p>园子里，田野里，瞧去一大片一大片满是的。<p>
坐着，躺着，打两个滚，踢几脚球，赛几趟跑，捉几回迷藏。<p>风轻悄悄的，草软绵绵的。
</font>
</center>
</body>
</html>
```

(3) 特定文字样式标签。在有关文字的显示中，常常会使用一些特殊的字形或字体来强调、突出、区别以达到提示的效果。在 HTML 中用于这种功能的标签可以分为两类，物理类型和逻辑类型。

① 物理类型。

- 粗体标签<b>。放在<b>与</b>标签之间的文字将以粗体方式显示。
- 斜体标签<i>。放在<i>与</i>标签之间的文字将以斜体方式显示。
- 下划线标签<u>。放在<u>与</u>标签之间的文字将以下划线方式显示。

例如：

```
<html>
<head>
<title>字体的物理类型</title>
</head>
<body>
<center>
<font color="#FF0000" size="+ 2"><b>这些文字是粗体的</b></font><br><br>
<i>这些文字是斜体的</i><br><br>
<u>这些文字带有下划线</u>
</center>
</body>
</html>
```

② 逻辑类型。逻辑类型是使用一些标签来改变字体的形态和式样，以便产生一些浏览者习惯的或约定的显示效果，常用的逻辑类型标签有 8 种，放在标签之间的文字受其控制。下面是常用逻辑标签的实例。

例如：

```
<html>
<head>
<title>字体的逻辑类型</title>
</head>
<body>
<pre>
em 标签：<em>用于强调的文本，一般显示为斜体字</em>
strong 标签：<strong>用于特别强调的文本，显示为粗体字</strong>
cite 标签：<cite>用于引证和举例，通常是斜体字</cite>
code 标签：<code>用来指出这是一组代码</code>
small 标签：<small>规定文本以小号字显示</small>
big 标签：<big>规定文本以大号字显示</big>
samp 标签：<samp>显示一段计算机常用的字体，即宽度相等的字体</samp>
kbd 标签：<kbd>由用户输入文本，通常显示为较粗的宽体字</kbd>
var 标签：<var>用来表示变量，通常显示为斜体字</var>
dfn 标签：<dfn>表示一个定义或说明，通常显示为斜体字</dfn>
sup 标签：12<sup>2</sup>=144
sub 标签：硫酸亚铁的分子式是 Fe<sub>2</sub>SO<sub>4</sub>
```

```
</pre>
</body>
</html>
```

### 8.3.4 建立超链接

HTML文件中最重要的应用之一就是超链接，超链接是一个网站的灵魂，Web上的网页是互相链接的，单击被称为超链接的文本或图形就可以链接到其他页面。超文本具有的链接能力，可层层链接相关文件，这种具有“超级链”能力的操作，即称为超级链接。超级链接除了可链接文本外，也可链接各种媒体，如声音、图像、动画，通过它们可享受丰富多彩的多媒体世界。

建立超链接的标签为<A>和</A>。

格式如下：

```
<A HREF="资源地址" TARGET="窗口名称" TITLE="指向连接显示的文字">超链接名称</A>
```

说明：标签<A>表示一个链接的开始，</A>表示链接的结束。

属性HREF定义了这个链接所指的目标地址；目标地址是最重要的，一旦路径上出现差错，该资源就无法访问。

TARGET：该属性用于指定打开链接的目标窗口，其默认方式是原窗口。

TITLE：该属性用于指定指向链接时所显示的标题文字。

“超链接名称”是要单击到链接的元素，元素可以包含文本，也可以包含图像。文本带下划线且与其他文字颜色不同，图形链接通常带有边框显示。用图形做链接时只要把显示图像的标志<img>嵌套在<A HREF="URL"></A>之间就能实现图像链接的效果。当鼠标指向"超链接名称"处时会变成手状，单击这个元素可以访问指定的目标文件。

**1. 链接路径**

每一个文件都有自己的存放位置和路径，理解一个文件到要链接的那个文件之间的路径关系是创建链接的根本。

URL(Uniform Resource Locator，统一资源定位器)指的是每一个网站都具有的地址。同一个网站下的每一个网页都属于同一个地址之下，在创建一个网站的网页时，不需要为每一个连接都输入完全的地址，只需要确定当前文档同站点根目录之间的相对路径关系就可以了。因此，链接可以分以下3种：

① 绝对路径。如：

```
http://www.sina.com.cn
```

② 相对路径。如：

```
news/index.html
```

③ 根路径。如：

```
d|/web/news/index.html
```

(1) 绝对路径。绝对路径包含了标识 Internet 上的文件所需要的所有信息。文件的链接是相对原文档而定的。包括完整的协议名称，主机名称，文件夹名称和文件名称。

格式如下：

```
通信协议：//服务器地址：通信端口/文件位置…/文件名
```

其中网络协议是 HTTP(Hypertext Transfer Protocol，超文本传输协议)，资源所在的主机名为 http://www.sina.com.cn/，通常情况下使用默认的端口号 80，资源在 WWW 服务器主机 Web 文件夹下，资源的名称为：index.html。

例如：http://www.163.net/myweb/book.htm(此网址为假设)表明采用 HTTP 从名为 www.163.net 的服务器上的目录 myweb 中获得文件 book.htm。

(2) 相对路径。相对路经是以当前文件所在路径为起点，进行相对文件的查找。一个相对的 URL 不包括协议和主机地址信息，表示它的路径与当前文档的访问协议和主机名相同，甚至有相同的目录路径。通常只包含文件夹名和文件名。甚至只有文件名。可以用相对 URL 指向与源文档位于同一服务器或同文件夹中的文件。此时，浏览器链接的目标文档处在同一服务器或同一文件夹下。

① 如果链接到同一目录下，则只需输入要链接文件的名称。

② 要链接到下级目录中的文件。只需先输入目录名，然后加“/”，再输入文件名。

③ 要链接到上一级目录中文件，则先输入“../”，再输入文件名。

相对路径的用法如表 8-4 所示。

**表 8-4　相对路径的用法**

| 相对路径名 | 含　义 |
|---|---|
| herf="shouey.html" | shouey.html 是本地当前路径下的文件 |
| herf="web/shouey.html" | shouey.html 是本地当前路径下称做 web 子目录下的文件 |
| herf="../shouey.html" | shouey.html 是本地当前目录的上一级子目录下的文件 |
| herf="../../shouey.html" | shouey.html 是本地当前目录的上两级子目录下的文件 |

(3) 根路径。根路径目录地址同样可用于创建内部链接，但大多数情况下，不建议使用此种链接形式。

根路径目录地址的书写也很简单，首先以一个斜杠(/)开头，代表根目录，然后书写文件夹名，最后书写文件名。

如果根目录要写盘符，就在盘符后使用“|”，而不用“:”这点与 DOS 的写法不同。

例如：

```
/web/highight/shouey.html
```

应写为

```
d|/web/highight/shouey.html
```

也许读者会问，链接本地机器上的文件时，应该使用相对路径还是绝对路径？在绝大多数情况下使用相对路径比较好，例如，用绝对路径定义了链接，当把文件夹改名或者移动之后，那么所有的链接都要失败，这样就必须对所有 HTML 文件的链接进行重新编排，而一旦将此文夹件移到网络服务器上时，需要重新改动的地方就更多了，那是一件很麻烦的事情。而使用相对路径，不仅在本地机器环境下适合，就是上传到网络或其他系统下也不需要进行多少更改就能准确链接。

**2. 超链接的应用**

链接文档中的特定位置也叫书签链接，在浏览页面时如果页面很长，要不断地拖动滚动条给浏览带来不便，要是浏览者可以从上头阅读到尾，又可以选择自己感兴趣的部分阅读，这种效果就可以通过书签链接来实现，方法是选者一个目标定位点，用来创建一个定位标记，用属性 name 的值来确定定位标记名 <a name="定位标记名">。然后在网页的任何地方建立对这个目标标记的链接"标题"，在标题上建立的链接地址的名字要和定位标记名相同，前面还要加上"＃"号，<a href= "＃定位标记名">。单击标题就跳到要访问的内容。

书签链接可以在同一页面中链接，也可以在不同页面中链接，在不同页面中链接的前提是需要指定好链接的页面地址和链接的书签位置

格式：

① 在同一页面要使用链接的地址：

```
<a href="#书签名称" target="窗口名称">超连链标题名称</a>
```

② 在不同页面要使用链接的地址：

```
<a href="URL 地址#书签名称" target="窗口名称">超链接标题名称</a>
```

③ 链接到的目的地址：

```
<a name="书签名称">目标超链接名称</a>
```

name 的属性值为该目标定位点的定位标记点名称，是给特定位置点(这个位置点也叫锚点)起个名称。

## 8.3.5 图像的处理

图像可以使 HTML 页面美观生动且富有生机。浏览器可以显示的图像格式有 JPEG、BMP 和 GIF。其中 BMP 文件存储空间大，传输慢，不提倡用，常用的 JPEG 和 GIF 格式的图像相比较，JPEG 图像支持数百万种颜色，即使在传输过程中丢失数据，也不会在质量上有明显的不同，占位空间比 GIF 大，GIF 图像仅包括 265 色彩，虽然质量上没有 JPEG 图像高，但占位储存空间小，下载速度最快、支持动画效果及背景色透明等特点。因此使用图像美画页面可视情况而决定使用那种格式。

**1. 背景图像的设定**

在网页中除了可以用单一的颜色做背景外，还可用图像设置背景。

设置背景图像的格式如下：

```
<body background="image-url">
```

其中 "image-url"为图像的位置。

例如：

```
<html>
<head>
<title>设置背景图像</title>
</head>
<body background="../../imge/11.gif">
<center>
<p> </p>
<p> </p>
<p> </p>
<p> </p>
<p><font color="#006600" size="+ 6">盼望着,盼望着,东风来了,春天脚步近了。
</font>
</p>
</center>
</body>
</html>
```

**2. 网页中插入图片标签＜img＞**

网页中插入图片用单标签＜img＞，当浏览器读取到＜img＞标签时，就会显示此标签所设定的图像。插入图片时，仅仅用这一个标签是不够的，还要配合其他属性来完成，如表 8-5 所示。

**表 8-5　插入图片标签＜img＞的属性**

| 属性 | 描　述 | 属性 | 描　述 |
|---|---|---|---|
| src | 图像的 url 的路径 | border | 边框 |
| alt | 提示文字 | hspace | 水平间距 |
| width | 宽度 | vlign | 垂直间距 |
| height | 高度 | | |

＜IMG＞ 的格式及一般属性设定：

```
<img src="logo.gif" width=100 height=100 hspace=5 vspace=5 border=2 align=
"top" alt="Logo of PenPals Garden" lowsrc="pre_logo.gif">
```

(1) 普通插入图片。例如：

```
<html>
<head>
<title>普通插入图片</title>
```

```
</head>
<body>
<BODY>
<CENTER>
<H2>深秋</H2>
<IMG src="../../imge/senqiu.gif">
</CENTER>
</body>
</html>
```

(2) 设定上下左右空白位置 hspace/vspace。例如：

```
<html>
<head>
<title>设定图像与文本之间的距离</title>
<body>
<img src="../../imge/senqiu.gif" align="left" hspace="20" vspace="20">
</body>
</html>
```

(3) 设定字画对其方式。通过对 align 的设定可以控制字画对齐方式，如表 8-6 所示。

**表 8-6 align 的设定**

| 属性值 | 对齐方式 | 属性值 | 对齐方式 |
|---|---|---|---|
| top | 上对齐 | left | 左对齐 |
| middle | 居中对齐 | right | 右对齐 |
| bottom | 下对齐 | | |

例如：

```
<html>
<head>
<title>控制图像相对于文字基准线的水平对齐方式</title>
</head>
<body>
<img src="../../imge/6-2.jpg" align=top>
此图像相对于文字基准线为靠上对齐<p>
<hr color="#00ff00">
<img src="../../imge/6-2.jpg" align="right">
此图像相对于文字基准线为置中对齐<p>
```

```
<p> </p>
<p> </p>
<p> </p>
<p> </p>
<hr color="#00ff00">
<img src="../../imge/6-2.jpg" align=bottom>
此图像相对于文字基准线为靠下对齐</p>
<p>
<hr color="#00ff00">
<img src="../../imge/6-2.jpg" align="middle">
此图像相对于文字基准线为置中对齐<p>
</body>
</html>
```

(4) 图片大小设定。例如：

```
<html>
<head>
<title>图像大小的设定</title>
</head>
<body>
<center>
<p>
缩小图像
<p><img src="../../imge/senqiu.gif" width="350" height="200">
<p>原图显示
<p>
<img src="../../imge/ senqiu2.gif" width="400" height="236">
<p>放大图像
<p>
<img src="../../imge/ senqiu3.gif" width="500" height="250">
</p>
</center>
</body>
</html>
```

(5) 图像边框的设定。例如：

```
<html>
<head>
<title>设定图像的边框</title>
</head>
```

```
<body>
<center>
<div align="center">
<pre><img src="../../imge/ senqiu4.jpg" border="10"></pre>
</div>
</body>
</html>
```

**3. 图像的超链接**

图像的链接和文字的链接方法是一样的，都是用<a>标签来完成，只要将<img>标签放在<a>和</a>之间就可以了。用图像链接的图片的上有蓝色的边框，这个边框颜色也可以在<body>标签中设定。例如：

```
<html>
<head>
<title>使用图像为选取的对象</title>
</head>
<body>
<p align="center"> </p>
<h1 align="center">图片的超链接</h1>
<P>
<center>
<a href="http://www.sohu.com/" target="_blank"><img alt="搜狐网站" src="../../
imge/logo[1].gif"></a><p>
<a href="http://www.baidu.com/"><img alt="百度搜索" src="../../imge/logo
[2].gif"></a><p>
<a href="http://www.sina.com.cn"><img alt="新浪网站" src="../../imge/logo
(3).gif"></a>
</center>
</body>
</html>
```

## 8.3.6 表格

表格在网站应用中非常广泛，可以方便灵活地排版，很多动态大型网站也都是借助表格排版，表格可以把相互关联的信息元素集中定位，是浏览页面的人的一目了然. 所以说要制作好网页，就要学好表格。

**1. 定义表格的基本语法**

在 HTML 文档中，表格是通过<table>、<th>、<tr>、<td>标签来完成的，如表 8-7 所示。

**表 8-7 表格标记**

| 标签 | 描述 |
|---|---|
| <table>...</table> | 用于定义一个表格开始和结束 |
| <th>...</th> | 定义表头单元格。表格中的文字将以粗体显示，在表格中也可以不用次标签，<th>标签必须放在<tr>标签内 |
| <tr>...</tr> | 定义一行标签，一组行标签内可以建立多组由<td>或<th>标签所定义的单元格 |
| <td>...</td> | 定一单元格标签，一组<td>标签将将建立一个单元格，<td>标签必须放在<tr>标签内 |

在一个最基本的表格中，必须包含组<table>标签，一组标签<tr>或(<th>)和一组<td>标签。例如：

```
<HEAD>
<TITLE>一个简单的表格</TITLE>
</HEAD>
<BODY>
<center>
  <table>
    <tr>
        <td>第 1 行中的第 1 列</td>
        <td>第 1 行中的第 2 列</td>
        <td>第 1 行中的第 3 列</td>
    </tr>
    <tr>
      <td>第 2 行中的第 1 列</td>
      <td>第 2 行中的第 2 列</td>
      <td>第 2 行中的第 3 列</td>
    </tr>
  </table>
</center>
</BODY>
</HTML>
```

**2. 表格<table>标签的属性**

表格标签<table>有很多属性，最常用的属性如表 8-8 所示。

**表 8-8 <table>标签的属性**

| 属性 | 描述 |
|---|---|
| width | 表格的宽度 |
| height | 表格的高度 |
| align | 表格的在页面的水平摆放位置 |
| background | 表格的背景图片 |

续表

| 属　性 | 描　　述 |
| --- | --- |
| bgcolor | 表格的背景颜色 |
| border | 表格边框的宽度(以像素为单位) |
| bordercolor | 表格边框颜色 |
| bordercolorlight | 表格边框明亮部分的颜色 |
| bordercolordark | 表格边框昏暗部分的颜色 |
| cellspacing | 单元格之间的间距 |
| cellpadding | 单元格内容与单元格边界之间的空白距离的大小 |

例如：

```
<table border=10 bordercolor="#000000" align="center" bgcolor="#DDFFDD"
width=500 height="200"bordercolorlight="#FFFFCC" bordercolordark="#660000"
background="../../imge/b0024.gif" cellspacing="2" cellpadding="8">
<tr>
<td>第 1 行中的第 1 列</td>
<td>第 1 行中的第 2 列</td>
<td>第 1 行中的第 3 列</td>
</tr>
<tr>
<td>第 2 行中的第 1 列</td>
<td>第 2 行中的第 2 列</td>
<td>第 2 行中的第 3 列</td>
</tr>
</table>
```

**3. 表格的边框显示状态 frame**

表格的边框分别有上边框、下边框、左边框、右边框。这 4 个边框都可以设置为显示或隐藏状态，如表 8-9 所示。

**表 8-9　表格边框显示状态 frame 的值的设定**

| frame 的值 | 描　　述 | frame 的值 | 描　　述 |
| --- | --- | --- | --- |
| box | 显示整个表格边框 | alove | 只显示表格的上边框 |
| void | 不显示表格边框 | below | 只显示表格的下边框 |
| hsides | 只显示表格的上下边框 | lhs | 只显示表格的左边框 |
| vsides | 只显示表格的左右边框 | rhs | 只显示表格的右边框 |

语法格式：

```
<table frame="边框显示值">
```

例如：

```
<HTML>
<HEAD>
<TITLE>表格边框的显示状态</TITLE>
</HEAD>
<BODY >
<TABLE border= 6 bgcolor="#FFFFCC" frame="hsides" bordercolor="#9900FF"
width="400" height="160">
<TR>
<TH>姓名</TH>
<TH>性别</TH>
<TH>年龄</TH>
<TH>专业</TH>
</TR>
<TR>
<TD>李三</TD>
<TD>男</TD>
<TD>20</TD>
<TD>动物医学</TD>
</TR>
</TABLE>
</BODY>
</HTML>
```

**4. 设置分隔线的显示状态 rules**

分隔线的显示标签设定如表 8-10 所示，其语法格式如下：

```
<table rules="值">
```

**表 8-10　分隔线的显示状态 rules 的值的设定**

| rules 的值 | 描　述 | rules 的值 | 描　述 |
|---|---|---|---|
| all | 显示所有分隔线 | cols | 只显示列于列的分隔线 |
| groups | 只显示组与组的分隔线 | none | 所有分隔线都不显示 |
| rows | 只显示行与行的分隔线 | | |

例如：

```
<html>
<head>
<title>无标题文档</title>
</head>
<body>
<TABLE border= 6 bgcolor="#FFFFCC" rules="cols" bordercolor="#9900FF" width=
"400" height="160" align="center">
```

```
<TR>
<TH>姓名</TH>
<TH>性别</TH>
<TH>年龄</TH>
<TH>专业</TH>
</TR>
<TR>
<TD>王五</TD>
<TD>男</TD>
<TD>99</TD>
<TD>动物科学</TD>
</TR>
</TABLE><p>
<TABLE border=6 bgcolor="#FFFFCC" rules="groups" bordercolor="#9900FF"
width="400" height="160" align="center">
<TR>
<TH>姓名</TH>
<TH>性别</TH>
<TH>年龄</TH>
<TH>专业</TH>
</TR>
<TR>
<TD>刘顺丽</TD>
<TD>女</TD>
<TD>99</TD>
<TD>水产养殖</TD>
</TR>
</TABLE>
</body>
</html>
```

**5. 表格行的设定**

表格是按行和列(单元格)组成的，一个表格有几行组成就要有几个行标签<tr>，行标签用它的属性值来修饰，属性都是可选的，如表 8-11 所示。

**表 8-11 <tr>标签的属性**

| 属 性 | 描 述 | 属 性 | 描 述 |
| --- | --- | --- | --- |
| align | 行内容的水平对齐 | bordercolo | 行的边框颜色 |
| valgn | 行内容的垂直对齐 | bordercolorlight | 行的亮边框颜色 |
| bgcolor | 行的背景颜色 | bordercolordark | 行的暗边框颜色 |

<TR>的参数设定(常用)：

```
<tr align="RIGHT" valign="MIDDLE" bgcolor="#0000FF" bordercolor="#FF00FF"
```

```
bordercolorlight="#808080" bordercolordark="#FF0000">
```

例如：

```
<HTML>
<HEAD>
<TITLE>表格行的控制</TITLE>
</HEAD>
<BODY>
<TABLE border=1 align="center" width="80% " height="150">
<TR ALIGN="CENTER">
<TH>姓 名</TH>
<TH>性 别</TH>
<TH>年 龄</TH>
<TH>专 业</TH>
</TR>
<TR ALIGN=CENTER bordercolor="#336600" bgcolor="#C1FFC1">
<TD>李龙</TD>
<TD>男</TD>
<TD>18</TD>
<TD>学 生</TD>
</tr>
<tr align=center height=50 bordercolor=navy bgcolor="#86B8E1" valign=bottom
bordercolorlight="#E1F0FD" bordercolordark="#002346">
<TD>王翔</TD>
<TD>女</TD>
<TD>17</TD>
<TD>学 生</TD>
</TR>
</TABLE>
</BODY>
</HTML>
```

**6. 单元格的设定**

<th>和<td>都是插入单元格的标签，是成对出现的。<th>用于表头标签，表头标签一般位于首行或首列，标签之间的内容就是位于该单元格内的标题内容，其中的文字以粗体居中显示。数据标签<td>就是该单元格中的具体数据内容，<th>和<td>标签的属性都是一样的，属性设定表 8-12 所示。

**表 8-12 <th>和<td>的属性**

| 属　性 | 描　述 |
|---|---|
| width/height | 单元格的宽和高，接受绝对值(如 80)及相对值(如 80%) |
| colspan | 单元格向右打通的栏数 |

续表

| 属　　性 | 描　　述 |
|---|---|
| rowspan | 单元格向下打通的列数 |
| align | 单元格内字画等的摆放贴，位置(垂直)，可选值为 left、center、right |
| valign | 单元格内字画等的摆放贴 位置(垂直)，可选值为 top、middle、bottom |
| bgcolor | 单元格的底色 |
| bordercolor | 单元格边框颜色 |
| bordercolorlight | 单元格边框向光部分的颜色 |
| bordercolordark | 单元格边框背光部分的颜色 |
| background | 单元格的背景图片 |

<TD> 的参数设定(常用)：

```
<td width="48% " height="400" colspan="5" rowspan="4" align="RIGHT" valign=
"BOTTOM" bgcolor="#FF00FF" bordercolor="#808080" bordercolorlight="#FF0000"
bordercolordark="#00FF00" background="myweb.gif">
```

例如：

```
<HTML>
<HEAD>
<TITLE>单元格的设定</TITLE>
</HEAD>
<BODY>
<TABLE border=1 align="center" height="150" width="80% ">
<TR>
<TH width=70 bgcolor="#FFCC00">姓 名</TH>
<TH bgcolor="#FFCCFF">性 别</TH>
<TH background="../../imge/12.gif">年 龄</TH>
<TH background="../../imge/22.gif">专 业</TH>
</TR>
<TR>
<TD bordercolor=red align="left">李丽</TD>
<TD bordercolorlight="#FFCCFF" bordercolordark="#FF0000" align="center">女
</TD>
<TD bgcolor="#FFFFCC" valign="bottom" align="center">18</TD>
<TD bgcolor="#CCFFFF" align="right">学生</TD>
</TR>
</TABLE>
</BODY>
</HTML>
```

**7. 设定跨多行多列单元格**

要创建跨多行、多列的单元格，只需在＜TH＞或＜TD＞中加入 ROWSPAN 或 COLSPAN 属性的属性值，默认值为 1。表明了表格中要跨越的行或列的个数。

跨多列的语法如下：

```
<th colspan=#><td colspan=#>
```

colspan 表示跨越的列数，例如 colspan＝2 表示这一格的宽度为两个列的宽度。

跨多行的语法如下：

```
<th rowspan=#><td rowspan=#>
```

rowspan 所要表示的意义是指跨越的行数，例如 rowspan＝2 就表示这一格跨越表格两个行的高度。

例如：

```
<html>
<head>
<title>跨多行跨多列的单元格</title>
</head>
<body>
<center>
<table border=10 width=80%  align="center" height="150" background="../../
imge/b0024.gif" bordercolorlight="#9999FF" bordercolordark="#9900CC">
<TR ALIGN=center>
<TH colspan=3>学生基本信息</TH>
<TH colspan=2>成 绩</TH>
</TR>
<TR ALIGN=center>
<TH>姓 名</TH>
<TH>性 别</TH>
<TH>专 业</TH>
<TH>课 程</TH>
<TH>分 数</TH>
</TR>
<TR ALIGN=center>
<TD>李阳</TD>
<TD>男</TD>
<TD rowspan=2>动物医学</TD><TD rowspan=2>微生物</TD>
<TD>68</TD>
</TR>
<TR ALIGN=center>
<TD>李丽</TD>
<TD>女</TD>
<TD>21</TD>
```

```
</TR>
</table>
</body>
</html>
```

**8. 表格的嵌套**

在 HTML 页面中，使用表格排版是通过嵌套来完成的，即一个表格内部可以嵌套另一个表格，用表格来排版页面的思路是，由总表格规划整体的结构，由嵌套的表格负责各个子栏目的排版，并插入到表格的相应位置，这样就可以使页面的各个部分有条不紊，互不冲突，看上去清晰整洁。在实际做网页时一般不显示边框，边框的显示可根据自己的爱好来设定。在实例中为了让大家能够看清楚，都设置了有边框。

例如：

```
<html>
<head>
<title>表格嵌套</title>
</head>
<body bgcolor="#555555" text="#FFFFFF">
<table width="560" border="3" cellspacing="1" cellpadding="1" align=
"center">
<tr>
<td width="100" height="69">网页标志</td>
<td colspan="2"><div align="center">广告条</div></td>
</tr>
<tr>
<td height="330"><table width="100" height="321" border="3" align="center"
cellpadding="1" cellspacing="1">
<tr>
<td>标题栏</td>
</tr>
<tr>
<td>标题栏</td>
</tr>
<tr>
<td>标题栏</td>
</tr>
<tr>
<td>标题栏</td>
</tr>
<tr>
<td>标题栏</td>
</tr>
<tr>
<td>标题栏</td>
</tr>
```

```
<tr>
<td>标题栏</td>
</tr>
<tr>
<td>标题栏</td>
</tr>
<tr>
<td>标题栏</td>
</tr>
<tr>
<td height="90">内容六</td>
</tr>
</table></td>
<td width="275"><table width="275" height="325" border="3" cellpadding="1"
cellspacing="1">
<tr>
<td width="263">内容一</td>
</tr>
<tr>
<td>内容二</td>
</tr>
</table></td>
<td width="163"><table width="157" height="320" border="3" cellpadding="1"
cellspacing="1" align="center">
<tr>
<td width="136" height="94">内容三</td>
</tr>
<tr>
<td height="62">内容四</td>
</tr>
<tr>
<td height="160">内容五</td>
</tr>
</table></td>
</tr>
</table>
</body>
</html>
```

## 8.4 网站发布

网页制作好之后，就需要发布了。这是指将网页传送到大家都能访问的 Web 服务器上。传送的方法就是利用 FTP 服务。

首先，需要在 Web 服务器上申请一个账号(所谓 Web 服务器就是专门管理发送 Web 网页的计算机)。申请成功的话，会在 Web 服务器上拥有一个存放网页的空间，同时得到一个密码。此时，就可以利用 FTP 将已经作好并存放在本地计算机上的 HTML 文件传送上去，使全世界的人观看到。

**1. FTP**

FTP 的意思是文件传输协议。在许多操作系统中，使用 FTP 进行文件传输的实用工具的名字也叫 FTP，一般就是用这个工具来将本地计算机上的文件传送到 Web 服务器上的。

找到这个工具(Windows 7 中 FTP. EXE 在 C:\Windows\system32 目录下)，然后执行：

```
ftp  Web 服务器名
```

例如：

```
ftp 202.102.240.91
```

此时，要求输入用户名(账号名)和密码。通过后，就进入到 FTP 的提示符状态下：

```
ftp>
```

在大于号“>”后面输入各种命令，命令不分大小写。这里介绍几条常用的命令。

put。传送一个文件，格式如下：

```
ftp>put  文件路径和文件名
```

例如：

```
ftp>put c:\myweb\index.htm
```

就是将在计算机 C：盘上 myweb 子目录下存放的 HTML 文件 index. htm 送到在 Web 服务器上拥有的位置。

mput。功能与 put 类似，它是可以一次传送多个文件。例如：

```
ftp>mput
```

get。与 put 相反，get 是从 Web 服务器上得到一个文件。例如：

```
ftp>get  index.htm c:\myweb\ggg.htm
```

就是从服务器上将 index. htm 文件传送到本地计算机的 c：\myweb 中，文件名也改成 ggg. htm。

mget。一次从 Web 服务器上得到多个文件。例如：

```
ftp>mget  *.*
```

ASCII。将文件转化成 ASCII 形式。例如：

```
ftp>ASCII  c:\myweb\*.*
```

BINARY。将文件转化成二进制形式。例如：

```
ftp>binary  c:\myweb\*.*
```

其他：

cd 改变在 Web 服务器上的当前路径

ls 显示 Web 服务器上的内容

lcd 改变在本地计算机上的路径

mkdir 在 Web 服务器上新建一个目录

delelte 删除 Web 服务器上的文件

帮助。"?"和 help 是 FTP 的帮助命令，直接输入，计算机会将 FTP 命令列出清单，如果后面跟上一条 FTP 命令，则将显示出此命令的功能，例如：

```
?get 或 help get
```

**注意**：问号"?"或 help 与后面的命令之间都有空格。

退出。退出 FTP 可以用 quit 或 bye。

**2. Cute FTP**

虽然 ftp 命令可以完成网页发布的任务，但是使用不太方便。这里介绍一下著名的 Cute FTP 工具软件。

(1) 安装 Cute FTP。Cute FTP 软件是个可以自展开的压缩文件，首先需要解压缩在硬盘上某个临时目录(例如 C:\temp)，然后运行 setup，根据提示完成安装。

(2) 初次运行 Cute FTP。从程序组中选取并运行 Cute FTP，此时会出现一个对话框(FTP Site Manager)如图 8.1 所示，左边是排列成目录树状的 FTP 文件夹，右边是相应的 FTP 结点。

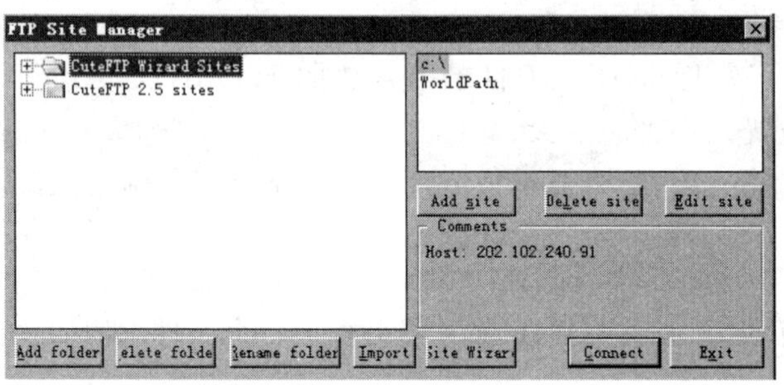


图 8.1 FTP site Manager

单击 Add Folder 按钮，输入文件夹名称 (例如"myweb")，单击 myweb 文件夹，单击 Add Site 将会出现一个对话框。

在图 8.2 所示对话框中，需要输入如下几个参数：

Host Address：要连接的 FTP 服务器主机名，如 202.102. 240.91；

Login Type：登录方式，一般选取 Normal(正常)；

Transfer Type：传输方式，一般选取 Auto-Detect(自动侦测)；

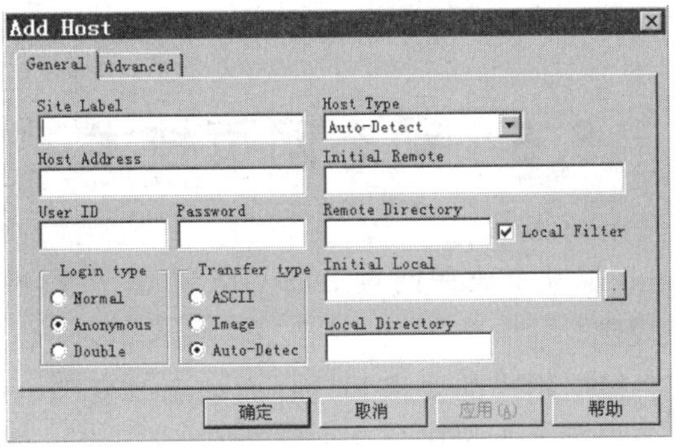

Add Host
General | Advanced
Site Label　Host Type: Auto-Detect
Host Address　Initial Remote
User ID　Password　Remote Directory　☑ Local Filter
Login type: Normal / Anonymous / Double　Transfer type: ASCII / Image / Auto-Detec　Initial Local
Local Directory
确定　取消　应用(A)　帮助

图 8.2　输入窗口

在 User ID 用户名处填入申请到的账号，Password 处填入密码；

单击“确定”按钮，保存结果并退到 FTP Site Manager 对话框；

在 FTP Site Manager 对话框中单击 Exit 按钮，退回到主窗口，若单击 Connect 按钮，就会登录进入 FTP 服务器。

此时 Cute FTP 中会分为两个窗口，如图 8.3 所示，左边是本地计算机的文件目录，右边就是服务器上的文件目录。欲进入某个目录，只需双击窗口中相应的目录图标即可。要上传某些内容，在左窗口单击文件名，选择 Commands|Upload 菜单，或直接用鼠标拖到右边窗口即可；相反欲下载某个文件，则选择 Commands|Download 菜单，或者直接用鼠标拖到左边窗口，Cute FTP 就会准备将此文件下载到本地自己计算机上的当前目录。无论上传还是下载，都会弹出一个对话框询问你是否确认？单击“是”按钮即可。

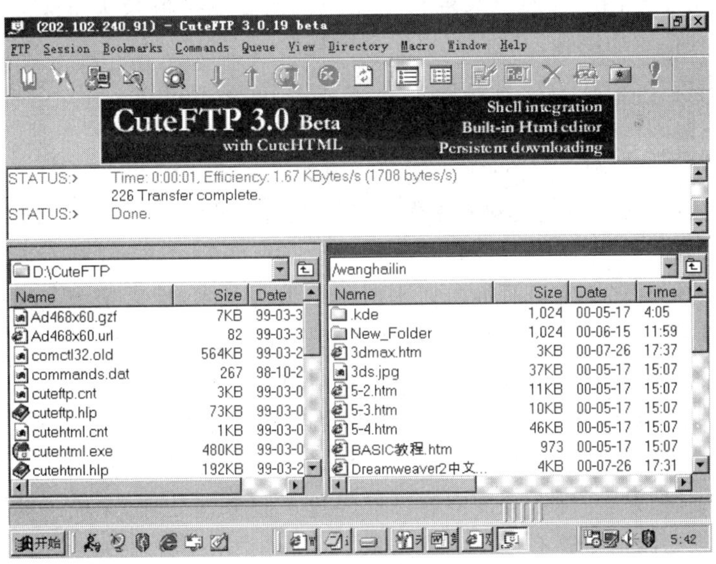


图　8.3

主页已经全部传到服务器上了，可能会出现仍然不能浏览的情况。这时要看一下默认的引导文件的文件名，路径是否满足 Web 服务器的要求。另外，每个链接最好都测试一下，是否连接正确。

## 8.5 动态网页技术

所谓“动态”，并不是指那几个放在网页上的 GIF 动态图片，在这里笔者为动态页面的概念制定了以下几条规则。

(1) 交互性即网页会根据用户的要求和选择而动态改变和响应，将浏览器作为客户端界面，这将是今后 Web 发展的大势所趋。

(2) 自动更新即无须手动地更新 HTML 文档，便会自动生成新的页面，可以大大节省工作量。

(3) 因时因人而变，即当不同的时间、不同的人访问同一网址时会产生不同的页面。将网站“动态”化的方法很多，这要看是出于何种需求。如果是个人网站的维护者，使用的是免费主页空间，那么绝大多数情况下只能使用 Java、JavaScript 和最新的 DHTML 技术，费力地自己编写网页脚本；如果主页空间提供者能给予 CGI 权限或 ASP 支持，那么将能发挥真正的动态技术。这里针对个人网站仅就最新的 DHTML 技术进行重点介绍。

究竟什么是 DHTML？它与传统的 HTML 有什么不同？DHTML 就是当网页从 Web 服务器下载后无须再经过服务器的处理，而在浏览器中直接动态地更新网页的内容、排版样式、动画。比如，当鼠标移至文章段落中，段落能够变成蓝色，或者当你单击一个超链后会自动生成一个下拉式的子超链目录。这就是 Dynamic HTML(动态 HTML)，它是近年来网络飞速发展进程中最振奋人心也是最具实用性的创新之一。它是一种通过各种技术的综合发展而得以实现的概念，这些技术包括 JavaScript，VBScript，Document Object Model(文件目标模块)，Layers 和 Cascading Style Sheets(CSS 样式表)等。非常遗憾的是在网景 Netscape 和微软 Internet Explorer 浏览器几番大战后，仍没有得到一个对 DHTML 支持的统一标准。因此本文在介绍 DHTML 时不得不分别讲述。下面，先来看看动态网页技术的原理。使用不同技术编写的动态页面保存在 Web 服务器内，当客户端用户向 Web 服务器发出访问动态页面的请求时，Web 服务器将根据用户所访问页面的后缀名确定该页面所使用的网络编程技术，然后把该页面提交给相应的解释引擎；解释引擎扫描整个页面找到特定的定界符，并执行位于定界符内的脚本代码以实现不同的功能，如访问数据库，发送电子邮件，执行算术或逻辑运算等，最后把执行结果返回 Web 服务器；最终，Web 服务器把解释引擎的执行结果连同页面上的 HTML 内容以及各种客户端脚本一同传送到客户端。虽然，客户端用户所接收到的页面与传统页面并没有任何区别，但是，实际上页面内容已经经过了服务端处理，完成了动态的个性化设置。目前实现动态网页主要有以下 3 种技术。

**1. 公共网关接口 CGI(ommon Gateway Interface)**

它可以称之为一种机制。因此可以使用不同的程序编写适合的 CGI 程序，如 Visual Basic、Delphi 或 C/C++ 等，将已经写好的程序放在 Web 服务器的计算机上运行，再将其运行结果通过 Web 服务器传输到客户端的浏览器上。通过 CGI 建立 Web 页面与脚本程序之间的联系，并且可以利用脚本程序来处理访问者输入的信息并据此作出响应。事实上，这样的编制方式比较困难而且效率低下，因为每一次修改程序都必须重新将CGI程序编译成可执行文件。

最常用于编写CGI技术的语言是Perl(Practical Extraction and Report Language，文字分析报告语言)，它具有强大的字符串处理能力，特别适合用于分割处理客户端Form提交的数据串；用它来编写的程序后缀为.pl。

**2. 互联网数据库连接器IDC(Internet Database Connector)**

IDC是Windows NT Server内含Internet Information Server 2.0(IIS 2.0)的特征之一，它提供了一种使互联网数据库内容得以发布并可与用户交互的方法，它实际上是一个包含于IIS中的ISAPI应用程序。只需掌握HTML和SQL的基本知识并写为数不多的代码就能编出具有交互能力的数据库应用程序，让使用者在浏览器界面中得以查询、输入、更新和删除Web服务器上的数据资料。正如VB程序员所喜欢的那样，构成IDC应用程序的文件是解释性的，由于设计简易，只要准备两个档案，即可在用户端的浏览器中存取Web服务器的数据资料，且无须编译，因此具有快速的开发循环和反馈。但这种简单性的代价是牺牲了许多灵活性，使人不得不放弃许多对用户接口的控制，并几乎放弃了所有验证数据的能力。因而I D C仅适用于简单的Web应用程序。

**3. ADO(ActiveX Data Object)**

ActiveX Data Object的技术可以与Active Server Pages(ASP)结合以建立提供数据信息的网页内容，只需在网页面中执行Structured Query Language(结构化查询语言，SQL)指令，让用户在浏览器界面中输入、更新和删除Web服务器上的数据资料。当用户端的浏览器填好表单所要求输入的资料并按下Submit按钮后，经过互联网、内联网传送HTTP请求到Web服务器，该请求在Web服务器执行一个表单所指定的Active Server Pages程序(后缀名为.ASP的文档)。一个ASP文档是一个纯文字档，包括HTML标记(Tags)、VBScript或JavaScript语言的程序代码、ASP语法和结构化查询语言SQL指令。IIS 3.0或IIS 4.0 Web服务器执行ASP文档，通过ODBC驱动程式，连接到支持ODBC的数据库上，执行ASP文档所指定的SQL指令，最后将执行的结果以HTML的格式传送给用户浏览器。ADO具有容易使用、开发执行快速、消耗系统资源较少，和占用磁盘空间小等优点。

# 第9章

# 多媒体软件和其他工具软件

利用多媒体软件以及其他的工具软件，不仅能很好地解决生活、工作中的问题，而且能大幅提高效率，起到事半功倍的效果。本章选取了几个常用的多媒体软件和其他工具软件，对它们的使用方法进行介绍。

## 9.1 会声会影剪辑软件的使用

### 9.1.1 会声会影剪辑软件简介

会声会影是一款操作简单、功能强悍的影片剪辑软件，它能够对视频进行采集和转换，并提供数量众多的剪辑特效，可制作 VCD、DVD，而且支持各类编码。启动会声会影，首先看到的欢迎画面，如图 9.1 所示。

图 9.1 会声会影的欢迎画面

欢迎画面中有 3 个项目按钮，分别是“DV 转 DVD 向导”、“影片向导”与“会声会影编辑器”，代表会声会影的三大影片剪辑模式。

另外，在画面中还有“16：9”与“不要再显示此消息”两个项目。如果将“16：9”项目选中，以后开启的项目环境就是 16：9 宽屏幕。如果将“不要再显示此消息”选中的话，下次在启动会声会影就不会再出现这个起始画面，而是直接进入会声会影编辑程序中。

## 9.1.2 会声会影的 3 大剪辑模式

**1. DV 转 DVD 向导**

使用 DV 转 DVD 向导，可以快速将录影带制作成 DVD 光盘保存。只要选取需要保存的片段，就可以刻录成 DVD 光盘，如图 9.2 所示。

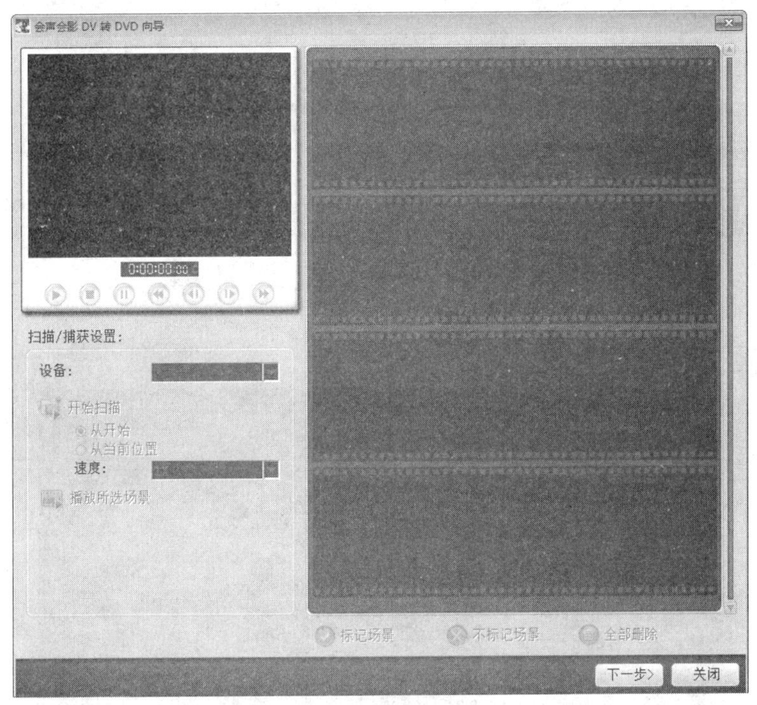


图 9.2 DV 转 DVD 向导

**2. 影片向导**

影片向导是一种简易的影片剪辑模式，可以快速完成影片的剪辑工作。它将整个视频制作分解为简单的 3 个步骤：准备素材、指定主题模板、完成输出影片。

首先，插入所需要的视频、图像，如图 9.3 所示。

单击“下一步”按钮，为影片选择需要的主题模板，并可设置主题、背景音乐以及音量，如图 9.4 所示。

单击“下一步”按钮，在最后一步中单击“创建视频文件”或者“创建光盘”按钮，选取需要的格式，进行影片的输出，如图 9.5 所示。

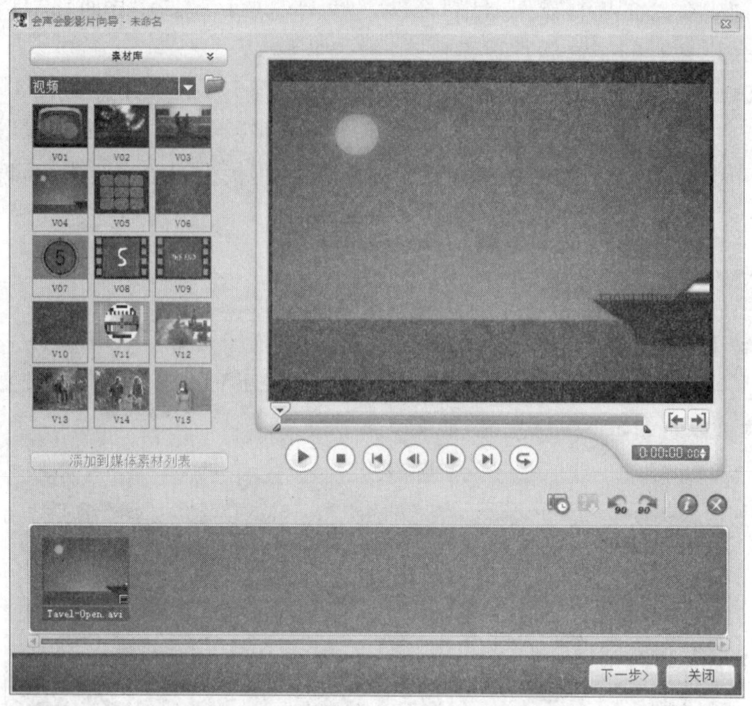


图 9.3 影片向导 3 步骤之 1——插入素材

图 9.4 影片向导 3 步骤之 2——指定主题模板

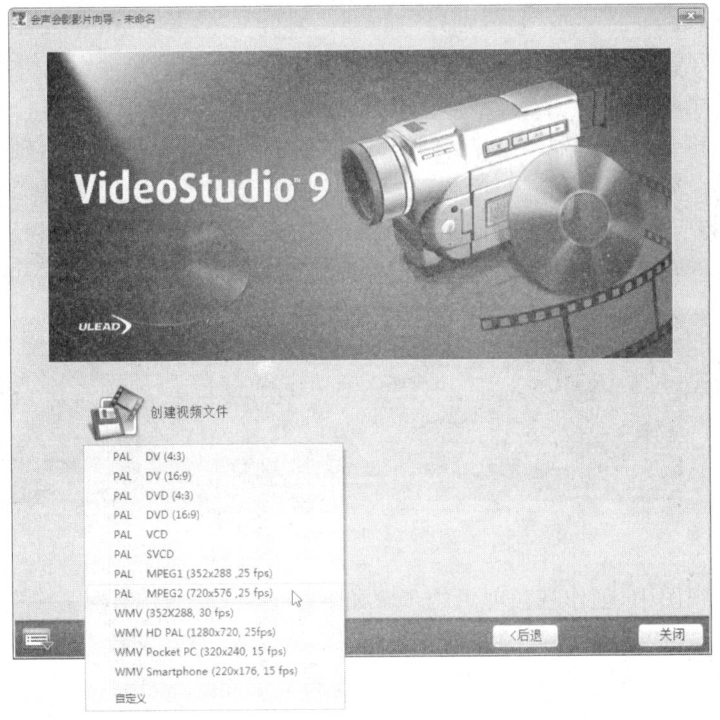


图 9.5　影片向导 3 步骤之 3——输出影片

### 3. 会声会影编辑器

会声会影编辑器是最完整的影片剪辑环境,也是会声会影的核心,是其中功能最完整、最丰富、最具特色的部分,所有功能在这里都可依个人喜好自订。其界面如图 9.6 所示。

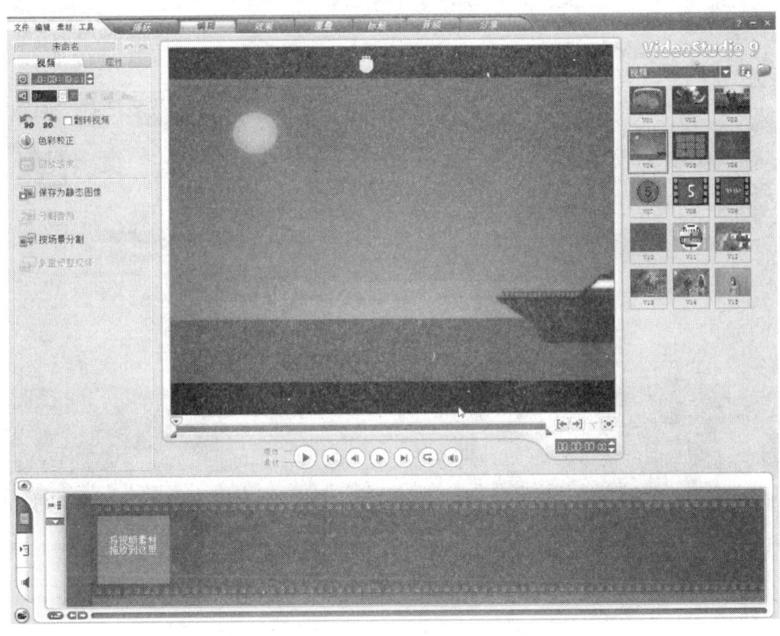


图 9.6　会声会影编辑器

在软件的顶部有 7 个按钮，分别是“捕获”、“编辑”、“效果”、“覆叠”、“标题”、“音频”和“分享”，它们代表了会声会影的七大功能功能模块，也正是“会声会影编辑器”模式中进行影片剪辑的 7 个步骤。

另外，“会声会影编辑器”模式提供了 3 种视图：故事板视图、时间轴视图和音频视图。在“编辑”、“效果”、“覆叠”、“标题”、“音频”和“分享”6 个功能模块中都会显示视图区域，从中单击相应的视图按钮即可进行视图切换。3 种视图中，时间轴视图最为常用，在其中共提供了 5 条轨道：视频轨、覆叠轨、标题轨、声音轨、音乐轨，如图 9.7 所示。

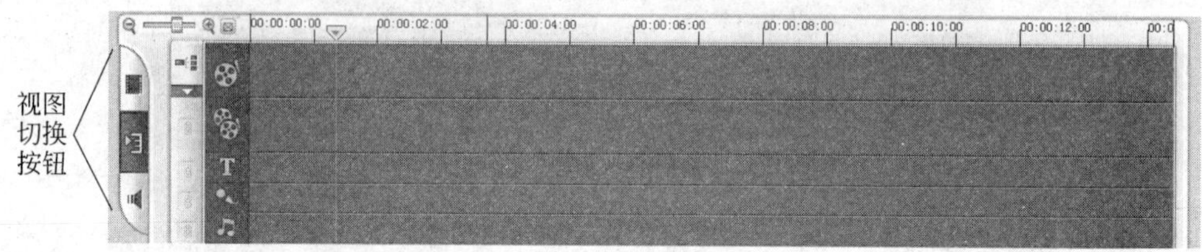


图 9.7　时间轴视图

在时间轴视图中，创作视频剪辑的步骤如下。

(1) 捕获。如果剪辑所需的素材存在于 DVD 光盘、DV 或者其他外部设备中，可从如图 9.8 所示的 3 个方式中选择其一进行视频素材的捕获或导入。

图 9.8　3 种捕获方式

(2) 编辑。选择所需的视频素材，将其拖曳到视频轨中，如图 9.9 所示。

图 9.9　“编辑”步骤

除了添加视频素材，还可以在左侧的视频调整栏中对“色彩校正”和“回放速度”进行设置。使用“色彩校正”可以调整影片的亮度、对比度、饱和度、色调等，而且调整结果是实时显示的，随时可以看到调整后的结果。在“回放速度”中则可以设定影片播放的快、慢速度，另外，如果选中“翻转视频”，视频将采用倒放操作。

(3) 效果。此步骤的目的是在两个视频素材之间加入一些转场效果特效以进行衔接，类似于 PowerPoint 幻灯片的切换效果。其操作方法为，选中所需要的转场效果，然后将其拖放到视频轨两个已经添加的视频素材之间即可，如图 9.10 所示。

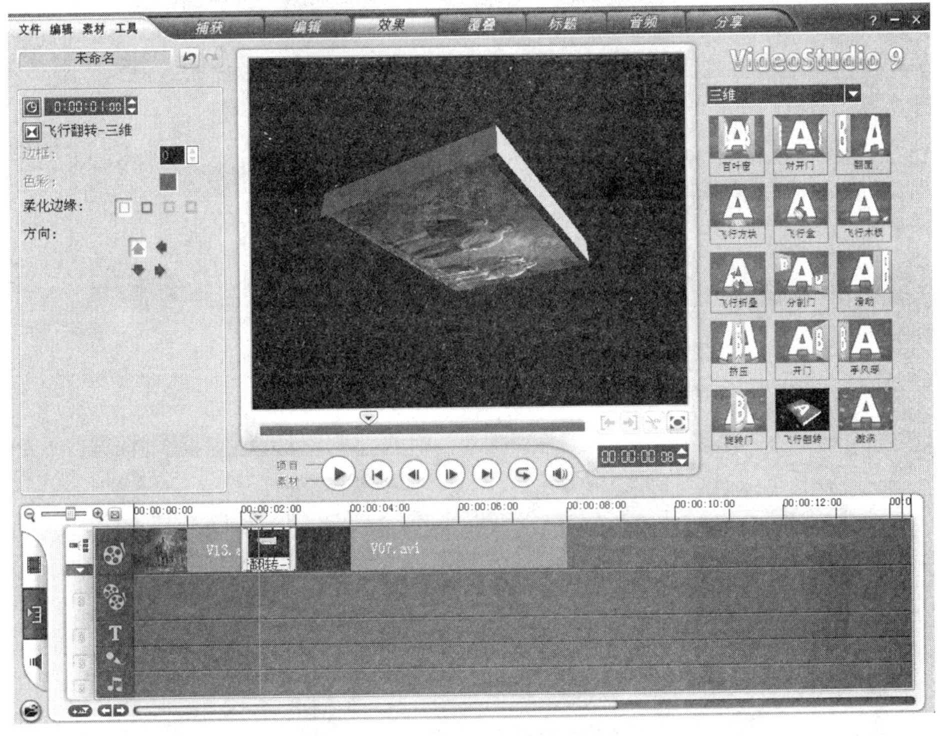


图 9.10 添加转场效果

(4) 覆叠。如果要让两段视频素材同时播放，起到画中画的效果，则需要使用覆叠。其操作方法为，选中所需的覆叠视频，将其拖曳到覆叠轨中，并调整其在时间轴上的位置即可。放映时，到达覆叠视频的开始放映时间后，覆叠视频会与视频轨上的视频同时播放。

如图 9.11 所示，当播放完 V13. avi、转场效果以及 V09. avi 的一部分后，V15. avi 会同时与 V09. avi 的剩余部分同时播放，直到放映结束。

(5) 标题。标题制作非常容易，直接双击屏幕就可以输入文字，并可以设置标题的字号、颜色、效果，以此可以制作出视频的名称、字幕等。标题可以有多个，并且在时间轴中可以用鼠标拖动改变起止位置，使其在指定的时间段中显示。

如图 9.12 所示，为影片制作一个贯穿始终的标题“会声会影的使用”。

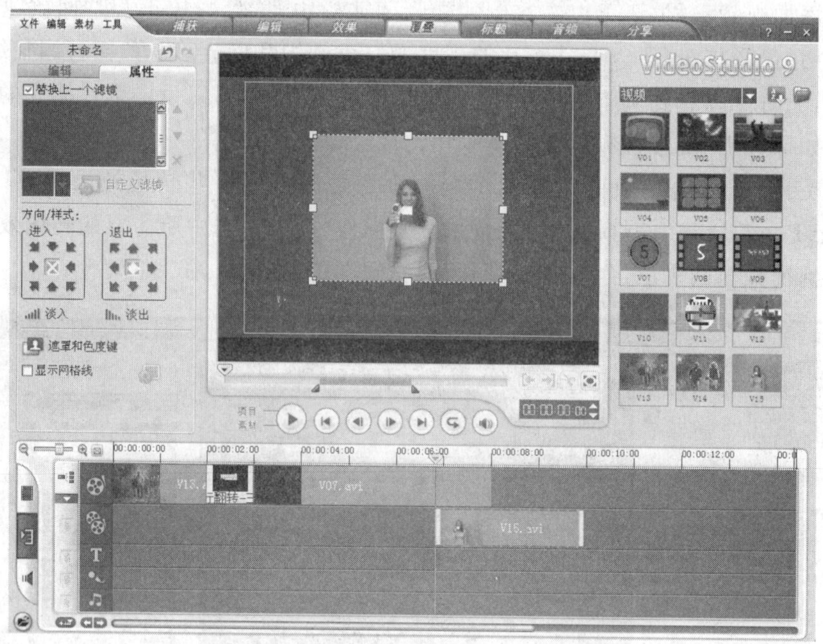


图 9.11　添加覆叠视频

图 9.12　制作标题

(6) 音频。此步骤为声音轨和音乐轨添加素材，例如旁白声音和背景音乐。操作方法为，选取所需的声音和视频，将其拖曳到声音轨和音乐轨上，并可改变它的起止位置，如图 9.13 所示。

(7) 分享。最后一步,对创作好的影片进行输出。会声会影提供了多种输出方式,并支持 AVI、MPEG-1、MPEG-2、WMV 等多种视频格式。如图 9.14 所示,从中选择合适的影片输出方式,并进行相应的设置,即可完成影片的输出工作。

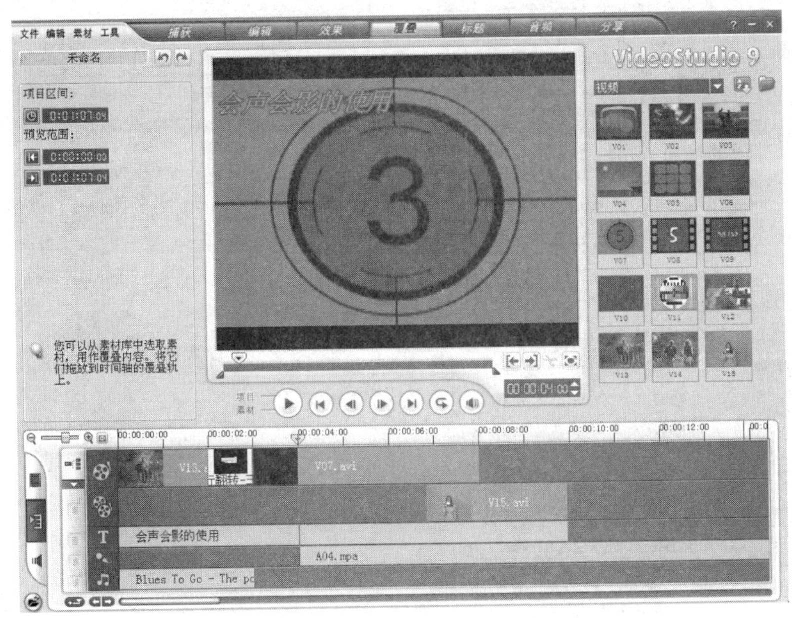


图 9.13　添加音频

图 9.14　输出影片

## 9.2　ACDSee 看图软件

ACDSee 是一款非常流行的数字图像处理软件,它可以便捷地查找、组织和预览图片,还能对图片进行格式转换和编辑处理。

使用 ACDsee 浏览图片

启动 ACDsee 后,其界面如图 9.15 所示。

在"文件夹"窗格中将包含图片的文件夹选中,右窗格即会以缩略图浏览的形式显示该文件夹中所有图片。单击其中的任意一张图片,"预览"窗格中将显示该图片的内容。而如果双击图片,则进入图片查看模式,如图 9.16 所示。

在图片查看模式中,按下空格键可以查看下一张图片,而按下退格键则是查看上一张图片。

**1. 使用 ACDsee 进行图片格式转换**

选中需要进行格式转换的图片,在图片浏览模式下选择"工具"|"转换文件格式"菜单,或者在图片查看模式下选择"修改"|"转换文件格式"菜单。在如图 9.17 所示的"转换文件格式"对话框中选取所需的图片格式然后进行相应的设置。

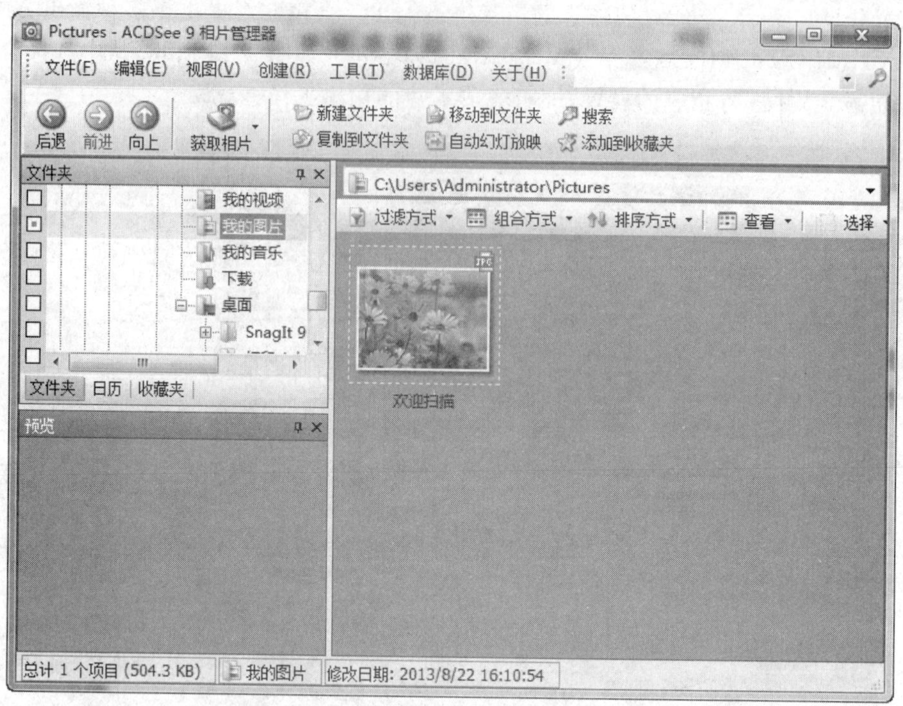


图 9.15 ACDsee 的界面

图 9.16 图片查看模式

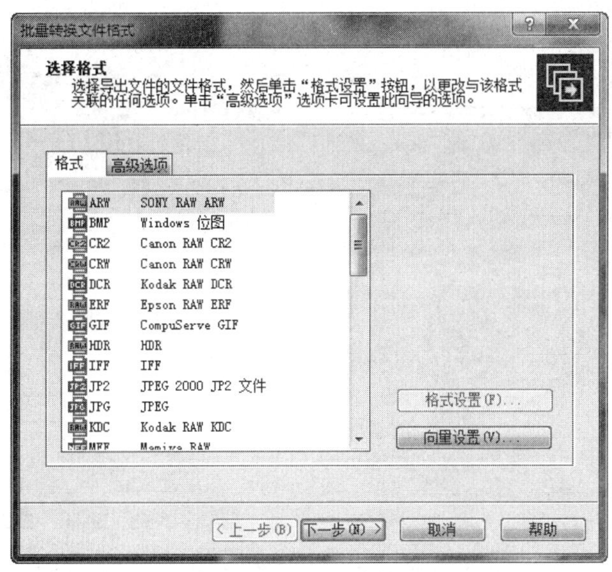


图 9.17 “转换文件格式”对话框

**2. 使用 ACDsee 对图片进行编辑处理**

选中需要进行编辑处理的图片，在图片浏览模式下选择“工具”菜单，或者在图片查看模式下选择“修改”菜单，然后从中选取相关的命令项，就可以对图片进行旋转、翻转、调整大小和曝光度等操作。

# 9.3 其他工具软件的使用

## 9.3.1 金山毒霸杀毒软件

金山毒霸是一款知名的国内免费杀毒软件，是金山网络旗下研发的云安全智扫反病毒软件，融合了启发式搜索、代码分析、虚拟机查毒等经业界证明成熟可靠的反病毒技术，为个人用户和企事业单位提供完善的反病毒解决方案。

**1. 金山毒霸的启动**

安装好金山毒霸杀毒软件后，选择“开始”|“所有程序”|“金山毒霸”|“新毒霸”命令，或者双击系统托盘区的图标，即可启动金山毒霸。其界面如图 9.18 所示。

**2. 开启保护**

在金山毒霸的主界面中“系统保护”、“防黑客保护”、“上网保护”和“网购保护”4 个子项是从不同的角度来对“保护”进行详细的设置，在其中只需要将相应的项目选中为开启即可对其启用保护，如图 9.19 所示。

**3. “扫描”的设置**

在计算机上用来扫描对象使用的方法取决于为扫描设定的参数，即对“扫描”的设置。

图 9.18　金山毒霸的界面

图 9.19　金山毒霸的保护窗口

在主界面右上角选择“设置”，左窗格中选择“病毒查杀”，然后在右窗格里设置相应选项，如图 9.20 所示。

**4. “更新”的设置**

对于层出不穷的病毒，保持反病毒数据库以及金山毒霸自身程序模块的更新是确保计算机得到可靠保护的前提条件。

图 9.20 “扫描”项目的设置

“设置”中单击左窗格“基本设置”，选择右窗格中的“升级选项”，如图 9.21 所示。

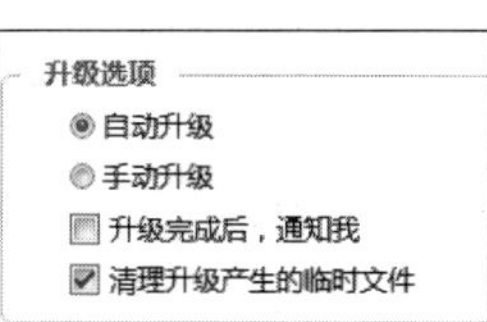


图 9.21 “升级选项”栏

经过以上设置，金山毒霸在更新时会对病毒数据库和程序模块都进行更新，而且更新会自动进行。

**5. 病毒查杀操作**

对病毒进行查杀，有以下两种方式。

(1) 在金山毒霸界面的菜单中选择“电脑杀毒”，然后在下窗格选择“一键云查杀”、“全盘查杀”，即可按照设定的方案进行病毒的查杀，如图 9.22 所示。

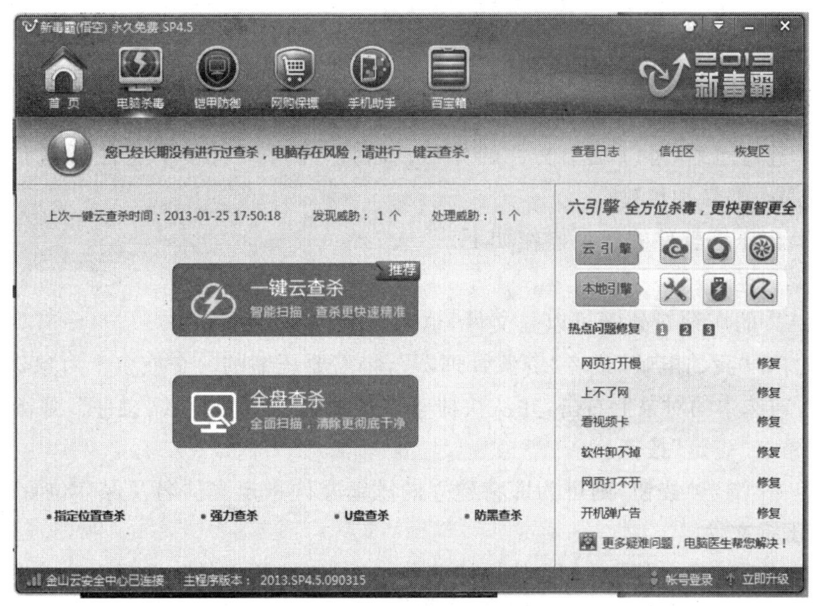


图 9.22 病毒扫描

(2) 金山毒霸在安装后，会向快捷菜单中增添“扫描病毒”命令项。因此，在需要进行病毒查杀的对象上右击鼠标，并从快捷菜单中选择“扫描病毒”即可，如图 9.23 所示。

图 9.23　从快捷菜单中扫描对象

## 9.3.2　WinRAR 压缩软件

对文件进行压缩，可以减小文件的体积。而且，还可以将多个文件压缩在一个文件里，便于文件的携带和传输。

WinRAR 压缩软件的常用操作如下。

**1. 压缩打包**

WinRAR 的压缩对象既可以是文件，也可以是文件夹。

首先，打开“我的电脑”或者“资源管理器”，将需要压缩的一个或多个对象选中。

然后在被选中的对象上右击，并从快捷菜单中选择“添加到压缩文件”，弹出如图 9.24 的对话框，单击“确定”按钮。

如果单击“浏览”按钮，则可为即将建立的压缩文件指定文件名及保存位置。

**2. 解压缩文件**

在需要解压缩的文件上右击，从快捷菜单中选择“解压文件”，然后在弹出的对话框中设置解压缩的“目标路径”即可，如图 9.25 所示。

图 9.24 “压缩文件名和参数”对话框

图 9.25 “解压路径和选项”对话框

# 实验 多媒体软件和其他工具软件的使用

## 一、实验目的

1. 掌握会声会影的使用。
2. 掌握 ACDSee 的使用。
3. 掌握 WinRAR 的使用。
4. 掌握杀毒软件的使用。

## 二、实验内容

1. 会声会影的使用。

在“会声会影编辑器”模式中制作影片剪辑，要求如下。

(1) 在用时间轴视图中进行操作。

(2) 视频素材数量不少于两个，并在视频素材之间添加转场效果。

(3) 覆叠视频数量必须多于两个。

(4) 为各个视频素材增加不同的标题。

(5) 将制作好的剪辑输出为 16∶9 的 DVD 格式，并命名为“我的剪辑.MPG”。

2. ACDSee 的使用。

(1) 对“我的文档”中的图片进行浏览查看。

(2) 将图片 sunset.jpg 转换为 bmp 格式。

(3) 对 sunset.jpg 进行曝光度、亮度、对比度的调整操作。

3. WinRAR 的使用。

(1) 任选“C:\WINDOWS”中的多个文件和文件夹，将其压缩到“C:\1”文件夹中，并命名为 ys.rar。

(2) 将 ys.rar 解压缩到 C:\2 文件夹中。

4. 杀毒软件的使用。

(1) 打开计算机中安装的杀毒软件，对其进行安全保护及病毒查杀的设置。

(2) 在杀毒软件中任意指定对象进行杀毒操作。

(3) 打开“我的电脑”或者“资源管理器”，对任意对象进行右键杀毒操作。

# 参 考 文 献

[1] 罗先文,曹列斌.计算机应用基础实践教程[M].重庆:重庆大学出版社,1999.

[2] 罗先文.软件工程[M].重庆:重庆大学出版社,2004.

[3] 冯博琴.大学计算机实验指导[M].2版.北京:清华大学出版社,2005.

[4] 徐士良.计算机公共基础实验指导[M].北京:清华大学出版社,2004.

[5] 杨继.大学计算机基础教程及实验指导[M].北京:中国水利水电出版社,2005.

[6] 张晓乡,俞会新.多媒体计算机技术[M]. 北京:中国水利水电出版社,2004.

[7] 王移芝,罗四维.大学计算机基础[M].第2版.北京:高等教育出版社,2006.

[8] 罗先文,胡继宽.大学计算机基础实践教程[M].北京:中国水利出版社,2009.